现代数字电路与系统设计

（VHDL 版）

江国强 编著

电子工业出版社

Publishing House of Electronics Industry

北京·BEIJING

内 容 简 介

本书是基于电子设计自动化（EDA）技术编写的，全书共 8 章，包括 VHDL、门电路的设计、组合逻辑电路的设计、触发器的设计、时序逻辑电路的设计、存储器的设计、数字系统的设计和常用 EDA 软件。数字电路与系统设计都是基于 VHDL 完成的，每个设计都经过了 EDA 软件的编译和仿真，或经过 EDA 实验开发系统平台的验证，确保无误。

本书图文并茂、通俗易懂，可作为高等学校工科相关专业数字逻辑电路、EDA 技术与应用、可编程逻辑器件等课程的教学参考书，或课程设计、实训和毕业设计的参考书，也可作为从事数字电路与系统设计的工程技术人员的参考书。

未经许可，不得以任何方式复制或抄袭本书之部分或全部内容。
版权所有，侵权必究。

图书在版编目（CIP）数据

现代数字电路与系统设计：VHDL 版/江国强编著. —北京：电子工业出版社，2018.2
ISBN 978-7-121-33384-2
Ⅰ.①现… Ⅱ.①江… Ⅲ.①数字电路－系统设计 Ⅳ.①TN79

中国版本图书馆 CIP 数据核字（2017）第 325743 号

责任编辑：韩同平　　特约编辑：邹凤麒　王博　段丹辉
印　　刷：北京捷迅佳彩印刷有限公司
装　　订：北京捷迅佳彩印刷有限公司
出版发行：电子工业出版社
　　　　　北京市海淀区万寿路 173 信箱　邮编：100036
开　　本：787×1092　1/16　印张：17　字数：544 千字
版　　次：2018 年 2 月第 1 版
印　　次：2021 年 1 月第 4 次印刷
定　　价：49.90 元

凡所购买电子工业出版社图书有缺损问题，请向购买书店调换。若书店售缺，请与本社发行部联系，联系及邮购电话：(010) 88254888，88258888。
质量投诉请发邮件至 zlts@phei.com.cn，盗版侵权举报请发邮件至 dbqq@phei.com.cn。
本书咨询联系方式：hantp@phei.com.cn。

前　言

在 20 世纪 90 年代，国际上电子和计算机技术先进的国家，一直在积极探索新的电子电路设计方法和设计工具，并取得巨大成功。在电子设计技术领域，可编程逻辑器件 PLD（Programmable Logic Device）的应用，已得到很好的普及，这些器件为数字系统的设计带来极大的灵活性。该器件可以通过软件编程而对其硬件结构和工作方式进行重构，使得硬件的设计可以如同软件设计那样方便快捷，极大地改变了传统的数字系统设计方法、设计过程和设计观念。随着可编程逻辑器件集成规模不断扩大、自身功能不断完善，以及计算机辅助设计技术的提高，使现代电子系统设计领域的电子设计自动化 EDA（Electronic Design Automation）技术应运而生。传统的数字电路设计模式，如利用卡诺图的逻辑化简手段、布尔方程表达式设计方法和相应的中小规模集成电路的堆砌技术正在迅速地退出历史舞台。

本书是基于硬件描述语言 HDL（Hardware Description Language）编写的。目前，国际最流行的、并成为（美国）电机及电子工程师学会 IEEE（Institute of Electrical and Electronics Engineers）标准的两种硬件描述语言是 VHDL 和 Verilog HDL，两种 HDL 各具特色。VHDL 是超高速集成电路硬件描述语言（Very High Speed Integrated Circuit Hardware Description Language）的缩写，在美国国防部的支持下于 1985 年正式推出，是目前标准化程度最高的硬件描述语言。VHDL 经过 30 多年的发展、应用和完善，以其强大的系统描述能力、规范的程序设计结构、灵活的语言表达风格和多层次的仿真测试手段，在电子设计领域受到了普遍的认同和广泛的接受，成为现代 EDA 领域的首选硬件描述语言。本书以 VHDL 作为数字电路与系统的设计工具。

本书共 8 章，首先介绍 VHDL，然后介绍基于 VHDL 的常用数字电路和一些专用数字电路的设计。所谓常用数字电路是指用途比较广泛并形成集成电路产品的电路，例如 TTL 系列和 CMOS 系列的集成电路产品。专用数字电路是指具有特定功能的电路，例如序列序号发生器、序列序号检测器等，但它们没有现成的集成电路产品。另外，还介绍了一些通俗易懂的数字系统设计和一些常用的 EDA 软件。

第 1 章 VHDL，介绍 VHDL 的语法规则、语句和仿真方法，为基于 VHDL 的数字电路及系统的设计打下基础。

第 2 章门电路的设计，介绍普通门、三态输出门和三态驱动门的设计。

第 3 章组合逻辑电路的设计，介绍算术运算电路、编码器、译码器、数据选择器、数据比较器、奇偶校验器和码转换器等组合逻辑电路的设计。

第 4 章触发器的设计，介绍基本 RS 触发器、钟控 RS 触发器、D 触发器和 JK 触发器的设计。

第 5 章时序逻辑电路的设计，介绍数码寄存器、移位寄存器和计数器等常用时序逻辑电路的设计，还介绍顺序脉冲发生器、序列序号发生器、伪随机信号发生器、序列序号检测器、码转换器和串行数据检测器等专用数字电路的设计。

第 6 章存储器的设计，介绍只读存储器 ROM 和随机存储器 RAM 的设计。

第 7 章数字系统设计，首先介绍数字系统的设计方法，然后介绍串行加法器、24 小时计时器、万年历、倒计时器、交通灯控制器、出租车计费器、波形发生器、数字电压表和数字频率计等系统电路的设计。

第 8 章常用 EDA 软件，介绍 Quartus II 13.0、ModelSim、Matlab/DSP Builder 和 Nios II 等常用的 EDA 软件，供读者在进行数字电路及系统设计时参考。

本书中的所有 VHDL 程序都经过美国 Altera 公司的 Quartus II 软件的编译和仿真，或经过 EDA 实验开发系统平台验证，确保无误。为了使读者看清楚仿真结果，大部分设计的仿真结果是用 Quartus II 9.0 版本软件中的自带仿真工具（Waveform Editor）或 Quartus II 13.0 版本软件中的大学计划仿真工具（university program vwf）实现的。

本书由桂林电子科技大学江国强教授编著，如有不足之处，恳请读者指正。
E-mail: hmjgq@guet.edu.cn
地　址：桂林电子科技大学（541004）
电　话：（0773）5601095，13977393225

编著者

目　　录

第 1 章　VHDL …………………………………………………………………… (1)
1.1　VHDL 设计实体的基本结构 ……………………………………………… (1)
1.1.1　库、程序包 ………………………………………………………… (1)
1.1.2　实体 …………………………………………………………………… (2)
1.1.3　结构体 ………………………………………………………………… (3)
1.1.4　配置 …………………………………………………………………… (3)
1.1.5　基本逻辑器件的 VHDL 描述 ……………………………………… (3)
1.2　VHDL 语言要素 ……………………………………………………………… (6)
1.2.1　VHDL 文字规则 ……………………………………………………… (6)
1.2.2　VHDL 数据对象 ……………………………………………………… (8)
1.2.3　VHDL 数据类型 ……………………………………………………… (9)
1.2.4　VHDL 的预定义数据类型 …………………………………………… (10)
1.2.5　IEEE 预定义的标准逻辑位和矢量 ………………………………… (11)
1.2.6　用户自定义数据类型方式 …………………………………………… (11)
1.2.7　VHDL 操作符 ………………………………………………………… (12)
1.2.8　VHDL 的属性 ………………………………………………………… (14)
1.3　VHDL 的顺序语句 …………………………………………………………… (16)
1.3.1　赋值语句 ……………………………………………………………… (16)
1.3.2　流程控制语句 ………………………………………………………… (16)
1.3.3　WAIT 语句 …………………………………………………………… (22)
1.3.4　ASSERT（断言）语句 ……………………………………………… (22)
1.3.5　NULL（空操作）语句 ……………………………………………… (23)
1.4　并行语句 ……………………………………………………………………… (23)
1.4.1　PROCESS（进程）语句 ……………………………………………… (23)
1.4.2　块语句 ………………………………………………………………… (25)
1.4.3　并行信号赋值语句 …………………………………………………… (26)
1.4.4　子程序和并行过程调用语句 ………………………………………… (28)
1.4.5　元件例化（COMPONENT）语句 …………………………………… (30)
1.4.6　生成语句 ……………………………………………………………… (32)
1.5　VHDL 的库和程序包 ………………………………………………………… (34)
1.5.1　VHDL 库 ……………………………………………………………… (35)
1.5.2　VHDL 程序包 ………………………………………………………… (35)
1.6　VHDL 仿真 …………………………………………………………………… (36)
1.6.1　VHDL 仿真支持语句 ………………………………………………… (36)
1.6.2　VHDL 测试平台软件的设计 ………………………………………… (38)

第 2 章　门电路的设计 …………………………………………………………… (43)
2.1　用逻辑操作符设计门电路 …………………………………………………… (43)
2.1.1　四-2 输入与非门 7400 的设计 ……………………………………… (44)
2.1.2　六反相器 7404 的设计 ……………………………………………… (44)
2.2　三态输出电路的设计 ………………………………………………………… (45)
2.2.1　同相三态输出门的设计 ……………………………………………… (45)

V

2.2.2　三态输出与非门的设计……………………………………………………(46)
　　　2.2.3　集成三态输出缓冲器的设计………………………………………………(47)
第3章　组合逻辑电路的设计……………………………………………………………(50)
　3.1　算术运算电路的设计………………………………………………………………(50)
　　　3.1.1　一般运算电路的设计…………………………………………………………(50)
　　　3.1.2　集成运算电路的设计…………………………………………………………(58)
　3.2　编码器的设计………………………………………………………………………(62)
　　　3.2.1　普通编码器的设计……………………………………………………………(62)
　　　3.2.2　集成编码器的设计……………………………………………………………(65)
　3.3　译码器的设计………………………………………………………………………(69)
　　　3.3.1　4线-10线BCD译码器7442的设计…………………………………………(70)
　　　3.3.2　4线-16线译码器74154的设计………………………………………………(71)
　　　3.3.3　3线-8线译码器74138的设计…………………………………………………(72)
　　　3.3.4　七段显示译码器7448的设计…………………………………………………(74)
　3.4　数据选择器的设计…………………………………………………………………(76)
　　　3.4.1　8选1数据选择器74151的设计………………………………………………(76)
　　　3.4.2　双4选1数据选择器74153的设计……………………………………………(77)
　　　3.4.3　16选1数据选择器161mux的设计……………………………………………(78)
　　　3.4.4　三态输出8选1数据选择器74251的设计……………………………………(79)
　3.5　数值比较器的设计…………………………………………………………………(80)
　　　3.5.1　4位数值比较器7485的设计…………………………………………………(81)
　　　3.5.2　8位数值比较器74684的设计…………………………………………………(82)
　　　3.5.3　带使能控制的8位数值比较器74686的设计…………………………………(83)
　3.6　奇偶校验器的设计…………………………………………………………………(84)
　　　3.6.1　8位奇偶产生器/校验器74180的设计………………………………………(84)
　　　3.6.2　9位奇偶产生器74280…………………………………………………………(85)
　3.7　码转换器的设计……………………………………………………………………(86)
　　　3.7.1　BCD编码之间的码转换器的设计……………………………………………(86)
　　　3.7.2　数制之间的码转换器的设计…………………………………………………(88)
　　　3.7.3　明码与密码转换器的设计……………………………………………………(92)
第4章　触发器的设计……………………………………………………………………(95)
　4.1　RS触发器的设计……………………………………………………………………(95)
　　　4.1.1　基本RS触发器的设计…………………………………………………………(95)
　　　4.1.2　钟控RS触发器的设计…………………………………………………………(96)
　4.2　D触发器的设计………………………………………………………………………(97)
　　　4.2.1　D锁存器的设计…………………………………………………………………(98)
　　　4.2.2　D触发器的设计…………………………………………………………………(98)
　　　4.2.3　集成D触发器的设计……………………………………………………………(99)
　4.3　JK触发器的设计……………………………………………………………………(100)
　　　4.3.1　具有置位端的JK触发器7471的设计…………………………………………(100)
　　　4.3.2　具有异步复位的JK触发器7472的设计………………………………………(101)
　　　4.3.3　具有异步置位和共用异步复位与时钟的双JK触发器7478的设计…………(103)
第5章　时序逻辑电路的设计……………………………………………………………(105)
　5.1　数码寄存器的设计…………………………………………………………………(105)
　　　5.1.1　8D锁存器74273的设计………………………………………………………(105)
　　　5.1.2　8D锁存器（三态输出）74373的设计………………………………………(106)

- 5.2 移位寄存器的设计 …………………………………………………………………………（107）
  - 5.2.1 4位移位寄存器74178的设计 ……………………………………………………（107）
  - 5.2.2 双向移位寄存器74194的设计 ……………………………………………………（108）
- 5.3 计数器的设计 ……………………………………………………………………………（110）
  - 5.3.1 十进制同步计数器（异步复位）74160的设计 …………………………………（110）
  - 5.3.2 4位二进制同步计数器（异步复位）74161的设计 ……………………………（112）
  - 5.3.3 4位二进制同步计数器（同步复位）74163的设计 ……………………………（114）
  - 5.3.4 4位二进制同步加/减计数器74191的设计 ………………………………………（115）
- 5.4 专用数字电路的设计 ……………………………………………………………………（116）
  - 5.4.1 顺序脉冲发生器的设计 …………………………………………………………（116）
  - 5.4.2 序列信号发生器的设计 …………………………………………………………（117）
  - 5.4.3 伪随机信号发生器的设计 ………………………………………………………（118）
  - 5.4.4 序列信号检测器的设计 …………………………………………………………（120）
  - 5.4.5 流水灯控制器的设计 ……………………………………………………………（121）
  - 5.4.6 抢答器的设计 ……………………………………………………………………（122）
  - 5.4.7 串行数据检测器的设计 …………………………………………………………（124）

第6章 存储器的设计 …………………………………………………………………………（128）
- 6.1 RAM的设计 ………………………………………………………………………………（128）
- 6.2 ROM的设计 ………………………………………………………………………………（129）

第7章 数字电路系统的设计 …………………………………………………………………（132）
- 7.1 数字电路系统的设计方法 ………………………………………………………………（132）
  - 7.1.1 数字电路系统设计的图形编辑方式 ……………………………………………（132）
  - 7.1.2 用元件例化方式实现系统设计 …………………………………………………（134）
- 7.2 8位串行加法器的设计 …………………………………………………………………（136）
  - 7.2.1 基本元件的设计 …………………………………………………………………（136）
  - 7.2.2 8位串行加法器的顶层设计 ……………………………………………………（139）
- 7.3 24小时计时器的设计 ……………………………………………………………………（141）
  - 7.3.1 分频器gen_1s的设计 ……………………………………………………………（142）
  - 7.3.2 60进制分频器的设计 ……………………………………………………………（142）
  - 7.3.3 24进制分频器的设计 ……………………………………………………………（143）
  - 7.3.4 24小时计时器的顶层设计 ………………………………………………………（144）
- 7.4 万年历的设计 ……………………………………………………………………………（145）
  - 7.4.1 控制器的设计 ……………………………………………………………………（146）
  - 7.4.2 数据选择器mux_4的设计 ………………………………………………………（146）
  - 7.4.3 数据选择器mux_16的设计 ………………………………………………………（147）
  - 7.4.4 年月日计时器的设计 ……………………………………………………………（148）
  - 7.4.5 万年历的顶层设计 ………………………………………………………………（150）
- 7.5 倒计时器的设计 …………………………………………………………………………（152）
  - 7.5.1 控制器contr100_s的设计 ………………………………………………………（152）
  - 7.5.2 60进制减法计数器的设计 ………………………………………………………（153）
  - 7.5.3 24进制减法计数器的设计 ………………………………………………………（154）
  - 7.5.4 100进制减法计数器的设计 ………………………………………………………（155）
  - 7.5.5 倒计时器的顶层设计 ……………………………………………………………（155）
- 7.6 交通灯控制器的设计 ……………………………………………………………………（157）
  - 7.6.1 100进制减法计数器的设计 ………………………………………………………（157）
  - 7.6.2 控制器的设计 ……………………………………………………………………（158）

7.6.3　交通灯控制器的顶层设计 ……………………………………………………（159）
　7.7　出租车计费器的设计 …………………………………………………………………（160）
　　　7.7.1　计时器的设计 …………………………………………………………………（161）
　　　7.7.2　计费器的设计 …………………………………………………………………（162）
　　　7.7.3　出租车计费器的顶层设计 ……………………………………………………（163）
　7.8　波形发生器的设计 ……………………………………………………………………（164）
　　　7.8.1　计数器 cnt256 的设计 ………………………………………………………（165）
　　　7.8.2　存储器 rom0 的设计 …………………………………………………………（166）
　　　7.8.3　多路选择器 mux_1 的设计 …………………………………………………（168）
　　　7.8.4　波形发生器的顶层设计 ………………………………………………………（169）
　7.9　数字电压表的设计 ……………………………………………………………………（170）
　　　7.9.1　分频器 clkgen 的设计 ………………………………………………………（170）
　　　7.9.2　控制器 contr_2 的设计 ………………………………………………………（171）
　　　7.9.3　存储器 myrom_dyb 的设计 …………………………………………………（173）
　　　7.9.4　数字电压表的顶层设计 ………………………………………………………（175）
　7.10　8 位十进制频率计设计 ………………………………………………………………（177）
　　　7.10.1　测频控制信号发生器 TESTCTC 的设计 …………………………………（177）
　　　7.10.2　十进制加法计数器 CNT10X8 的设计 ……………………………………（178）
　　　7.10.3　8 位十进制锁存器 reg4x8 的设计 …………………………………………（180）
　　　7.10.4　频率计的顶层设计 ……………………………………………………………（181）

第 8 章　常用 EDA 软件 …………………………………………………………………（183）
　8.1　Quartus II 13.0 软件 ……………………………………………………………………（183）
　　　8.1.1　Quartus II 软件的主界面 ……………………………………………………（183）
　　　8.1.2　Quartus II 的图形编辑输入法 ………………………………………………（184）
　　　8.1.3　Quartus II 的文本编辑输入法 ………………………………………………（197）
　　　8.1.4　嵌入式逻辑分析仪的使用方法 ………………………………………………（199）
　　　8.1.5　嵌入式锁相环的设计方法 ……………………………………………………（202）
　　　8.1.6　设计优化 …………………………………………………………………………（206）
　　　8.1.7　Quartus II 的 RTL 阅读器 ……………………………………………………（207）
　8.2　ModelSim ………………………………………………………………………………（208）
　　　8.2.1　ModelSim 的图形用户交互方式 ……………………………………………（208）
　　　8.2.2　ModelSim 的交互命令方式 …………………………………………………（211）
　　　8.2.3　ModelSim 的批处理工作方式 ………………………………………………（213）
　8.3　基于 MATLAB/DSP Builder 的 DSP 模块设计 ……………………………………（214）
　　　8.3.1　设计原理 …………………………………………………………………………（214）
　　　8.3.2　DSP Builder 的层次设计 ……………………………………………………（224）
　8.4　Nios II 嵌入式系统开发软件 …………………………………………………………（225）
　　　8.4.1　Nios II 的硬件开发 ……………………………………………………………（225）
　　　8.4.2　Qsys 系统的编译与下载 ………………………………………………………（229）
　　　8.4.3　Nios II 嵌入式系统的软件调试 ………………………………………………（240）
　　　8.4.4　Nios II 的常用组件与编程 ……………………………………………………（244）
　　　8.4.5　基于 Nios II 的 Qsys 系统应用 ………………………………………………（252）

附录 A　VHDL 的关键词 ……………………………………………………………………（263）

参考文献 ………………………………………………………………………………………（264）

第 1 章 VHDL

本章介绍硬件描述语言 VHDL 的语言要素、程序结构及描述风格,并介绍最基本、最典型的数字逻辑电路的 VHDL 描述,作为 VHDL 工程设计的基础。

1.1 VHDL 设计实体的基本结构

一个完整的 VHDL 程序,或者说设计实体,是指能被 VHDL 综合器接受,并能作为一个独立的设计单元,即以元件形式存在的 VHDL 程序。这里所谓的"综合",是将给定电路应实现的功能和实现此电路的约束条件(如速度、功耗、成本及电路类型等),通过计算机的优化处理,获得一个满足上述要求的设计方案。简单地说,"综合"就是依靠 EDA 工具软件,自动完成电路设计的整个过程。因此,VHDL 程序设计必须完全适应 VHDL 综合器的要求,使 VHDL 程序能够在 PLD 或专用集成电路 ASIC(Application Specific Integrated Circuit)中得到硬件实现。这里所谓的"元件",既可以被高层次的系统调用,成为系统的一部分,也可以作为一个电路的功能块,独立存在和独立运行。

VHDL 设计实体的基本结构如图 1.1 所示。它由库(LIBRARY)、程序包(PACKAGE)、实体(ENTITY)、结构体(ARCHITECTURE)和配置(CONFIGURATION)等部分构成。其中,实体和结构体是设计实体的基本组成部分,它们可以构成最基本的 VHDL 程序。

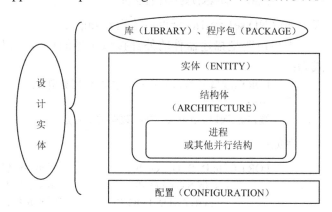

图 1.1 VHDL 设计实体的基本结构图

1.1.1 库、程序包

IEEE 于 1987 年和 1993 年先后公布了 VHDL 的 IEEE STD 1076-1987(即 VHDL 1987)、IEEE STD 1076-1993(即 VHDL 1993)和 IEEE STD 1076-2008(即 VHDL 2008)语法标准。根据 VHDL 语法规则,在 VHDL 程序中使用的文字、数据对象、数据类型都需要预先定义。为了方便 VHDL 编程,IEEE 将预定义的数据类型、元件调用声明(Declaration)及一些常用子程序收集在一起,形成程序包,供 VHDL 设计实体共享和调用。若干个程序包则形成库,常用的库是 IEEE 标准库。因此,在每个设计实体开始都有打开库和程序包的语句。例如,语句:

    LIBRARY IEEE;
    USE IEEE.STD_LOGIC_1164.ALL;

表示设计实体中被描述器件的输入/输出端口和数据类型将要用到 IEEE 标准库中的 STD_LOGIC_1164 程序包。

1.1.2 实体

实体（ENTITY）是设计实体中的重要组成部分，是一个完整的、独立的语言模块。它相当于电路中的一个器件或电路原理图上的一个元件符号。实体由实体声明部分和结构体组成。实体声明部分指定了设计单元的输入/输出端口或引脚，它是设计实体对外的一个通信界面，是外界可以看到的部分。结构体用来描述设计实体的逻辑结构和逻辑功能，它由 VHDL 语句构成，是外界看不到的部分。一个实体可以拥有一个或多个结构体。

实体声明部分的语句格式为（语句后面用"--"引导的是注释信息）：

```
ENTITY  实体名  IS
        GENERIC(类属表);          --类属参数声明
        PORT(端口表);             --端口声明
END     实体名;
```

其中，类属参数声明必须放在端口声明之前，用于指定如矢量位数、器件延迟时间等参数。例如：

GENERIC(m: TIME:=1 ns):

声明 m 是一个值为 1ns 的时间参数。这样，在程序中，语句

tmp1<=d0 AND se1 AFTER m:

表示 d0 AND se1 经 1ns 延迟后才送到 tmp1。

端口声明是描述器件的外部接口信号的声明，相当于器件的引脚声明。端口声明语句格式为：

```
PORT (端口名,端口名,……: 方向  数据类型名;
      ……
      端口名,端口名,……: 方向  数据类型名);
```

例如：

```
PORT ( a,b: IN STD_LOGIC;        --声明 a、b 是标准逻辑位类型的输入端口
       s: IN STD_LOGIC;          --声明 s 是标准逻辑位类型的输入端口
       y: OUT STD_LOGIC);        --声明 y 是标准逻辑位类型的输出端口
```

端口方向包括：

IN——输入，原理图符号如图 1.2（a）所示。

OUT——输出，原理图符号如图 1.2（b）所示。

INOUT——双向，既可作为输入也可作为输出，原理图符号如图 1.2（c）所示。

BUFFER——具有读功能的输出，原理图符号如图 1.2(d)所示。图 1.2(e)给出一个 BUFFER 端口的图例子，它是一个触发器的输出，同时可将它的信号读出送到与门的输入端。

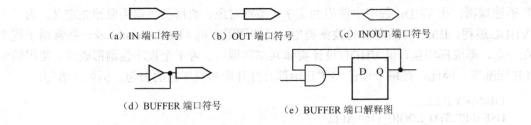

(a) IN 端口符号   (b) OUT 端口符号   (c) INOUT 端口符号

(d) BUFFER 端口符号   (e) BUFFER 端口解释图

图 1.2 各种端口的原理图符号及解释图

计数器设计时，一般需要使用 BUFFER 类型输出端口。对于加法计数器来说，当计数脉冲到来时，输出状态加 1，即 Q=Q+1（Q 为计数器的输出端口），表示计数器的输出应具有读功能。

1.1.3 结构体

结构体(ARCHITECTURE)用来描述设计实体的内部结构和实体端口之间的逻辑关系，在电路上相当于器件的内部电路结构。结构体由信号声明部分和功能描述语句部分组成。信号声明部分用于描述结构体内部使用的信号名称及信号类型的声明；功能描述部分用来描述实体的逻辑行为。

结构体语句格式为：

```
ARCHITECTURE 结构体名 OF 实体名 IS
    [信号声明语句];        --为内部信号名称及类型声明
BEGIN
    [功能描述语句]
END ARCHITECTURE 结构体名;
```

例如，设 a、b 是或非门的输入端口，z 是输出端口，y 是结构体内部信号，则用 VHDL 描述的两输入端或非的结构体为：

```
ARCHITECTURE nor1 OF temp1 IS
    SIGNAL y: STD_LOGIC;
BEGIN
    y<=a OR b;
    z<=NOT y;
END ARCHITECTURE nor1;
```

说明："nor1"是结构体名，用于区分设计实体中的不同结构体，结构体结束语句"END ARCHITECTURE nor1;"可以省略为"END nor1;"或"END;"。另外，VHDL 程序中的标点符号全部是半角符号，使用全角标点符号被视为非法。

1.1.4 配置

配置(CONFIGURATION)用来把特定的结构体关联到(指定给)一个确定的实体，为一个大型系统的设计提供管理和工程组织。

1.1.5 基本逻辑器件的 VHDL 描述

在对 VHDL 的设计实体结构有一定了解后，通过以下几个基本逻辑器件的 VHDL 描述的设计示例，使读者对 VHDL 程序设计有初步的理解。

【例 1.1】设计 2 输入端的或门电路。

2 输入端或门的逻辑符号如图 1.3 所示，其中 a、b 是输入信号，y 是输出信号，输出与输入的逻辑关系表达式为：

$$y = a + b$$

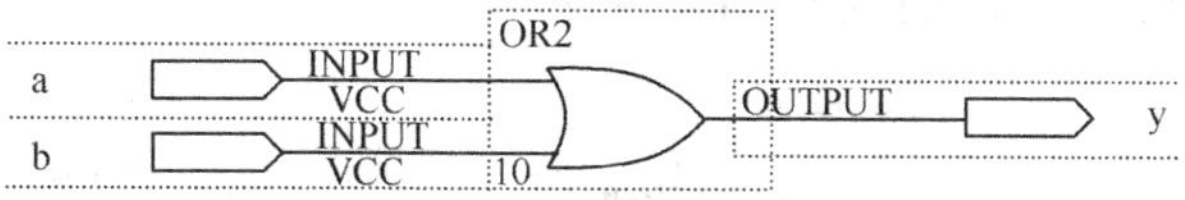

图 1.3 或门逻辑符号

在 VHDL 语法中，或运算符号是 "OR"，赋值符号是 "<="，因此在 VHDL 程序中，或逻辑关系表达式为：

$$y <= a \text{ OR } b$$

下面是按照 VHDL 语法规则编写出来的或门设计电路的 VHDL 源程序，或者称为"或门的 VHDL 描述"。它是一个完整的、独立的语言模块，相当于电路中的一个"或"器件或电路原理图上的一个"或"元件符号。它能够被 VHDL 综合器接受，形成一个独立存在和独立运行的元件，也可以被高层次的系统调用，成为系统中的一部分。

```
LIBRARY IEEE;
USE IEEE.STD_LOGIC_1164.ALL;        --IEEE 库使用声明
ENTITY or1 IS
    PORT (a,b: IN STD_LOGIC;        --实体端口声明
          y: OUT STD_LOGIC);
END or1;
ARCHITECTURE example1 OF or1 IS
BEGIN
    y<=a OR b;                      --结构体功能描述语句
END example1;
```

【例 1.2】设计半加器电路。

半加器的逻辑图如图 1.4 所示，其中 a、b 是输入信号，so、co 是输出信号。用 VHDL 语法规则推导出输出信号与输入信号之间的逻辑表达式为：

so<=a XOR b
co<=a AND b

半加器的 VHDL 描述为：

```
LIBRARY IEEE;
USE IEEE.STD_LOGIC_1164.ALL;
ENTITY h_adder IS
    PORT (a,b: IN STD_LOGIC;
          so,co: OUT STD_LOGIC);
END h_adder ;
ARCHITECTURE example2 OF h_adder IS
  BEGIN
    so<=a XOR b;
    co<=a AND b;
END example2;
```

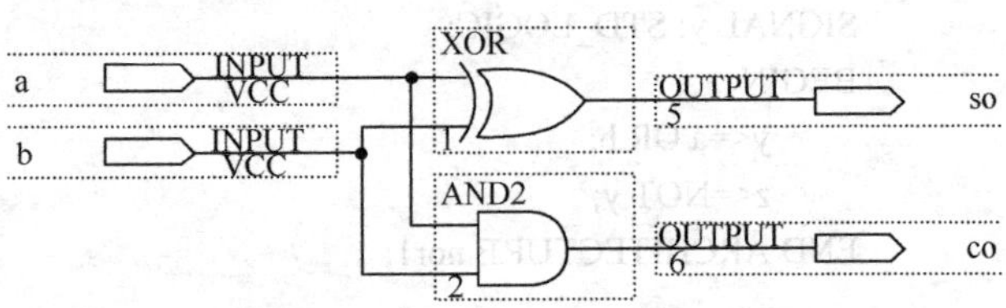

图 1.4 半加器的逻辑图

VHDL 有多种描述风格，按照原理图的结构进行的描述属于 VHDL 的结构描述风格。结构描述可以从最基本的元件描述开始，然后用结构描述方式将这些基本元件组合起来，形成一个小系统元件，再用结构描述或其他描述方式将一些小系统元件组合起来，形成复杂数字系统。半加器电路的功能仿真波形如图 1.5 所示。在仿真波形中，输入波形的变化是需要经过一定的延迟时间后，才能到达输出端的。另外，从 co 和 so 的输出波形可以看到极窄的脉冲，这是组合逻辑电路的竞争-冒险现象。

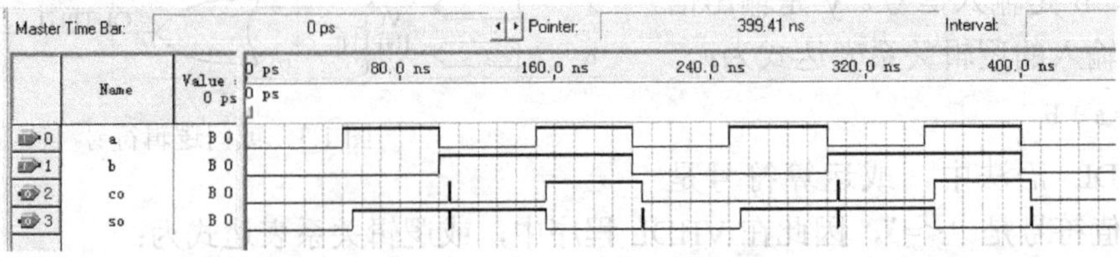

图 1.5 半加器电路的功能仿真波形

【例 1.3】设计 2 选 1 数据选择器。2 选 1 数据选择器的逻辑符号如图 1.6 所示，其中 a、b 是数据输入信号，s 是控制输入信号，y 是输出信号。2 选 1 数据选择器的功能由表 1.1 给出。

表中反映出数据选择器的功能是：如果 s=0 则 y=a，否则（s=1）y=b。用 VHDL 描述 y 与 s 和 a、b 之间的功能关系语句为：

    y<=a WHEN s=0 ELSE
       b；

这是 VHDL 另一种描述风格，称为行为描述。行为描述只描述所设计电路的功能或电路行为，而没有直接指明或涉及实现这些行为的硬件结构。完整的 2 选 1 数据选择器的 VHDL 描述为：

```
LIBRARY IEEE;
USE IEEE.STD_LOGIC_1164.ALL;
ENTITY mux21 IS
PORT (a,b: IN STD_LOGIC;
        s: IN STD_LOGIC;
        y: OUT STD_LOGIC);
END mux21;
ARCHITECTURE example3 OF mux21 IS
  BEGIN
     y<=a WHEN s='0' ELSE
        b;
END example3;
```

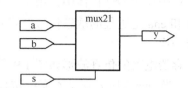

图 1.6　2 选 1 数据选择器的逻辑符号

表 1.1　2 选 1 数据选择器功能表

s	y
0	a
1	b

2 选 1 数据选择器的功能仿真波形如图 1.7 所示。

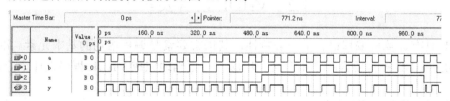

图 1.7　2 选 1 数据选择器的功能仿真波形

【例 1.4】设计锁存器。

上面列举了组合逻辑电路的 VHDL 描述示例，下面以锁存器为例，让读者对时序逻辑电路的 VHDL 描述有一定的了解。1 位数据锁存器的逻辑符号如图 1.8 所示，其中 d 是数据输入信号，ena 是使能信号（或称时钟信号），q 是输出信号。锁存器的功能是：如果 ena=1，则 q=d；否则（即 ena=0）q 保持原来状态不变。

用 VHDL 描述锁存器功能的语句是：

    IF ena='1' THEN
       q<=d;
    END IF;

完整的锁存器 VHDL 描述如下：

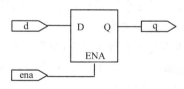

图 1.8　1 位数据锁存器的逻辑符号

```
LIBRARY IEEE;
USE IEEE.STD_LOGIC_1164.ALL;
ENTITY latch1 IS
PORT  ( d :IN STD_LOGIC;
        ena :IN STD_LOGIC;
          q :OUT STD_LOGIC);
END latch1;
ARCHITECTURE example4 OF latch1 IS
BEGIN
```

```
        PROCESS (d,ena)
            BEGIN
                IF ena='1' THEN
                    q<=d;
                END IF;
        END PROCESS;
END example4;
```

在这个程序的结构体中，用了一个进程（PROCESS）来描述锁存器的行为，其中，输入信号 d 和 ena 是进程的敏感信号，当它们中的任何一个信号发生变化时，进程中的语句就要重复执行一次。

锁存器电路的仿真波形如图 1.9 所示。在仿真波形中，输入 ena 是进程的敏感信号，当 ena=1 时 q=d；当 ena=0 时 q 保持不变；仿真结果验证了设计的正确性。

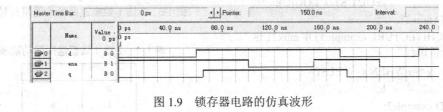

图 1.9　锁存器电路的仿真波形

1.2　VHDL 语言要素

VHDL 具有计算机编程语言的一般特性，其语言要素是编程语句的基本元素。准确无误地理解和掌握 VHDL 语言要素的基本含义和用法，对正确地完成 VHDL 程序设计十分重要。

1.2.1　VHDL 文字规则

任何一种程序设计语言都规定了自己的一套符号和语法规则，程序就是用这些符号按照语法规则写成的。在程序中使用的符号若超出规定的范围或不按语法规则书写，都视为非法，计算机不能识别。与其他计算机高级语言一样，VHDL 也有自己的文字规则，在编程中需要认真遵循。

1. 数字型文字

数字型文字包括整数文字、实数文字、以数制基数表示的文字和物理量文字。

（1）整数文字

整数文字由数字和下画线组成。例如，5、678、156E2 和 45_234_287（相当于 45 234 287）都是整数文字。其中，下画线用来将数字分组，便于读出。

（2）实数文字

实数文字由数字、小数点和下画线组成。例如，188.993 和 88_670_551.453_909（相当于 88 670 551.453 909）都是实数文字。

（3）以数制基数表示的文字

在 VHDL 中，允许使用十进制、二进制、八进制和十六进制等不同基数的数制文字。以数制基数表示的文字的格式为：

数制#数值#

例如：

```
    10#170#;              --十进制数值文字
```

```
16#FE#;              --十六进制数值文字
2#11010001#;         --二进制数值文字
8#376#;              --八进制数值文字
```

（4）物理量文字

物理量文字用来表示时间、长度等物理量。例如，60s、100m 都是物理量文字。

2．字符串文字

字符串文字包括字符和字符串。字符是以单引号括起来的数字、字母和符号。例如，'0'、'1'、'A'、'B'、'a'、'b'都是字符。字符串包括文字字符串和数值字符串。

（1）文字字符串

文字字符串是用双引号括起来的一维字符数组。例如，"ABC"、"A BOY. "，"A"都是文字字符串。

（2）数值字符串

数值字符串也称为矢量，其格式为：

  数制基数符号 "数值字符串"；

例如：

```
B"111011110";   --二进制数数组，位矢量组长度是 9
O"15";          --八进制数数组，等效 B"001101"，位矢量组长度是 6
X"AD0";         --十六进制数数组，等效 B"101011010000"，位矢量组长度是 12
```

其中，B 表示二进制基数符号，O 表示八进制基数符号，X 表示十六进制基数符号。

3．关键词

VHDL 有 97 个（详见附录 A）关键词，它们是预先定义的单词，在程序中有不同的使用目的，例如，ENTITY（实体）、ARCHITECTURE（结构体）、TYPE（类型）、IS、END 等都是 VHDL 的关键词。VHDL 的关键词允许用大写字母或小写字母书写，也允许大、小写字母混合书写。

4．标识符

标识符是用户给常量、变量、信号、端口、子程序或参数定义的名字。标识符命名规则是：以字母（大、小写均可）开头，后面跟若干个字母、数字或单个下画线，但最后不能为下画线。例如：

```
h_adder, mux21, example            --合法标识符；
2adder, _mux21, ful__adder, adder_  --错误的标识符。
```

VHDL1993 标准支持扩展标识符，即以反斜杠来定界，允许以数字开头，允许使用空格及两个以上的下画线。例如，\74LS193\，\A BOY\等为合法的标识符。

5．下标名

下标名用于指示数组型变量或信号的某一元素。下标名的格式为：

  标识符(表达式);

例如，b(3)，a(m)都是下标名。

6．段名

段名是多个下标名的组合。段名的格式为：

  标识符（表达式 方向 表达式）

其中，方向包括：

  TO   --表示下标序号由低到高
  DOWNTO   --表示下标序号由高到低

例如：

  D(7 DOWNTO 0)   --可表示数据总线 D7 到 D0
  D(0 TO 7)   --可表示数据总线 D0 到 D7

1.2.2 VHDL 数据对象

VHDL 数据对象是指用来存放各种类型数据的容器，包括变量、常数和信号。

1. 变量

在 VHDL 语法规则中，变量（VARIABLE）是一个局部量，只能在进程（PROCESS）、函数（FUNCTION）和过程（PROCEDURE）中声明和使用。变量不能将信息带出对它定义的当前设计单元。变量的赋值是一种理想化的数据传输，即传输是立即发生的，不存在任何延时的行为。

任何变量都要声明后才能使用，变量声明的语法格式为：

  VARIABLE 变量名:数据类型[:=初始值];

例如，变量声明语句：

  VARIABLE a: INTEGER;
  VARIABLE b: INTEGER:=2;

分别声明变量 a、b 为整型变量，变量 b 赋有初值 2。

变量在声明时，可以赋初值，也可以不赋值，到使用时才用变量赋值语句赋值，因此，变量语句中的":=初始值"部分内容用方括号括起来表示任选。变量赋值语句的语法格式为：

  目标变量名:=表达式;

例如，下面在变量声明语句后，列出的都是变量赋值语句：

  VARIABLE x,y: INTEGER;
  VARIABLE a,b: BIT_VECTOR(0 TO 7);
  x:=100;
  y:=15+x;
  a:= "10101011";
  a(3 TO 6):= ('1','1','0','1');
  a(0 TO 5):=b(2 TO 7);

2. 信号

信号（SIGNAL）是描述硬件系统的基本数据对象。它作为一种数值容器，不仅可以容纳当前值，也可以保持历史值，这一属性与触发器的记忆功能有很好的对应关系。信号又类似于连接线，可以作为设计实体中各并行语句模块间的信息交流通道。

信号要在结构体中声明后才能使用。信号声明语句的语法格式为：

  SIGNAL 信号名: 数据类型[:=初值];

例如，信号声明语句：

  SIGNAL temp: STD_LOGIC:=0;
  SIGNAL flaga,flagb: BIT;

SIGNAL data: STD_LOOGIC_VECTOR(15 DOWNTO 0);

分别声明 temp 为标准逻辑位（STD_LOGIC）信号，初值为 0；flaga，flagb 为位（BIT）信号，未赋初值；data 为标准逻辑位矢量（STD_LOOGIC_VECTOR），矢量长度为 16。

当信号声明了数据类型后，在 VHDL 设计中就能对信号赋值了。信号赋值语句的格式为：

目标信号名<=表达式；

例如：

x<=9;

这里的表达式可以是一个运算表达式，也可以是数据对象（变量、信号或常数）。符号 "<="表示赋值操作，即将数据信息传入。信号的数据传入不是即时的，它类似实际器件的数据传送，即目标信号需要一定延迟时间，才能接收到源信号的数据。为了给信息传输的先后具有符合逻辑的排序，VHDL 综合器在信号赋值时，自动设置一个微小的延迟量，或者在信号赋值语句中用关键词 "AFTER"设置延迟量。例如：

z<=x AFTER 5ns;

信号与变量是有区别的。首先，它们声明的场合不同，变量在进程、函数和过程中声明，而信号在结构体中声明。其次，变量用 ":="号赋值，其赋值过程无时间延迟，而信号用 "<="赋值，其赋值过程附加有时间延迟。请读者注意，在信号声明语句中，给信号赋初值的符号是 ":="。

3．常数

常数（CONSTANT）的声明和设置主要是为了使设计实体中的常数更容易阅读和修改。例如，将代表数据总线矢量的位宽量声明为一个常数，随着器件功能的扩展，只要修改这个常数，就很容易修改矢量位宽，从而改变硬件的结构。常数一般在程序前部声明，在程序中，常数是一个恒定不变的值。常数声明格式为：

CONSTANT 常数名: 数据类型:=初值；

例如：

CONSTANT fbus: BIT_VECTOR(7 DOWNTO 0):="11010111";
CONSTANT Vcc: REAL:=5.0;
CONSTANT delay: TIME:=25ns;

都是为常数赋值的语句。

1.2.3 VHDL 数据类型

VHDL 是一种很注重数据类型的编程语言，对参与运算和赋值的数据对象的数据类型有严格的要求。因此，在数据对象的声明中，数据类型的声明是不可缺少的部分，而且在程序中，只有数据类型相同的量才能互相传递或赋值。VHDL 这种注重数据类型的特点，使得 VHDL 编译和综合工具很容易找出程序设计中常见的错误。

VHDL 的数据类型包括标量型、复合类型、存取类型和文件类型。

标量型（Scalar Type）是单元素的最基本数据类型，通常用于描述一个单值的数据对象。标量型包括实数类型、整数类型、枚举类型和时间类型。

复合类型（Composite Type）可由最基本数据类型，如标量型复合而成。它包括数组型（Array）和记录型（Record）。

存取类型（Access Type）为给定的数据对象提供存取方式。
文件类型（Files Type）用于提供多值存取类型。

1.2.4　VHDL 的预定义数据类型

上述的 4 种数据类型可以作为预定义数据类型，存放在现成的程序包中，供程序设计时调用，也可以由用户自己定义。预定义的 VHDL 数据类型是 VHDL 最常用、最基本的数据类型，这些数据类型在 IEEE 库中的标准程序包 STANDARD 和 STD_LOGIC_1164 及其他标准程序包中已预先定义。下面介绍 VHDL 预定义的数据类型，这些数据类型都可在编程时调用。

（1）BOOLEAN（布尔）数据类型

布尔数据类型包括 FALSE（假）和 TRUE（真）。它是以枚举类型预定义的枚举类型数据，其定义语句为：

　　　　TYPE BOOLEAN IS(FALSE,TRUE);

（2）BIT（位）数据类型

位数据类型包括"0"和"1"，它们是二值逻辑中的两个值。其定义语句为：

　　　　TYPE BIT IS('0', '1');

（3）BIT_VECTOR（位矢量）数据类型

位矢量是用双引号括起来的数字序列，如"0011"，X"00FD"等。位矢量数据类型的定义语句为：

　　　　TYPE BIT_VECTOR IS ARRAY(Natural Range<>) OF BIT;

其中，"<>"表示数据范围未定界。

在使用位矢量时，必须注明位宽，例如：

　　　　SIGNAL a: BIT_VECTOR(7 DOWNTO 0);

在此语句中，声明 a 由 a(7)～a(0)构成矢量，左为 a(7)，权值最高，右为 a(0)，权值最低。

（4）CHARACTER（字符）数据类型

字符是用单引号括起来的 ASCII 码字符，如'A','a','0','9'等。字符数据类型的定义语句为：

　　　　TYPE CHARACTER IS (…,'0','1',…,'A','B',…);

其中，圆括号中是用单引号括起来的 ASCII 码字符表中的全部字符，这里没有一一列出。

（5）INTEGER（整数）数据类型

整数是 VHDL 标准库中预定义的数据类型。整数包括正整数、负整数和零。整数是 32 位的带符号数，因此，其数值范围是 $-2\ 147\ 483\ 647 \sim +2\ 147\ 483\ 647$，即 $-(2^{31}-1) \sim +(2^{31}-1)$。例如语句

　　　　A:OUT INTEGER RAGER 0 TO 255;

定义了 A 是正整型输出，数值范围 0 到 255，对应 8 位二进制数。

（6）NATURAL（自然数）和 POSITIVE（正整数）数据类型

自然数是整数的一个子集，包括 0 和正整数。正整数也是整数的一个子集，它是不包括 0 的正整数。

（7）REAL（实数）数据类型

实数是 VHDL 标准库中预定义的数据类型。它由正、负、小数点和数字组成，例如，-1.0,

+2.5，-1.0E38 都是实数。实数的范围是：-1.0E+38～+1.0E+38。

（8）STRING（字符串）数据类型

字符串也是 VHDL 标准库中预定义的数据类型。字符串是用双引号括起来的字符序列，也称字符矢量或字符串数组，例如，"A BOY."，"10100011"等。

（9）TIME（时间）数据类型

时间是物理量数据，它由整数数据和单位两部分组成。时间 TIME 数据定义语句为：

```
TYPE TIME IS RANGE -2147483647 TO 2147483647
units
    fs;                 --飞秒，VHDL 中的最小时间单位
    ps=1000fs;          --皮秒
    ns=1000ps;          --纳秒
    us=1000ns;          --微秒
    ms=1000us;          --毫秒
    sec=1000ms;         --秒
    min=60sec;          --分
    hr=60min;           --时
END units;
```

说明：在 VHDL 中，微秒单位的符号是"us"，而不是"μs"。

（10）Severity Level（错误等级）

在 VHDL 标准库中，预定义了错误等级枚举数据类型。错误等级数据用于表征系统的状态，以及编译源程序时的提示。错误等级包括 NOTE（注意），WARNING（警告），ERROR（出错）和 FAILURE（失败）。

1.2.5　IEEE 预定义的标准逻辑位和矢量

在 IEEE 标准库的程序包 STD_LOGIC_1164 中，定义了两个非常重要的数据类型，即标准逻辑位 STD_LOGIC 和标准逻辑矢量 STD_LOGIC_VECTOR。在数字逻辑电路的描述中，经常用到这两种数据类型。

（1）　STD_LOGIC（标准逻辑位）数据类型

在 VHDL 中，标准逻辑位数据有 9 种逻辑值（即九值逻辑），它们是'U'（未初始化的）、'X'（强未知的）、'0'（强 0）、'1'（强 1）、'Z'（高阻态）、'W'（弱未知的）、'L'（弱 0）、'H'（弱 1）和'-'（忽略）。它们在 STD_LOGIC_1164 程序包中的定义语句如下：

```
TYPE STD_LOGIC IS('U','X','0','1','Z','W','L','H','-');
```

注意：STD_LOGIC 数据类型中的数据是用大写字母定义的，使用中不能用小写字母代替。

（2）STD_LOGIC_VECTOR（标准逻辑矢量）数据类型

标准逻辑矢量数据类型在数字电路中常用于表示总线。它们在 STD_LOGIC_1164 程序包中的定义语句如下：

```
TYPE STD_LOGIC_VECTOR IS ARRAY(Natural Range<>) OF STD_LOGIC;
```

1.2.6　用户自定义数据类型方式

除了上述一些标准的预定义数据类型外，VHDL 还允许用户自己定义新的数据类型。用户

自定义数据类型分为基本数据类型定义和子类型数据定义两种格式。基本数据类型定义的语句格式为：

  TYPE 数据类型名 IS 数据类型定义；
  TYPE 数据类型名 IS 数据类型定义 OF 基本数据类型；

子类型数据定义格式为：

  SUBTYPE 子类型名 IS 类型名 RANGE 低值 TO 高值；

用户自定义的数据类型可以有多种，如整数类型、枚举类型、时间类型、数组类型和记录类型等。例如，用户可以用如下语句定义 week（星期）枚举类型数据：

  TYPE week IS (sun,mon,tue,wed,thu,fri,sat);

1.2.7 VHDL 操作符

与传统的计算机程序设计语言一样，VHDL 各种表达式中的基本元素也是由不同的运算符号连接而成的。这里的基本元素称为操作数（Operands），运算符称为操作符（Operator）。操作数和操作符相结合就构成了 VHDL 中的算术运算表达式和逻辑运算表达式。VHDL 的操作符包括逻辑操作符（Logic Operator）、关系操作符（Relational Operator）、算术操作符（Arithmetic Operator）和符号操作符（Sign Operator）4 类。表 1.2 列出了 VHDL 各种操作符的类型、符号、功能和它们的操作数数据类型。

1. 算术操作符

算术操作符包括"+"（加）、"−"（减）、"&"（并置）、"*"（乘）、"/"（除）、"MOD"（取模）、"REM"（求余）、"SLL"（逻辑左移）、"SRL"（逻辑右移）、"SLA"（算术左移）、"SRA"（算术右移）、"ROL"（逻辑循环左移）、"ROR"（逻辑循环右移）、"**"（乘方）和"ABS"（取绝对值）。部分算术操作符的功能解释如下。

（1）&（并置）操作符

VHDL 中的并置运算操作符"&"用来完成一维数组的位扩展。例如，将两个 1 位的一维数组 s1，s2 扩展为一个 2 位的一维数组的语句是：s<=s1& s2。

（2）MOD（取模）操作符

MOD 操作符完成取模运算，例如，表达式"10 MOD 3;"的结果为 1。

（3）REM（求余）操作符

REM 操作符用于得到整除运算的余数，例如，表达式"10 REM 3;"的结果为 1。

通常取模（MOD）运算也叫求余（REM）运算，它们返回结果都是余数，区别在于当被除数 x 和除数 y 的正负号一样的时候，两个函数结果是等同的，即(x MOD y)=(x REM y)=x−(x/y)*y；例如，(10 MOD 3)=(10 REM 3)=10−(10/3)*3=1。当 x 和 y 的符号不同时，REM 函数结果的符号和被除数 x 的一样，而 MOD 和除数 y 一样。

两个异号整数取模的运算规律是先将两个整数看作正数，再作除法运算，能整除时，其值为 0；不能整除时，其值=除数×(整商+1)−被除数。例如，(4 MOD (−3))=−(3*(4/3+1)−4)=−2（取模结果的符号与除数相同），而(4 REM (−3))=4−(4/3)*3=1（求余结果的符号与被除数相同），取模和求余的结果是不同的。

表 1.2　VHDL 操作符列表

类　型	操作符	功　能	操作数数据类型
算术操作符	+	加	整数
	-	减	整数
	&	并置	一维数组
	*	乘	整数和实数
	/	除	整数和实数
	MOD	取模	整数
	REM	求余	整数
	SLL	逻辑左移	BIT 或布尔型一维数组
	SRL	逻辑右移	BIT 或布尔型一维数组
	SLA	算术左移	BIT 或布尔型一维数组
	SRA	算术右移	BIT 或布尔型一维数组
	ROL	逻辑循环左移	BIT 或布尔型一维数组
	ROR	逻辑循环右移	BIT 或布尔型一维数组
	**	乘方	整数
	ABS	取绝对值	整数
关系操作符	=	等于	任何数据类型
	/=	不等于	任何数据类型
	<	小于	枚举与整数及对应的一维数组
	>	大于	枚举与整数及对应的一维数组
	<=	小于等于	枚举与整数及对应的一维数组
	>=	大于等于	枚举与整数及对应的一维数组
逻辑操作符	AND	与	BIT、BOOLEAN、STD_LOGIC
	OR	或	BIT、BOOLEAN、STD_LOGIC
	NAND	与非	BIT、BOOLEAN、STD_LOGIC
	NOR	或非	BIT、BOOLEAN、STD_LOGIC
	XOR	异或	BIT、BOOLEAN、STD_LOGIC
	NXOR	异或非	BIT、BOOLEAN、STD_LOGIC
	NOT	非	BIT、BOOLEAN、STD_LOGIC
符号操作符	+	正	整数
	-	负	整数

（4）SLL（逻辑左移）操作符

SLL 操作符表达式的格式为：

　　操作数　SLL n;

其中，n 是移位的位数（其他移位操作符的格式均与 SLL 相同）。

SLL 控制操作数向左方向移位，在移位过程中，最低位（最右边的数）用"0"来补充，最高位（最左边的数）移出数据而丢失。例如，设操作数 A="11010001"，则语句"A SLL 1;"的结果为："10100010"。

（5）SRL（逻辑右移）操作符

SRL 控制操作数向右方向移位，在移位过程中，最高位（最左边的数）用"0"来补充，最低位（最右边的数）移出数据而丢失。例如，设操作数 A="11010001"，则语句"A SRL 1;"的结果为："01101000"。

（6）SLA（算术左移）操作符

SLA 操作符的功能与 SLL（逻辑左移）操作符相同。

（7）SRA（算术右移）操作符

SRA 控制操作数向右方向移位，在移位过程中，最高位（最左边的数）保持不变，并将其数值移向次低位，最低位（最右边的数）移出数据而丢失。例如，设操作数 A="11010001"，则语句"A SRA 1;"的结果为："11101000"。

（8）ROL（逻辑循环左移）操作符

ROL 控制操作数向左方向移位，在移位过程中，最低位（最右边的数）接收最高位（最左边的数）。例如，设操作数 A="11010001"，则语句"A ROL 1;"的结果为："10100011"。

（9）ROR（逻辑循环右移）操作符

ROR 控制操作数向右方向移位，在移位过程中，最高位（最左边的数）接收最低位（最右边的数）。例如，设操作数 A="11010001"，则语句"A ROR 1;"的结果为："11101000"。

2. 关系操作符

关系操作符包括"="（等于）、"/="（不等于）、"<"（小于）、">"（大于）、"<="（小于等于）和">="（大于等于）。关系操作符完成关系运算，其结果为布尔值（真或假），常用于流程控制语句（if、case、loop 等）中。

3. 逻辑操作符

逻辑操作符包括"AND"（与）、"OR"（或）、"NAND"（与非）、"NOR"（或非）、"XOR"（异或）、"NXOR"（异或非）和"NOT"（非）。逻辑操作符完成各种不同的逻辑运算，它们构成数字电路与系统设计的基本语句。

4. 符号操作符

符号操作符包括"+"（正）和"-"（负），它们代表整数数值的符号。

关于表 1.2 中列出的 VHDL 操作符的几点说明。

① 每种操作符都具有优先级，它们的优先级依次为：（ ）→（NOT，ABS，**）→（REM，MOD，/，*）→（+，-）→（关系运算符）→（逻辑运算符：XOR，NOR，NAND，OR，AND）。记住操作符的优先级是困难的，在包含多种操作符的表达式中，最好用圆括号（优先级最高）来区分运算的优先级。

② 要严格遵循操作数的数据类型必须与操作符要求的数据类型完全一致。

1.2.8 VHDL 的属性

VHDL 中预定义的属性描述语句有许多实际的应用，例如，对类型、子类型、过程、函数、信号、变量、常量、实体、结构体、配置、程序包、元件及语句标号等项目的特性进行检测或统计。在数字电路设计中，可用于检出时钟边沿、完成定时检查、获得未约束的数据类型的范围等。

表 1.3 列出 VHDL 常用的预定义的属性函数功能表。其中，综合器支持的有：LEFT、RIGHT、HIGH、LOW、RANGE、REVERS_RANGE、LENGTH、EVENT、STABLE。

预定义的属性描述语句的格式为：

属性测试项目名'属性标识符

其中，属性测试项目即属性对象，可用相应的标识符表示；属性标识符是列于表 1.3 中的有关属性名。例如，对于定义的一个范围为 9 到 0 的整型数 number，可用如下属性描述语句测试它的相关属性值：

```
TYPE number IS INTEGER RANGE 9 DOWNTO 0;
I:=number'LEFT;              --返回 number 的左边界，I=9
I:=number'RIGTH;             --返回 number 的右边界，I=0
I:=number'HIGH;              --返回 number 的上限值，I=9
I:=number'LOW;               --返回 number 的下限值，I=0
```

表 1.3　VHDL 常用的预定义的属性函数功能表

属 性 名	功能与含义	适 用 范 围
LEFT[(n)]	返回类型或子类型的左边界，用于数组时，n 表示二维数组行序号	类型、子程序
RIGHT[(n)]	返回类型或子类型的右边界，用于数组时，n 表示二维数组行序号	类型、子程序
HIGH[(n)]	返回类型或子类型的上限值，用于数组时，n 表示二维数组行序号	类型、子程序
LOW[(n)]	返回类型或子类型的下限值，用于数组时，n 表示二维数组行序号	类型、子程序
LENGTH[(n)]	返回类型或子类型的总长度（范围个数），用于数组时，n 表示二维数组序号	数组
STRUCTURE[(n)]	如果块或结构体只含有元件具体装配语句或被动进程时，属性'STRUCTURE 返回 TRUE	块、结构
BEHAVIOR	如果由块标志指定块或由构造名指定结构体，又不含有元件具体装配语句，则属性'BEHAVIOR 返回 TRUE	块、结构
POS(value)	参数 value 的位置序号	枚举类型
VAL(value)	参数 value 的位置值	枚举类型
SUCC(value)	比 value 的位置序号大的一个相邻位置值	枚举类型
PRED(value)	比 value 的位置序号小的一个相邻位置值	枚举类型
LEFTOF(value)	在 value 左边位置的相邻值	枚举类型
RIGHTOF(value)	在 value 右边位置的相邻值	枚举类型
EVENT	如果当前的 Δ 期间内发生了事件，则返回 TRUE，否则返回 FALSE	信号
ACTIEV	如果当前的 Δ 期间内信号有效，则返回 TRUE，否则返回 FALSE	信号
LAST_EVENT	从信号最近一次的发生至今所经历的时间	信号
LAST_VALUE	最近一次事件发生之前的信号值	信号
LAST_ACTIVE	返回自信号前面一次事件处理至今所经历的时间	信号
DELAYED[(time)]	建立与参考信号同类型的信号，该信号紧跟在参考信号之后，并有一个可选的时间表达式指定的延迟时间	信号
STABLE[(time)]	每当在可选的时间表达式指定的时间内信号无事件时，该属性建立一个值为 TRUE 的布尔型信号	信号
QUIET[(time)]	每当参考信号在可选的时间内无事项处理时，该属性建立一个值为 TRUE 的布尔型信号	信号
TRANSACTION	在此信号上有事件发生或每个事项处理中，它的值翻转时，该属性建立一个 BIT 型的信号（信号有效时，重复返回 0 和 1 的值）	信号
RANGE[(n)]	返回按指定排序范围，参数 n 指定二维数组的第 n 行	数组
REVERSE_RANGE[(n)]	返回按指定逆序范围，参数 n 指定二维数组的第 n 行	数组

在对数字逻辑电路的描述中，信号类属性测试尤其重要。例如，属性 EVENT 用来对当前的一个极小的时间段内发生事件的情况进行检测，常用于时序逻辑电路中对时钟的边沿的测试。假设 clock 是电路的时钟信号，则语句"clock'EVENT;"表示检测 clock 当前一个极小时间段内发生的事件，即时钟信号的边沿。而语句"clock'EVENT AND clock='1'"表示检测 clock 的上升沿；"clock'EVENT AND clock='0'"表示检测 clock 的下降沿。

另外，属性 LAST_EVENT 是用来对从信号最近一次的发生至今所经历的时间的测试，常用于检查定时时间、建立时间、保持时间和脉冲宽度等。

1.3 VHDL 的顺序语句

VHDL 的基本描述语句包括顺序语句（Sequential Statements）和并行语句（Concurrent Statements）。在数字逻辑电路系统设计中，这些语句从多侧面完整地描述了系统的硬件结构和基本逻辑功能。

顺序语句只能出现在进程（PROCESS）、过程（PROCEDURE）和函数（FUNCTION）中，其特点与传统的计算机编程语句类似，按程序书写的顺序自上而下、一条一条地执行。利用顺序语句可以描述数字逻辑系统中的组合逻辑电路和时序逻辑电路。VHDL 的顺序语句有赋值语句、流程控制语句、WAIT 语句、断言语句、空操作语句和子程序调用语句 6 类。

1.3.1 赋值语句

赋值语句的功能是将一个值或一个表达式的运算结果传递给某一个数据对象，如变量、信号或它们组成的数组。

1. 变量赋值语句

变量赋值语句的格式为：

  目标变量名:=赋值源(表达式);

例如，x:=5.0;。

2. 信号赋值语句

信号赋值语句的格式为：

  目标信号名<=赋值源;

例如：y<='1';。

信号赋值语句可以出现在进程或结构体中，若出现在进程或子程序中，则是顺序语句；若出现在结构体中，则是并行语句。

对于数组元素赋值，可以采用下列格式：

```
SIGNAL a,b:STD_LOGIC_VECTOR(1 TO 4);
    a<="1101";              --为信号 a 整体赋值
    a(1 TO 2)<= "10";       --为信号 a 中的部分位赋值
    a(1 TO 2)<=b(2 TO 3);
```

1.3.2 流程控制语句

流程控制语句通过条件控制来决定是否执行一条语句或几条语句、重复执行一条语句或几条语句，或者跳过一条语句或几条语句。流程控制语句有 IF 语句、CASE 语句、LOOP 语句、NEXT 语句和 EXIT 语句 5 种。

1. IF 语句

IF 语句的格式有 3 种。

格式 1 为：	格式 2 为：	格式 3 为：
IF 条件句 Then	IF 条件句 Then	IF 条件句 Then
顺序语句;	顺序语句;	顺序语句;
END IF;	ELSE	ELSIF 条件句 Then

```
            顺序语句;                          顺序语句;
            END IF;                           ……;
                                              ELSE
                                              顺序语句;
                                              END IF;
```

IF 语句中至少应有 1 个条件句, 条件句必须由 BOOLEAN 表达式构成。IF 语句根据条件句产生的判断结果 TRUE 或 FALSE, 有条件地选择执行其后的顺序语句。

【例 1.5】用 VHDL 语言描述图 1.10 所示的硬件电路。

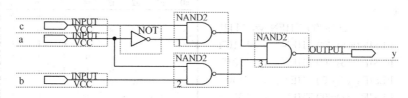

图 1.10 例 1.5 的硬件实现电路

图 1.10 所示的硬件电路的 VHDL 描述如下:

```
LIBRARY IEEE;
USE IEEE.STD_LOGIC_1164.ALL;
ENTITY control1 IS
PORT(a,b,c: IN BOOLEAN;
        y:OUT BOOLEAN);
END control1;
ARCHITECTURE example5 OF control1 IS
    BEGIN
       PROCESS(a,b,c)
       VARIABLE n: BOOLEAN;
         BEGIN
           IF a THEN n:=b
             ELSE
              n:=c;
           END IF;
           y<=n;
       END PROCESS;
END example5;
```

在本例的结构体中, 用了一个进程来描述图 1.10 所示的硬件电路, 其中, 输入信号 a、b、c 是进程的敏感信号。进程中 IF 语句的条件是信号 a, 它属于 BOOLEAN 类型, 其值只有 TRUE 和 FALSE 两种。如果 a 为 TRUE（真）时, 执行 "n:=b" 语句, 为 FALSE（假）时, 则执行 "n:=c" 语句。n 是在进程中声明的 BOOLEAN 型变量。

【例 1.6】设计 8 线-3 线优先编码器。

8 线-3 线优先编码器的功能如表 1.4 所示, 其中 a0~a7 是 8 个信号输入端, a7 的优先级最高, a0 的优先级最低。当 a7 有效时（低电平 0）, 其他输入信号无效, 编码输出 y2y1y0=111（a7 输入的编码）；如果 a7 无效（高电平 1）, 而 a6 有效, 则 y2y1y0= 110（a6 输入的编码）; 其余类推。在传统的电路设计中, 优先编码器的设计是一个相对困难的课题, 而采用 VHDL 的 IF 语句, 此类难题迎刃而解, 充分体现了硬件描述语言在数字电路设计方面的优越性。

8 线-3 线优先编码器设计电路的 VHDL 源程序 coder.vhd 如下:

```
LIBRARY IEEE;
USE IEEE.STD_LOGIC_1164.ALL;
ENTITY coder IS
PORT(a: IN STD_LOGIC_VECTOR(7 DOWNTO 0);
     y: OUT STD_LOGIC_VECTOR(2 DOWNTO 0));
END coder;
ARCHITECTURE example6 OF coder IS
  BEGIN
  PROCESS（a）
    BEGIN
      IF      (a(7)='0') THEN  y<="111";
      ELSIF (a(6)='0') THEN  y<="110";
      ELSIF (a(5)='0') THEN  y<="101";
      ELSIF (a(4)='0') THEN  y<="100";
      ELSIF (a(3)='0') THEN  y<="011";
      ELSIF (a(2)='0') THEN  y<="010";
      ELSIF (a(1)='0') THEN  y<="001";
      ELSIF (a(0)='0') THEN  y<="000";
      ELSE                  y<="000";
      END IF;
    END PROCESS;
END example6;
```

表 1.4 8 线-3 线优先编码器的功能表

输 入								输 出		
a0	a1	a2	a3	a4	a5	a6	a7	y2	y1	y0
×	×	×	×	×	×	×	0	1	1	1
×	×	×	×	×	×	0	1	1	1	0
×	×	×	×	×	0	1	1	1	0	1
×	×	×	×	0	1	1	1	1	0	0
×	×	×	0	1	1	1	1	0	1	1
×	×	0	1	1	1	1	1	0	1	0
×	0	1	1	1	1	1	1	0	0	1
0	1	1	1	1	1	1	1	0	0	0

2．CASE 语句

CASE 语句根据表达式的值，从多项顺序语句中选择满足条件的一项执行。CASE 语句的格式为：

```
CASE  表达式  IS
When 选择值 =>顺序语句;
When 选择值 =>顺序语句;
    ……
When OTHERS =>顺序语句;
END CASE;
```

执行 CASE 语句时，首先计算表达式的值，然后执行在条件句中找到的"选择值"与其值相同的"顺序语句"。当所有的条件句的"选择值"与表达式的值不同时，则执行"OTHERS"后的"顺序语句"。条件句中的"=>"不是操作符，它只相当于"THEN"的作用。

【例 1.7】用 CASE 语句描述 4 选 1 数据选择器。

4 选 1 数据选择器的逻辑符号如图 1.11 所示，其逻辑功能如表 1.5 所示。由表 1.5 可知，数据选择器在控制输入信号 s1 和 s2 的控制下，使输入数据信号 a、b、c、d 中的一个被选中传送到输出。s1 和 s2 有 4 种组合值，可以用 CASE 语句实现其功能。

4 选 1 数据选择器电路设计的 VHDL 源程序 mux41.vhd 如下：

```
LIBRARY IEEE;
USE IEEE.STD_LOGIC_1164.ALL;
ENTITY mux41 IS
  PORT(s1,s2: IN STD_LOGIC;
```

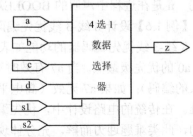

图 1.11 4 选 1 数据选择器的逻辑符号

```
        a,b,c,d: IN STD_LOGIC;
           z: OUT STD_LOGIC);
END mux41;
ARCHITECTURE example7 OF mux41 IS
SIGNAL s: STD_LOGIC_VECTOR(1 DOWNTO 0);
  BEGIN
      s<=s1&s2;                    --将 s1 和 s2 并为 s
      PROCESS(s1,s2,a,b,c,d)
        BEGIN
          CASE s IS
            WHEN "00"=>z<=a;
            WHEN "01"=>z<=b;
            WHEN "10"=>z<=c;
            WHEN "11"=>z<=d;
            WHEN OTHERS=>z<='X';   --当 s 的值不是选择值时，z 作未知处理
          END CASE;
      END PROCESS;
END example7;
```

表 1.5　4 选 1 数据选择器功能

s1	s2	z
0	0	a
0	1	b
1	0	c
1	1	d

3. LOOP 语句

LOOP 是循环语句，它可以使一组顺序语句重复执行，执行的次数由设定的循环参数确定。LOOP 语句有 3 种格式，每种格式都可以用"标号"来给语句定位，但也可以不使用，因此，用方括号将"标号"括起来，表示它为任选项。

（1）FOR_LOOP 语句

FOR_LOOP 语句的语法格式为：

```
[标号:]  FOR 循环变量 IN 范围 LOOP
 顺序语句组;              --循环体
 END LOOP[标号];
```

FOR_LOOP 循环语句适用于循环次数已知的程序设计。语句中的循环变量是一个临时变量，属于 LOOP 语句的局部变量，不必事先声明。这个变量只能作为赋值源，而不能被赋值，它由 LOOP 语句自动声明。使用时应当注意，在 LOOP 语句范围内不要使用与其同名的其他标识符。

在 FOR_LOOP 语句中，用 IN 关键词指出循环的次数（即范围）。循环范围有两种表示方法：其一为"初值 TO 终值"，要求初值小于终值；其二为"初值 DOWNTO 终值"，要求初值大于终值。

FOR_LOOP 语句中的循环体由一条语句或多条顺序语句组成，每条语句后用";"结束。

FOR_LOOP 循环的操作过程是：循环从循环变量的"初值"开始，到"终值"结束，每执行 1 次循环体中的顺序语句后，循环变量的值递增或递减 1。由此可知：循环次数=|终值-初值|+1。

【例 1.8】用 FOR_LOOP 循环语句设计 8 位奇偶校验器。

这里用 a 表示输入信号，它是一个长度为 8 的标准逻辑位矢量。在程序中，用 FOR_LOOP 语句对 a 的值逐位进行模 2 加（即异或 XOR）运算，循环变量 n 控制模 2 加的次数。循环变量的初值为 0，终值为 7，因此，循环共执行了 8 次。8 位奇偶校验器设计电路的 VHDL 源程序 p_check.vhd 如下：

```
LIBRARY IEEE;
USE IEEE.STD_LOGIC_1164.ALL;
ENTITY p_check IS
    PORT(a:IN STD_LOGIC_VECTOR(7 DOWNTO 0);
         y:OUT STD_LOGIC);
END p_check;
ARCHITECTURE example8 OF p_check IS
  BEGIN
    PROCESS(a)
      VARIABLE temp:STD_LOGIC;
      BEGIN
        temp:='0';
        FOR n IN 0 TO 7 LOOP
          temp:=temp XOR a(n);
        END LOOP;
        y<=temp;
    END PROCESS;
END example8;
```

8位奇偶校验器的仿真波形如图1.12所示。图中，输出y的波形出现了一些"毛刺"，这是因为输入发生变化时，产生竞争-冒险现象的结果。例如，当8位输入信号为"00000001"和"00000010"时，电路检测到输入"1"的个数都是奇数，输出y=1。但输入状态从"00000001"变化到"00000010"时，可能出现瞬间"00000000"状态或"00000011"状态，此时电路检测到输入"1"的个数是偶数，因而使输出y出现了瞬间为低电平的毛刺。当输入信号为"00000011"时，输入"1"的个数都是奇数，输出y=1。

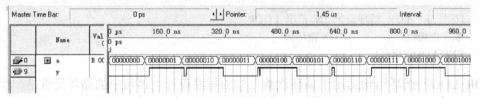

图1.12 8位奇偶校验器的仿真波形

（2）WHILE_LOOP语句

WHILE_LOOP语句的语法格式为：

[标号:] WHILE 循环控制条件 LOOP
  顺序语句; --循环体
END LOOP[标号];

与FOR_LOOP循环不同的是，WHILE_LOOP循环并没有给出循环次数，没有自动递增循环变量的功能，而只是给出循环执行顺序语句的条件。这里的循环控制条件可以是任何布尔表达式，如a=0、a>b等。当条件为TRUE时，继续循环；为FALSE时，跳出循环，执行"END LOOP"后的语句。用WHILE_LOOP语句实现例1.8奇偶校验器的VHDL描述如下：

```
LIBRARY IEEE;
USE IEEE.STD_LOGIC_1164.ALL;
ENTITY p_check_1 IS
  PORT (a: IN STD_LOGIC_VECTOR(7 DOWNTO 0);
        y: OUT STD_LOGIC);
```

```
    END p_check_1;
    ARCHITECTURE example8 OF p_check_1 IS
      BEGIN
        PROCESS(a)
          VARIABLE temp:STD_LOGIC;
          VARIABLE n     :INTEGER;
          BEGIN
            temp:='0';
               n:=0;
            WHILE n<8 LOOP
              temp:=temp XOR a(n);
                 n:=n+1;
            END LOOP;
                 y<= temp;
        END PROCESS;
    END example8;
```

（3）单个 LOOP 语句

单个 LOOP 语句的语法格式为：

```
[标号:]   LOOP
          顺序语句;          --循环体
          END LOOP[标号];
```

这是最简单的 LOOP 语句循环方式，它的循环方式需要引入其他控制语句（如 NEXT、EXIT 等）后才能确定。

4．NEXT 语句

NEXT 语句主要用在 LOOP 语句执行中，进行有条件或无条件的转向控制。其语法格式为：

NEXT [标号][WHEN 条件表达式];

根据 NEXT 语句中的可选项，有 3 种 NEXT 语句格式。

• 格式 1：NEXT;

这是无条件结束本次循环语句，当 LOOP 内的顺序语句执行到 NEXT 语句时，即无条件终止本次循环，跳回到循环体的开始位置，执行下一次循环。

• 格式 2：NEXT LOOP 标号；

这种语句格式的功能与 NEXT 语句的功能基本相同，区别在于结束本次循环时，跳转到"标号"规定的位置继续循环。

• 格式 3：NEXT WHEN 条件表达式；

这种语句的功能是，当"条件表达式"的值为 TRUE 时，才结束本次循环，否则继续循环。

5．EXIT 语句

EXIT 语句主要用在 LOOP 语句执行中，进行有条件或无条件的跳转控制。其语法格式为：

EXIT [标号][WHEN 条件];

根据 EXIT 语句中的可选项，有 3 种 EXIT 语句格式。

• 格式 1：EXIT;

这是无条件结束本次循环语句，当 LOOP 内的顺序语句执行到 EXIT 语句时，即无条件跳出循环，执行 END LOOP 语句下面的顺序语句。

- 格式 2：EXIT 标号；

这种语句格式的功能与 EXIT 语句的功能基本相同，区别在于跳出循环时，转到"标号"规定的位置执行顺序语句。

- 格式 3：EXIT WHEN 条件表达式；

这种语句的功能是，当"条件表达式"的值为 TRUE 时，才跳出循环，否则继续循环。

注意：EXIT 语句和 NEXT 语句的区别。EXIT 语句用来从整个循环中跳出而结束循环；而 NEXT 语句用来结束循环执行过程的某一次循环，重新执行下一次循环。

1.3.3　WAIT 语句

WAIT 语句在进程（包括过程）中，用来将程序挂起暂停执行，直到满足此语句设置的结束挂起条件后，才重新执行程序。WAIT 语句的语法格式为：

  WAIT [ON 敏感信号表][UNTIL 条件表达式][FOR 时间表达式];

根据 WAIT 语句中的可选项，有 4 种 WAIT 语句格式。

- 格式 1：WAIT；

这种语句未设置将程序挂起的结束条件，表示将程序永远挂起。

- 格式 2：WAIT ON 敏感信号表；

这种语句称为敏感信号挂起语句，其功能是将运行的程序挂起，直至敏感信号表中的任一信号发生变化时才结束挂起，重新启动进程，执行进程中的顺序语句。例如：

```
SIGNAL s1,s2: STD_LOGIC;
PROCESS
    ...;
WAIT ON s1,s2;
END PROCESS;
```

注意：含 WAIT 语句的进程 PROCESS 的括号中不能再加敏感信号，否则是非法的。例如，在程序中写 PROCESS(s1,s2)是非法的。

- 格式 3：WAIT UNTIL 条件表达式；

这种语句的功能是，将运行的程序挂起，直至表达式中的敏感信号发生变化，而且满足表达式设置的条件时结束挂起，重新启动进程。例如：

  WAIT UNTIL enable='1';

- 格式 4：WAIT FOR 时间表达式；

这种 WAIT 语句格式称为超时等待语句,在此语句中声明了一个时间范围，从执行到当前的 WAIT 语句开始，在此时间范围内，进程处于挂起状态，当超过这一时间范围后，进程自动恢复执行。

1.3.4　ASSERT（断言）语句

ASSERT 语句只能在 VHDL 仿真器中使用,用于在仿真、调试程序时的人机对话。ASSERT 语句的语法格式为：

  ASSERT 条件表达式 [　REPORT 字符串][　SEVERITY 错误等级];

ASSERT 语句的功能是：当条件为 TRUE 时，向下执行另一个语句；条件为 FALSE 时，则输出"字符串"信息并指出"错误等级"。例如：

```
ASSERT (S='1' AND R='1')
REPORT "Both values of S and R are equal '1'"
SEVERITY ERROR;
```

语句中的错误等级包括：NOTE（注意），WARNING（警告），ERROR（出错）和 FAILURE（失败）。

1.3.5 NULL（空操作）语句

空操作语句的格式为：

```
NULL;
```

NULL 语句不完成任何操作，它可以作为跨入下一步执行语句的缓冲。例如，在 CASE 语句中，可以用 NULL 语句来替代 CASE 语句其他条件下不必要的操作。在例 1.7 中使用了 CASE 语句：

```
CASE s IS
    WHEN "00"=>z<=a;
    WHEN "01"=>z<=b;
    WHEN "10"=>z<=c;
    WHEN "11"=>z<=d;
    WHEN OTHERS=>z<='X';
END CASE;
```

语句中用"WHEN OTHERS=>z<='X';"语句来处理 CASE 语句其他条件下不必要的操作，该语句也可以用如下空操作语句代替：

```
WHEN OTHERS => NULL;
```

1.4　并　行　语　句

在 VHDL 与传统的计算机编程语言的区别中，并行语句是最具特色的语句结构。在 VHDL 中，并行语句有多种语句结构，各种并行语句在结构体中的执行是同步进行的，或者说是并行运行的，其执行方式与语句书写的顺序无关。在执行中，并行语句之间可以有信息往来，也可以互为独立、互不相干。

并行语句主要有并行信号赋值语句（Concurrent Signal Assignments）、进程语句（Process Statement）、块语句（Block Statement）、条件信号赋值语句（Selected Signal Assignments）、元件例化语句（Component Instantiations）、生成语句（Generate Statement）和并行过程调用语句（Concurrent Procedure Calls）7 种。一个结构体中各种并行语句如图 1.13 所示，这些语句不必同时存在，每个语句模块都可以独立运行，并可以用信号来交换信息。

1.4.1　PROCESS（进程）语句

PROCESS 结构是最具有 VHDL 语言特色的语句。进程语句是由顺序语句组成的，但其本身却是并行语句，由于它的并行行为和顺序行为的双重特性，所以使它成为 VHDL 程序中使用最频繁和最能体现 VHDL 风格的一种语句。PROCESS 语句在结构体中使用的格式分为带敏感信号参数表格式和不带敏感信号参数表格式两种。带敏感信号参数表的 PROCESS 语句格式为：

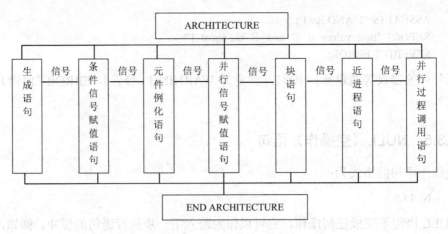

图 1.13 结构体中的并行语句模块

[进程标号:]PROCESS [(敏感信号参数表)] [IS]
[进程声明部分]
  BEGIN
顺序描述语句;
END PROCESS [进程标号];

  这种进程语句格式中有一个敏感信号表,表中列出的任何信号的改变,都将启动进程,使进程内相应的顺序语句被执行一次。用 VHDL 描述的硬件电路的全部输入信号都可以作为敏感信号,为了使 VHDL 的软件仿真与综合和硬件仿真对应起来,应当把进程中所有输入信号都列入敏感信号表中。

  不带敏感信号参数表的 PROCESS 语句格式为:

[进程标号:]PROCESS   [IS]
[进程声明部分]
  BEGIN
    WAIT 语句;
顺序描述语句;
END PROCESS [进程标号];

  在这种进程语句格式中,包含了 WAIT 语句,因此不能再设置敏感信号参数表,否则将存在语法错误。

  【例 1.9】用 PROCESS 语句设计异步清除十进制加法计数器。

  异步清除是指复位信号有效时,直接将计数器的状态清零。在本例中,复位信号是 clrn,低电平有效;时钟信号是 clk,上升沿是有效边沿。在 clrn 清除信号无效的前提下,当 clk 的上升沿到来时,如果计数器原态是 9,计数器回到 0 态,否则计数器的状态将加 1。计数器的 VHDL 源程序 cnt10y.vhd 如下:

```
LIBRARY IEEE;
USE IEEE.STD_LOGIC_1164.ALL;
ENTITY cnt10y IS
PORT(clrn:IN STD_LOGIC;
     clk:IN STD_LOGIC;
     cnt:BUFFER INTEGER RANGE 9 DOWNTO 0);
END cnt10y;
ARCHITECTURE example9 OF cnt10y IS
  BEGIN
```

```
        PROCESS(clrn,clk)
            BEGIN
                IF clrn='0' THEN cnt<=0;
                ELSIF clk'EVENT AND clk='1' THEN
                    IF (cnt=9) THEN
                            cnt<=0;
                        ELSE
                            cnt<=cnt+1;
                    END IF;
                END IF;
            END PROCESS;
END example9;
```

异步清除十进制加法计数器的仿真波形如图 1.14 所示,从波形图中可以看到,计数器的异步清除信号 clrn 是优先信号,而且不需要时钟信号的支持。顺序语句的描述,最能体现这类信号的优先顺序。

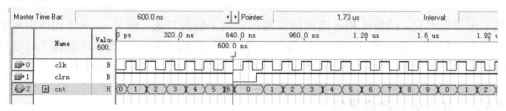

图 1.14 异步清除十进制加法计数器的仿真波形

1.4.2 块语句

块语句是并行语句结构,其内部也是由并行语句构成(包括进程)的。块语句本身并没有独特的功能,它只是将一些并行语句组合在一起形成"块"。在大型系统电路设计中,可以将系统分解为若干子系统(块),使程序编排更加清晰、更有层次,方便程序的编写、调试和查错。

块语句的语法格式为:

```
块名: BLOCK
    [声明部分]
        BEGIN
            …;        --以并行语句构成的块体
    END BLOCK 块名;
```

例如,假设 CPU 芯片由算术逻辑运算单元 ALU 和寄存器组 REG_8 组成,REG_8 又由 REG1, REG2,…8 个子块构成,用块语句实现其程序结构。

```
LIBRARY IEEE;
USE IEEE.STD_LOGIC_1164.ALL;
ENTITY CPU IS
PORT (CLK,RESET: IN STD_LOGIC; --CPU 的时钟和复位信号
    ADDERS: OUT STD_LOGIC_VECTOR(31 DOWNTO 0);         --地址总线
     DATA: INOUT STD_LOGIC_VECTOR(7 DOWNTO 0);         --数据总线
END CPU;
ARCHITECTURE CPU_ALU_REG_8 OF CPU IS
    SIGANL ibus,dbus: STD_LOGIC_VECTOR(31 DOWNTO 0);    --声明全局量
BEGIN
```

```
            ALU: BLOCK;                                              --ALU 块声明
            SIGNAL Qbus: STD_LOGIC_VECTOR(31 DOWNTO 0);              --声明局域量
             BEGIN
                ….;                                                  --ALU 块行为描述语句
            END ALU;
            REG_8 BLOCK
                SIGNAL Zbus: STD_LOGIC_VECTOR(31 DOWNTO 0);  --声明局域量
            BEGIN
        REG1 BLOCK;
                SIGNAL Zbus1: STD_LOGIC_VECTOR(31 DOWNTO 0);         --声明子局域量
                BEGIN
                    ….;                                              --REG1 子块行为描述语句
                END REG1
                ….;
            END REG8;
        END CPU_ALU_REG_8;
```

从本例可以看到，结构体和各块根据需要都声明了数据对象（信号），在结构体中声明的数据对象属于全局量，它们可以在各块结构中使用；在块结构中声明的数据对象属于局域量，它们只能在本块及所属的子块中使用；而子块中声明的数据对象只能在子块中使用。

1.4.3　并行信号赋值语句

并行信号赋值语句的赋值目标必须都是信号，所有赋值语句与其他并行语句一样，在结构体内的执行是同时发生的，与它们的书写顺序没有关系。每条并行信号赋值语句都相当于一个压缩的进程语句，语句的所有输入信号都隐性地列入此压缩的进程语句的敏感信号表中。这意味着每条并行信号赋值语句中所有的输入信号，都处在结构体的严密监视中，任何信号的变化，都将启动相关的并行语句的赋值操作。

并行信号赋值语句有简单信号赋值语句、条件信号赋值语句和选择信号赋值语句 3 种形式。

1．简单信号赋值语句

简单信号赋值语句是 VHDL 并行语句结构的最基本的单元，其语句格式为：

　　　　赋值目标<=表达式;

例如：

　　　　output1<=a AND b;

式中的赋值目标必须是信号，它的数据类型必须与赋值号右边的表达式的数据类型一致。

2．条件信号赋值语句

条件信号赋值语句也是并行语句，其语句格式为：

　　　　赋值目标<=表达式　　WHEN　赋值条件 1 ELSE
　　　　表达式　　　　　　　WHEN　赋值条件 2 ELSE
　　　　　　……
　　　　表达式　　　　　　　WHEN　赋值条件 n ELSE
　　　　表达式;

例如，用条件信号赋值语句对 4 选 1 数据选择器的描述如下：

```
LIBRARY IEEE;
USE IEEE.STD_LOGIC_1164.ALL;
USE IEEE.STD_LOGIC_UNSIGNED.ALL;
ENTITY mux41_2 IS
PORT (s1,s0: IN STD_LOGIC;
         d3,d2,d1,d0: IN STD_LOGIC;
         Y: OUT STD_ULOGIC);
END mux41_2;
ARCHITECTURE one OF mux41_2 IS
   SIGNAL s: STD_LOGIC_VECTOR(1 DOWNTO 0);
     BEGIN
        s <= s1&s0;
        y <= d0      WHEN s="00" ELSE
             d1      WHEN s="01" ELSE
             d2      WHEN s="10" ELSE
             d3;
END one;
```

在执行条件信号赋值语句时，结构体按赋值条件的书写顺序逐条测定，一旦赋值条件为 TRUE，就立即将表达式的值赋给赋值目标变量。

3．选择信号赋值语句

选择信号赋值语句的格式为：

WITH 选择表达式 SELECT
赋值目标信号 <=   表达式 WHEN 选择值，
                    表达式 WHEN 选择值，
                    ……
                    表达式 WHEN 选择值，
                   [表达式 WHEN OTHERS]；

选择信号赋值语句与进程中使用的 CASE 语句的功能类似，即选择赋值语句对子句中的"选择值"进行选择，当某子句中"选择值"与"选择表达式"的值相同时，则将该子句中的"表达式"的值赋给赋值目标信号。选择信号赋值语句不允许有条件重叠现象，也不允许存在条件涵盖不全的情况，为了防止这种情况的出现，可以在语句的最后加上"表达式 WHEN OTHERS"子句。另外，选择信号赋值语句的每个子句是以","号结束的，只有最后一个子句才是以";"号结束。

例如，用选择信号赋值语句描述 4 选 1 数据选择器的 VHDL 源程序 mux41_3.vhd 如下：

```
LIBRARY IEEE;
USE IEEE.STD_LOGIC_1164.ALL;
USE IEEE.STD_LOGIC_UNSIGNED.ALL;
ENTITY mux41_3 IS
PORT (    s1,s0: IN STD_LOGIC;
     d3,d2,d1,d0: IN STD_LOGIC;
            Y: OUT STD_ULOGIC);
END mux41_3;
ARCHITECTURE one OF mux41_3 IS
   SIGNAL s: STD_LOGIC_VECTOR(1 DOWNTO 0);
     BEGIN
```

```
            s <= s1&s0;
                WITH s SELECT
                    y <=  d0 WHEN "00",
                          d1 WHEN "01",
                          d2 WHEN "10",
                          d3 WHEN "11",
                          'X' WHEN OTHERS;
        END one;
```

1.4.4　子程序和并行过程调用语句

子程序（SUBPROGRAM）是 VHDL 的程序模块，这个模块是利用顺序语句来声明和完成算法的。子程序应用的目的，是使程序能更有效地完成重复性的计算工作。子程序的使用是通过子程序调用语句来实现的。在 VHDL 中，子程序有过程（PROCEDURE）和函数（FUNCTION）两种类型。

1. 过程（PROCEDURE）

过程调用前需要将过程的实质内容装入程序包（Package）中，过程分为过程首和过程体两部分。过程首是过程的索引，相当于一本书的目录，便于快速地检索到相应过程体的内容。过程首的语句格式为：

  PROCEDURE 过程名 (参数表);

过程体放在程序包的包体（Package Body）中，过程体的格式为：

```
    PROCEDURE 过程名（参数表）IS
        [声明部分]
            BEGIN
                顺序语句;
    END PROCEDURE 过程名;
```

例如：
```
    PROCEDURE adder(SIGANL a,b: IN STD_LOGIC_VECTOR;
                    Sum: OUT STD_LOGIC );         --过程首
    PROCEDURE adder(SIGANL a,b: IN STD_LOGIC_VECTOR;
                    Sum: OUT STD_LOGIC )    IS    --过程体
                        BEGIN
                            ……;
    END adder;
```

2. 过程调用语句

过程调用语句的格式为：

  过程名 (关联参数表);

例如：

  adder (a1,b1,sum1);

过程调用语句可以出现在进程中，也可以出现在结构体和块语句中。若出现在进程中，则属于顺序过程调用语句；若出现在结构体或块语句中，则属于并行过程调用语句。每调用一次过程，就相当于插入一个元件。

3. 函数（FUNCTION）

函数调用前也需要将函数的实质内容装入程序包（Package）中，函数分为函数首和函数体两部分。函数首是函数的索引，函数首的语句格式为：

  FUNCTION 函数名 (参数表) RETURN 数据类型;

函数首由函数名、参数表和返回值的数据类型 3 部分组成。参数表是对参与函数运算的数据类型的声明；"RETURN 数据类型"是声明返回值的数据类型。

函数体也是放在程序包的包体（Package Body）中，函数体的格式为：

```
FUNCTION 函数名 (参数表) RETURN 数据类型 IS
    [声明部分]
    BEGIN
    顺序语句;
    RETURN [返回变量名];
END [函数名];
```

函数体包含一个对数据类型、常数、变量等的局部声明，以及用以完成规定算法的顺序语句。一旦函数被调用，就执行这部分语句，并将计算结果用函数名返回。

例如，求最大值的函数如下：

```
LIBRARY IEEE;
USE IEEE.STD_LOGIC_1164.ALL;
PACKAGE bpac IS                                         --程序包
    FUNCTION max(a,b:IN STD_LOGIC_VECTOR)
                RETURN STD_LOGIC_VECTOR;                --声明函数首
END;
PACKAGE BODY bpac IS                                    --程序包的包体
    FUNCTION max(a,b: IN STD_LOGIC_VECTOR)              --声明函数体
                RETURN STD_LOGIC_VECTOR IS
        BEGIN
            IF (a>b) THEN RETURN a;
            ELSE          RETURN b;
            END IF;
    END max;
END;
```

4. 函数调用语句

函数调用语句的格式为：

  函数名(关联参数表);

函数调用语句是出现在结构体和块中的并行语句。通过函数的调用来完成某些数据的运算或转换。例如，调用求最大值的函数：

  peak<=max(data，peak);

其中，data 和 peak 是与函数声明的两个参数 a、b 关联的关联参数。通过函数的调用，求出 data 和 peak 中的最大值，并用函数名 max 返回。

在 VHDL 中，所有的操作符（见表 1.2）都是函数。例如，在 IEEE 库中的 STD_LOGIC_1164 程序包中，对与运算操作符"and"函数的声明如下：

```
FUNCTION "and"  ( l: std_ulogic; r: std_ulogic ) RETURN UX01 IS
    BEGIN
        RETURN (and_table(l, r));
    END "and";
```

STD_LOGIC_1164 程序包规定的加法运算操作符"+"的操作数是整型数，其他类型的操作数（如 std_logic）使用"+"运算操作符时属于错误，这给编程带来了麻烦。为了解决"+"运算操作符也能用于其他类型的操作数的运算，std_logic_unsigned 程序包对"+"运算等操作符进行了重新声明，具体声明如下：

```
Function "+"(L:STD_LOGIC_VECTOR;R:STD_LOGIC_VECTOR)return STD_LOGIC_ VECTOR;
function "+"(L: STD_LOGIC_VECTOR; R: INTEGER) return STD_LOGIC_VECTOR;
function "+"(L: INTEGER; R: STD_LOGIC_VECTOR) return STD_LOGIC_VECTOR;
function "+"(L: STD_LOGIC_VECTOR; R: STD_LOGIC) return STD_LOGIC_VECTOR;
function "+"(L: STD_LOGIC; R: STD_LOGIC_VECTOR) return STD_LOGIC_VECTOR;
```

因此，在 VHDL 源程序的开始处，增加一条"USE IEEE. std_logic_unsigned.ALL;"语句，就能让"+"运算操作符对不同数据类型的数据进行运算。

1.4.5　元件例化（COMPONENT）语句

元件例化是将预先设计好的设计实体作为一个元件，连接到一个当前设计实体中的指定端口。当前设计实体相当于一个较大的电路系统，所声明的例化元件相当于要插入这个电路系统板上的芯片；而当前设计实体的"端口"相当于这块电路板上准备接受此芯片的一个插座。元件例化可以实现 VHDL 结构描述风格，即从简单门的描述开始，逐步完成复杂元件的描述以至于整个硬件系统的描述，实现"自底向上"或"自顶向下"层次化的设计。

元件例化语句格式为：

```
COMPONENT 元件名 IS                              --元件声明
    GENERIC Declaration;                         --参数声明
    PORT Declaration;                            --端口声明
END COMPONENT 元件名;
例化名: 元件名 PORT MAP(信号[,信号关联式……]);  --元件例化
```

COMPONENT 语句分为元件声明和元件例化两部分。元件声明完成元件的封装，元件例化完成电路板上元件"插座"的声明，例化名（标号名）相当于"插座名"，是不可缺少的。

在元件声明中，GENERIC 用于该元件的可变参数的代入和赋值；PORT 则声明该元件的输入/输出端口的信号规定。

在元件例化中，(信号[,信号关联式……])部分完成"元件"引脚与"插座"引脚的连接关系，称为关联。关联方法有位置映射法和名称映射法，以及由它们构成的混合关联法。

位置映射法就是把例化元件端口声明语句中的信号名，与元件例化 PORT MAP()中的信号名书写顺序和位置一一对应。例如：

u1:and1(a1,b1,y1);

名称映射法就是用"=>"号将例化元件端口声明语句中的信号名与 PORT MAP()中的信号名关联起来。例如：

u1:and1(a=>a1,b=>b1,y=>y1);

用元件例化方式设计电路时，首先要完成各种元件的设计，并将这些元件的声明装入

程序包中，使它们成为共享元件，然后通过元件例化语句来调用这些元件，产生需要的设计电路。

【例1.10】利用2输入端与非门元件，设计4输入端的与非-与非电路。

2输入端的与非门元件符号如图1.15（a）所示，通过元件例化方式产生的4输入端与非-与非电路如图1.15（b）所示。

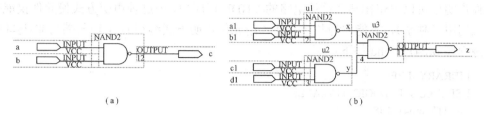

图1.15 例1.10 设计实现图

第一步：设计2输入端与非门，其VHDL源程序nd2.vhd如下：

```
LIBRARY IEEE;
USE IEEE.STD_LOGIC_1164.ALL;
ENTITY nd2 IS
PORT (a,b: IN STD_LOGIC;
            c: OUT STD_LOGIC);
END nd2;
ARCHITECTURE nd2behv OF nd2 IS
   BEGIN
     c<=a NAND b;
END nd2behv;
```

第二步：将设计的元件声明装入 my_pkg 程序包中，包含2输入端与非门元件的 my_pkg 程序包的VHDL源程序my_pkg.vhd如下：

```
LIBRARY IEEE;
USE IEEE.STD_LOGIC_1164.ALL;
PACKAGE my_pkg IS
    Component nd2                          --元件声明
       PORT (a,b: IN STD_LOGIC;
                c: OUT STD_LOGIC);
    END Component;
END my_pkg;
```

第三步：用元件例化产生图1.15（b）所示电路，其VHDL源程序ord41.vhd如下：

```
LIBRARY IEEE;
USE IEEE.STD_LOGIC_1164.ALL;
USE work.my_pkg.ALL;                  --打开程序包
ENTITY ord41 IS
PORT (a1,b1,c1,d1: IN STD_LOGIC;
             z1: OUT STD_LOGIC);
END ord41;
ARCHITECTURE ord41behv OF ord41 IS    --元件例化
   SIGNAL x,y: STD_LOGIC;
     BEGIN
       u1:nd2 PORT MAP(a1,b1,x);      --位置关联方式
```

```
            u2:nd2 PORT MAP(a=>c1,b=>d1,c=>y);    --名字关联方式
            u3:nd2 PORT MAP(x,y,c=>z1);           --混合关联方式
        END ord41behv;
```

> **注意**：在美国 ALTERA 公司的 Quartus II 软件中，使用元件例化方法设计电路时，应将第 3 步实现的 ord41.vhd 作为顶层文件，把第 2 步实现的 my_pkg.vhd 作为 ord41 的底层文件。

元件声明也可以出现在某个设计电路的 VHDL 程序中，但这种声明方式使元件仅能被这个电路单独调用（独享），不能成为共享元件。用元件声明方式编写的 4 输入端与非-与非电路的 VHDL 源程序 ord41_1.vhd 如下：

```
        LIBRARY IEEE;
        USE IEEE.STD_LOGIC_1164.ALL;
        ENTITY ord41_1 IS
        PORT (a1,b1,c1,d1: IN STD_LOGIC;
                    z1: OUT STD_LOGIC);
        END ord41_1;
        ARCHITECTURE ord41behv OF ord41_1 IS
          SIGNAL x,y: STD_LOGIC;
            Component nd2                        --元件声明
              PORT (a,b: IN STD_LOGIC;
                        c: OUT STD_LOGIC);
            END Component;
            BEGIN                                --元件例化
              u1:nd2 PORT MAP(a1,b1,x);
              u2:nd2 PORT MAP(c1,d1,y);
              u3:nd2 PORT MAP(x,y,z1);
        END ord41behv;
```

例 1.10 设计的 4 输入端与非-与非电路的仿真波形如图 1.16 所示，该电路实际上是一个 4 输入端的与门，当输入 a1、b1、c1 和 d1 均为高电平（1）时，输出 z1=1（高电平），其余输入条件下，z1=0（低电平）。仿真结果验证了设计的正确性。

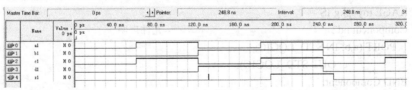

图 1.16 例 1.10 设计的仿真波形

1.4.6 生成语句

生成语句可以简化为有规律设计结构的逻辑描述。生成语句有一种复制作用，在设计中只要根据某些条件，设计好某一个元件或设计单位，就可以用生成语句复制一组完全相同的并行元件或设计单元电路结构。生成语句有如下两种格式。

- 格式 1：

```
        [标号:]FOR 循环变量 IN 取值范围 GENERATE
        [声明部分]
            BEGIN
            [并行语句];
        END GENERATE [标号];
```

- 格式 2：

> [标号:]IF 条件 GENERATE
> [声明部分]
>   BEGIN
>   [并行语句];
> END GENERATE [标号];

这两种格式都由以下 4 个部分组成。

① 用 FOR 语句结构或 IF 语句结构，规定重复生成并行语句的方式。

② 声明部分对元件数据类型、子程序、数据对象作局部声明。

③ 并行语句部分是生成语句复制一组完全相同的并行元件的基本单元。并行语句包括前述的所有并行语句，甚至生成语句本身，即嵌套式生成语句结构。

④ 标号是可选项，在嵌套式生成语句结构中，标号的作用是十分重要的。

【例 1.11】设计 CT74373。

CT74373 是三态输出的 8D 锁存器，其逻辑符号如图 1.17 所示，逻辑电路结构如图 1.18 所示。8D 锁存器是一种有规律设计结构，用生成语句可以简化它的逻辑描述。

本例设计分为 3 个步骤。第一步：设计 1 位锁存器 Latch1，并以 Latch.vhd 为文件名保存在磁盘工程目录中，以待调用，该工作已在例 1.4 中完成。

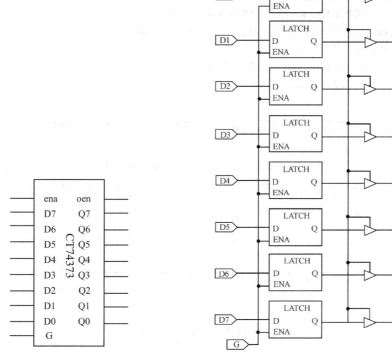

图 1.17 8D 锁存器逻辑符号　　图 1.18 8D 锁存器逻辑电路结构图

第二步：将设计元件的声明装入 my_pkg 程序包中，便于生成语句的元件例化。包含 Latch1 元件的 my_pkg 程序包的 VHDL 源程序 my_pkg.vhd 如下：

```
LIBRARY IEEE;
USE IEEE.STD_LOGIC_1164.ALL;
```

```
PACKAGE my_pkg IS
  Component latch1                    --Latch1 的元件声明
    PORT  (d:IN STD_LOGIC;
           ena:IN STD_LOGIC;
           q:OUT STD_LOGIC);
  END Component;
END my_pkg;
```

第三步：在源程序中用生成语句重复 8 个 Latch1，具体的 8D 锁存器设计电路的 VHDL 源程序 CT74373.vhd 如下：

```
LIBRARY IEEE;
USE IEEE.STD_LOGIC_1164.ALL;
USE work.my_pkg.ALL;
ENTITY CT74373 IS
  PORT (d: IN STD_LOGIC_VECTOR(7 DOWNTO 0);   --声明 8 位输入信号
        oen: IN BIT;
        g: IN STD_LOGIC;
        q: OUT STD_LOGIC_VECTOR(7 DOWNTO 0));  --声明 8 位输出信号
END CT74373;
ARCHITECTURE one OF CT74373 IS
  SIGNAL sig_save: STD_LOGIC_VECTOR(7 DOWNTO 0);
  BEGIN    GeLacth:
    FOR n IN 0 TO 7 GENERATE
      --用 FOR_GENERATE 语句循环例化 8 个 1 位锁存器
      Latchx: Latch1 PORT MAP (d(n),g,sig_save(n));  --关联
    END GENERATE;
    q<= sig_save WHEN oen='0' ELSE
        "ZZZZZZZZ";                            --输出为高阻
END one;
```

在源程序中，使用生成语句生成 8 个 Latch1 元件后，再用条件信号赋值语句，实现电路三态输出控制的描述。

CT74373 设计电路的仿真波形如图 1.19 所示，当 oen=1（高电平）时，电路被禁止工作，输出为高阻态（ZZ）；当 oen=0（低电平）时，电路工作，在 g（时钟）的上升沿到来时，输出 q=d。仿真结果验证了设计的正确性。

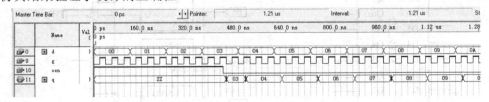

图 1.19 CT74373 设计电路的仿真波形

1.5 VHDL 的库和程序包

根据 VHDL 语法规则，在 VHDL 程序中使用的文字、数据对象、数据类型都需要预先定义。为了方便用 VHDL 编程和提高设计效率，可以将预先定义好的数据类型、元件调用声明及一些常用子程序汇集在一起，形成程序包，供 VHDL 设计实体共享和调用。若干个程序包则形成库。

1.5.1 VHDL 库

常用 VHDL 库有 IEEE 标准库、STD 库和 WORK 库。IEEE 标准库包括 STD_LOGIC_1164 程序包和 STD_LOGIC_ARITH 程序包。其中，STD_LOGIC_ARITH 程序包是 SYNOPSYS 公司加入 IEEE 标准库的程序包，包括 STD_LOGIC_SIGNED（有符号数）程序包、STD_LOGIC_UNSIGNED（无符号数）程序包和 STD_LOGIC_SMALL_INT（小整型数）程序包。STD_LOGIC_1164 是最重要和最常用的程序包，大部分数字系统设计都是以此程序包设定的标准为基础的。

STD 库包含 STANDARD 程序包和 TEXTIO 程序包，它们是文件输入/输出程序包，在 VHDL 的编译和综合过程中，系统都能自动调用这两个程序包中的任何内容。用户在进行电路设计时，可以不必像 IEEE 库那样，打开该库及它的程序包。

WORK 库是用户设计的现行工作库，用于存放用户自己设计的工程项目。在 PC 或工作站利用 VHDL 进行项目设计时，不允许在根目录下进行，必须在根目录下为设计建立一个工程目录（即文件夹），VHDL 综合器将此目录默认为 WORK 库。但"WORK"不是设计项目的目录名，而是一个逻辑名。VHDL 标准规定 WORK 库总是可见的，因此，在程序设计时不需要明确指定。

1.5.2 VHDL 程序包

在设计实体中声明的数据类型、子程序或数据对象对于其他设计实体是不可再利用的。为了使已声明的数据类型、子程序、元件能被其他设计实体调用或共享，可以把它们汇集在程序包中。

VHDL 程序包必须经过定义后才能使用，程序包的结构中包含 Type Declaration（类型声明）、Subtype Declaration（子类型声明）、Constant Declaration（常量声明）、Signal Declaration（信号声明）、Component Declaration（元件声明）、Subprogram Declaration（子程序声明）等，声明的格式为：

```
PACKAGE 程序包名 IS
    --Type Declaration（类型声明）
    --Subtype Declaration（子类型声明）
    --Constant Declaration（常量声明）
    --Signal Declaration（信号声明）
    --Component Declaration（元件声明）
    --Subprogram Declaration（子程序声明）
END 程序包名;
```

例如，在下面声明的 my_pkg 程序包的结构中，包含 2 输入端与非门 nd2 元件声明、1 位锁存器 Latch1 元件声明和求最大值函数 max 的函数首声明及其函数体声明：

```
LIBRARY IEEE;
USE IEEE.STD_LOGIC_1164.ALL;
PACKAGE my_pkg IS
    Component nd2
        PORT (a,b: IN STD_LOGIC;
              c: OUT STD_LOGIC);
    END Component;
    Component latch1
        PORT   (d:IN STD_LOGIC;
```

```
            ena:IN STD_LOGIC;
            q:OUT STD_LOGIC);
      END Component;
FUNCTION max(a,b:IN STD_LOGIC_VECTOR)
      RETURN STD_LOGIC_VECTOR;
      END max;                                      --函数首声明
      PACKAGE BODY my_pkg IS                        --函数体声明
         FUNCTION max(a,b: IN STD_LOGIC_VECTOR)
             RETURN STD_LOGIC_VECTOR IS
             BEGIN
                IF (a>b) THEN RETURN a;
                    ELSE    RETURN B;
                    END IF;
             END max;
      END my_pkg;
```

由于程序包也是用 VHDL 语言编写的，所以其源程序也需要以 .vhd 文件类型保存，my_pkg 的源程序名为 my_pkg.vhd。为了使用 my_pkg 程序包中声明的内容，在设计实体的开始，需要将其打开，打开 my_pkg 程序包的语句如下：

    USE work. my_pkg.ALL;

VHDL 的子程序包括过程和函数，用程序包声明子程序时，除了需要声明子程序首外，还要声明子程序体。子程序体声明的格式如下：

    PACKAGE BODY 程序包名 IS   --函数体声明
        子程序体语句；
    END [程序包名];

在 my_pkg 程序包中，就包含了求最大值函数 max 的函数体声明。

1.6　VHDL 仿真

VHDL 是一种用于设计数字系统电路的硬件描述语言，为了检验设计的正确性，一般需要对设计模块进行仿真验证。几乎所有的 EDA 工具软件都支持 VHDL 的仿真，而且 VHDL 本身也具有支持仿真的语句。本节介绍 VHDL 仿真支持语句和程序包、VHDL 测试平台软件的设计，并给出 ModelSim 软件工具的仿真结果。

1.6.1　VHDL 仿真支持语句

VHDL 仿真支持语句包括断言语句和报告语句。这些语句前面已介绍，下面主要介绍文件操作。

1. 文件操作

在 STD 库里，VHDL 的语言标准定义了两个程序包：STANDARD 包和 TEXTIO 包。通过 TEXTIO 程序包，VHDL 的仿真模型就可以实现对文件进行读/写操作。在文件中，可以预先写入测试数据（激励信号）供仿真模型调用，然后将仿真后的结果（仿真波形）保存到文件中，便于以后进一步分析。

在 VHDL 中使用文件操作应注意，由于 STD 库总是可见的，所以不需要通过 LIBRARY 语句显式打开，而 TEXTIO 程序包必须通过 USE 语句打开才能在 VHDL 程序中使用，例如：

```
use STD.TEXTIO.all;
```

在 TEXIO 包中定义了文本行和文本两种类型：

```
type LINE is access STRING;
type TEXT is file of STRING;
```

文本行类型 LINE 定义为字符串存取类型，文本类型 TEXT 定义为字符串文件类型，通过这两种类型定义，可以声明文本文件用于读/写操作。实现读/写操作的功能由 TEXTIO 包中的 READLINE、READ、WRITELINE、WRITE 等过程（PROCEDURE）来完成。

如下列代码声明了一个文本文件 vector.dat 用于提供测试向量，一个文本文件 result.dat 用于保存仿真波形：

```
use STD.TEXTIO.all;
file VectorFile: TEXT open READ_MODE is "vector.dat";
file ResultFile: TEXT open WRITE_MODE is "result.dat";
```

文件的读/写模型可以由读/写操作过程来决定，因此可以将上面的声明过程中的 READ_MODE 和 WRITE_MODE 省略，如下列代码所示：

```
use STD.TEXTIO.all;
file VectorFile: TEXT is "vector.dat";
file ResultFile: TEXT is "result.dat";
```

在调用 READLINE、READ、WRITELINE、WRITE 等过程对文件进行读/写操作时，需要注意的是数据类型限制为以下几类：BOOLEAN、BIT、BIT_VECTOR、CHARACTAR、INTEGER、REAL、STRING、TIME。

如果在程序中对其他数据类型进行操作，需要进行相应的类型转换，例如使用 To_StdLogicVector 函数在 Std_logic_Vector 类型和 Bit_Vector 类型间进行转换。

2. 文件操作实例

下面以一个完整的 4 输入与非门模块测试程序为例，说明 TEXTIO 的用法。

```
use std.textio.all;
entity sim_file is
end entity sim_file;
architecture one of sim_file is
  signal a, b, c, d, e : bit;
  file vector: text open read_mode is "vector.dat";
  file result: text open write_mode is "result.dat";
begin  -- architecture one
  u1: entity work.nand4(one) port map (a, b, c, d, e);
  p1: process is
    variable vline : line;
    variable rline : line;
    variable ain, bin, cin, din, eout : bit;
  begin  -- process p1
    while not endfile(vector) loop
      readline(vector, vline);
      read(vline, ain);
      read(vline, bin);
      read(vline, cin);
      read(vline, din);
```

```
            a <= ain;    b <= bin;
            c <= cin;    d <= din;
            wait for 100 ns;
            eout := e;
            write(rline, eout, right, 1);
            writeline(result, rline);
        end loop;
    end process p1;
end architecture one;
```

测试向量由文件 vector.dat 提供，内容如下：

```
0000
0001
0010
0011
0100
0101
0110
0111
1000
1001
1010
1011
1100
1101
1110
1111
```

运行仿真后得到的结果保存在文件 result.dat 中，内容如下：

```
1
1
1
1
1
1
1
1
1
1
1
1
1
1
1
0
```

1.6.2　VHDL 测试平台软件的设计

测试平台（Test Bench）软件是用硬件描述语言编写的程序，在程序中用语句为一个设计电路或系统生成测试激励条件，如输入的高低电平、时钟信号等，在 EDA 工具的支持下，直接运行程序（不需要再设计输入条件），就可以得到仿真响应结果。下面介绍基于 VHDL 的测试平台软件的设计。

测试平台软件的结构如图 1.20 所示，被测元件是一个已经设计好的电路或系统，测试平台软件用元件例化语句将其嵌入程序中。VHDL 测试平台软件是一个没有输入/输出端口的设计模块，由信号赋值语句或文本文件产生测试激励，作为被测元件的输入，被测元件的输出端口产生相应输入变化的响应结果，可以通过观察波形或保存结果对文本文件作进一步分析。

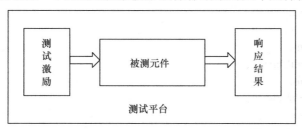

图 1.20　测试平台软件的结构

下面介绍组合逻辑电路、时序逻辑电路和系统的测试平台软件的设计，并以 ModelSim 为 EDA 工具，验证这些测试软件。

1. 组合逻辑电路测试平台软件的设计

组合逻辑电路的设计验证，主要是检查设计结果是否符合该电路真值表的功能，因此在组合逻辑电路测试平台软件编写时，用信号赋值语句或进程语句把被测电路的输入按照真值表提供的数据变化，作为测试条件就能实现软件的设计。

【例 1.12】 编写全加器电路的测试平台软件。

全加器的逻辑符号如图 1.21 所示，真值表如表 1.6 所示。A、B 是两个 1 位二进制加数的输入端，CI 是低位来的进位输入端，SO 是和数输出端，CO 是向高位的进位输出端。

用 VHDL 编写的全加器源程序 adder1.vhd 如下：

```
library ieee;
use ieee.std_logic_1164.all;
entity adder1 is
    port (a, b, ci: in  std_logic;
          so, co: out std_logic);
end entity adder1;
architecture one of adder1 is
begin
    so <= a xor b xor ci;
    co <= (a and b) or (a and ci) or (b and ci);
end architecture one;
```

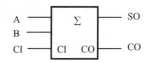

图 1.21　全加器的逻辑符号

根据全加器的真值表（见表 1.6），编写的全加器测试程序（adder1_tb.vhd）如下：

```
library ieee;
use ieee.std_logic_1164.all;
entity adder1_tb is
end entity adder1_tb;
architecture one of adder1_tb is
    signal a, b, ci, so, co: std_logic;
begin
```

表 1.6　全加器真值表

A	B	CI	SO	CO
0	0	0	0	0
0	0	1	1	0
0	1	0	1	0
0	1	1	0	1
1	0	0	1	0
1	0	1	0	1
1	1	0	0	1
1	1	1	1	1

```
    u1: entity work.adder1(one) port map (a, b, ci, so, co);
    process is
    begin
        a<= '0'; b<='0'; ci<='0';
        wait for 20ns;
        a<= '0'; b<='0'; ci<='1';
        wait for 20ns;
        a<= '0'; b<='1'; ci<='0';
        wait for 20ns;
        a<= '0'; b<='1'; ci<='1';
        wait for 20ns;
        a<= '1'; b<='0'; ci<='0';
        wait for 20ns;
        a<= '1'; b<='0'; ci<='1';
        wait for 20ns;
        a<= '1'; b<='1'; ci<='0';
        wait for 20ns;
        a<= '1'; b<='1'; ci<='1';
        wait;
    end process;
end architecture one;
```

在源程序中，用元件例化语句"u1: entity work.adder1(one) port map (a, b, ci, so, co);"把全加器设计电路嵌入测试平台软件中；用并行信号赋值语句来改变输入的变化而生成测试条件，输入的变化语句完全根据全加器的真值表编写。

全加器（Adder1_tb.vhd 文件）在 ModelSim 为 EDA 工具平台的仿真结果如图 1.22 所示。

图 1.22 全加器的仿真波形

2. 时序逻辑电路测试平台软件的设计

时序逻辑电路测试平台软件设计的要求与组合逻辑电路基本相同，主要区别在于时序逻辑电路测试平台软件中，需要用进程语句生成时钟信号、复位信号和使能信号。

【例 1.13】编写十进制加法计数器的测试软件。

首先，用 VHDL 编写的十进制加法计数器的源程序 CNT10.vhd 如下：

```
-- 十进制计数器
LIBRARY IEEE;
USE IEEE.STD_LOGIC_1164.ALL;
USE IEEE.STD_LOGIC_UNSIGNED.ALL;
ENTITY CNT10 IS
    PORT(CLK,RST,ENA:IN STD_LOGIC;
         Q:BUFFER STD_LOGIC_VECTOR(3 DOWNTO 0);
         COUT:OUT STD_LOGIC);
END Cnt10;
```

```
ARCHITECTURE one OF Cnt10 IS
    BEGIN
        PROCESS(CLK,RST,ENA)
        BEGIN
            IF RST='1' THEN Q<="0000";
                ELSIF CLK'EVENT AND CLK='1' THEN
                    IF ENA='1' THEN Q<=Q+1;
                    END IF;
            END IF;
                COUT<=Q(0) AND Q(1) AND Q(2) AND Q(3);
        END PROCESS;
END one;
```

其中，CLK 是时钟输入端，上升沿有效；RST 是复位（清零）输入端，高电平有效；ENA 是使能控制输入端，高电平有效；Q 是计数器的 4 位状态输出端；COUT 是进位输出端。

然后，编写测试软件，其源程序 cnt10_tb.vhd 如下：

```
library ieee;
use ieee.std_logic_1164.all;
entity cnt10_tb is
end entity cnt10_tb;
architecture one of cnt10_tb is
    signal clk, rst, ena, cout: std_logic;
    signal q: integer range 9 downto 0;
begin
    u1: entity work.cnt10(one) port map (clk, rst, ena, cout, q);
    clock:process is
    begin
        clk<='0';
        wait for 50ns;
        clk<='1';
        wait for 50ns;
    end process;
    reset: process is
    begin
        rst<='1';
        wait for 100ns;
        rst<='0';
        wait for 10ns;
        rst<='1';
        wait;
    end process reset;
    enable: process is
    begin
        ena<='0';
        wait for 150ns;
        ena<='1';
        wait;
    end process enable;
end architecture one;
```

在源程序中,用元件例化语句"u1: entity work.cnt10(one) port map (clk, rst, ena, cout, q);"把十进制计数器设计元件嵌入测试软件中;在第一个进程语句"clock:process is"中产生周期为100(标准时间单位)的时钟(方波);用进程语句"reset: process is"生成复位信号 rst;用进程语句"enable:process is"生成使能信号 ena。

十进制加法计数器的仿真结果如图 1.23 所示。

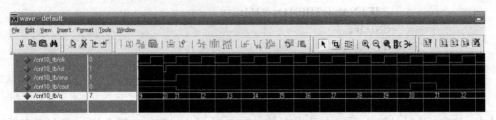

图 1.23 十进制加法计数器的仿真结果

第2章 门电路的设计

在数字电路中,"门"是能实现某种逻辑关系的电路。最基本的逻辑关系有与、或、非三种,因此最基本的逻辑门是与门、或门和非门。此外还有实现与、或、非复合运算的与非门、或非门、与或非门、异或门等。在传统的数字电路设计中,各种类型门的集成电路芯片由世界各地的半导体公司生产和销售,设计者只能将它们作为基本元件,搭成电路或系统。随着 EDA 技术的出现,这种传统的用中、小规模集成电路以"堆积木"模式设计电路和系统的方法将逐步被淘汰,取而代之的是以 EDA 软件为平台,以硬件描述语言(HDL)为工具,设计数字电路的各种元件。这些元件包括门电路、组合逻辑电路、触发器、时序逻辑电路、存储器,以及各种复杂的数字系统电路。完成设计的电路,可以形成一个共享的基本元件,保存在程序包(文件夹)中,供其他电路和系统设计时调用,最后把电路下载到可编程逻辑器件(PLD)中,形成硬件电路。

数字电路设计中需要的各种门电路可以用 VHDL 描述(设计)。门电路的设计可以采用逻辑操作符实现。逻辑操作符包括:AND(与)、OR(或)、NAND(与非)、NOR(或非)、XOR(异或)、NXOR(异或非)和 NOT(非)。

2.1 用逻辑操作符设计门电路

用 VHDL 的逻辑操作符设计门电路的方法很方便,只需要在赋值语句中用逻辑操作符连接一个表达式即可。

例如,用逻辑操作符设计与门的语句格式为:

  Y1 <=(A1 AND B1); -- "AND"为与逻辑操作符

用逻辑操作符设计或门的语句格式为:

  Y1 <=(A1 OR B1); -- "OR"为或逻辑操作符

用逻辑操作符设计非门的语句格式为:

  Y1 <= NOT A1 ; -- "NOT"为非逻辑操作符

用逻辑操作符设计与非门的语句格式为:

  Y1 = NOT(A1 AND B1);

用逻辑操作符设计或非门的语句格式为:

  Y1 = NOT(A1 OR B1);

用逻辑操作符设计异或门的语句格式为:

  Y1 =(A1 XOR B1); -- "XOR"为异或逻辑操作符

用逻辑操作符设计同或门的语句格式为:

  Y1 =(A1 NXOR B1); -- "NXOR"为同或逻辑操作符

在用 VHDL 设计数字电路的基本元件时,需要对设计模块命名。对于常用电路的命名本书采用 TTL 集成电路的中国国标来命名，例如设计四-2 输入与非门的设计命名为"ct7400"或"CT7400"（即 74LS00）。在描述元件功能时，一般把"CT"省略，简称 7400。

2.1.1 四-2 输入与非门 7400 的设计

7400 是有 4 个 2 输入端的 TTL 与非门集成电路芯片，其引脚排列如图 2.1 所示。每个与非门的输入端是 A 和 B，Y 是输出端，并用序号来区分不相同门的输入和输出端名称，例如用 1A、1B 和 1Y 来表示第 1 个与非门的输入和输出。在 VHDL 中，用户标识符不能以数字开头，因此设计时分别用 A1、B1 和 Y1（以大写或小写字母命名均可）来表示第 1 个与非门的输入和输出，依此类推。

用逻辑操作符描述第 1 个 2 输入端与非门的语句格式为：

    Y1 <= NOT(A1 AND B1);

完整的四-2 输入与非门的 VHDL 源程序 CT7400.vhd 如下：

```
LIBRARY IEEE;
USE IEEE.STD_LOGIC_1164.ALL;
ENTITY CT7400 IS
  PORT (A1,B1,A2,B2,A3,B3,A4,B4: IN STD_LOGIC;
        Y1,Y2,Y3,Y4: OUT STD_LOGIC);
END CT7400 ;
ARCHITECTURE example OF CT7400 IS
  BEGIN
    Y1 <= NOT(A1 AND B1);
    Y2 <= NOT(A2 AND B2);
    Y3 <= NOT(A3 AND B3);
    Y4 <= NOT(A4 AND B4);
  END example;
```

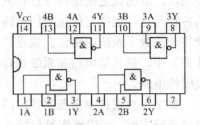

图 2.1　7400 的引脚排列

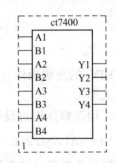

图 2.2　CT7400 的元件符号

在 EDA 工具软件的支持下，把 CT7400.vhd 源程序输入计算机，通过编译后可以形成相应的元件符号。CT7400 的元件符号如图 2.2 所示。用 VHDL 设计的电路设计实体（ENTITY）和形成的元件符号，都可以作为一个共享的基本元件保存在设计程序包中，供其他电路或系统设计时调用。

CT7400 的仿真波形（仅给出其中的 1 个 2 输入端与非门）如图 2.3 所示，从波形图中可以看到，当输入 A 和 B 都是高电平时，输出 Y 为低电平，其余输入条件下，输出为高电平。仿真结果验证了设计的正确性。

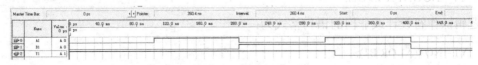

图 2.3　CT7400 的仿真波形

2.1.2 六反相器 7404 的设计

7404 是有 6 个反相器的 TTL 与非门集成电路芯片，其引脚排列如图 2.4 所示。每个反相器的输入端是 A，输出端是 Y，并用序号来区分不相同门的输入和输出端名称，例如用 1A 和 1Y 来表示第 1 个反相器的输入和输出。在 VHDL 设计时，分别用 A1 和 Y1 来表示第 1 个反相器的输入和输出，依此类推。

根据 7404 的功能，基于 VHDL 的源程序 CT7404.vhd 如下：

```
LIBRARY IEEE;
USE IEEE.STD_LOGIC_1164.ALL;
ENTITY CT7404 IS
PORT (A1,A2,A3,A4,A5,A6: IN STD_LOGIC;
      Y1,Y2,Y3,Y4,Y5,Y6: OUT STD_LOGIC);
END CT7404 ;
ARCHITECTURE example OF CT7404 IS
  BEGIN
    Y1 <= NOT A1;
    Y2 <= NOT A2;
    Y3 <= NOT A3;
    Y4 <= NOT A4;
    Y5 <= NOT A5;
    Y6 <= NOT A6;
END example;
```

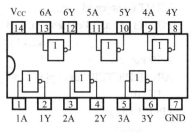

图 2.4 7404 的引脚排列

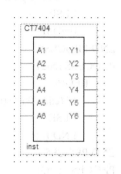

图 2.5 CT7404 的元件符号

为 CT7404 形成的元件符号如图 2.5 所示。7404 的仿真波形（仅给出其中的 1 个反相器）如图 2.6 所示，仿真结果验证了设计的正确性。

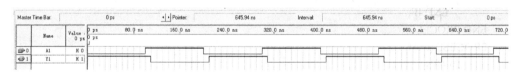

图 2.6 7404 的仿真波形

2.2 三态输出电路的设计

三态输出电路相当于在数字电路的输出端增加了一个开关，电路工作时开关闭合，输出有效；电路被禁止时，开关断开，输出为高阻态。因此三态输出电路的用途非常广泛，不仅门有三态输出电路，组合逻辑电路、时序逻辑电路、计算机电路都有三态输出电路。下面介绍基于 VHDL 的三态输出门的设计。

2.2.1 同相三态输出门的设计

三态输出门的设计是用 VHDL 的 IF 语句实现的，语句格式为：

```
IF (en='0') THEN y<=a;
    ELSE    y<='Z';
    END IF;
```

其中，a 是输入端，y 是输出端，en 是使能控制输入端，低电平有效，当 en=0（有效）时，输出 y=a，当 en=1（无效）时，y='Z'（高阻）。

用 VHDL 的 IF 语句设计的三态 4 非门的源程序 not_en.vhd 如下：

```
LIBRARY IEEE;
USE IEEE.STD_LOGIC_1164.ALL;
```

```
ENTITY not_en IS
    PORT(a1,a2,a3,a4,en1,en2,en3,en4: IN STD_LOGIC;
                    y1,y2,y3,y4: OUT STD_LOGIC);
END not_en;
ARCHITECTURE example OF not_en IS
    BEGIN
    PROCESS (en1)
        BEGIN
            IF (en1='0') THEN y1<=a1;
            ELSE            y1<='Z';
            END IF;
    END PROCESS;
    PROCESS (en2)
        BEGIN
            IF (en2='0') THEN y2<=a2;
            ELSE            y2<='Z';
            END IF;
    END PROCESS;
    PROCESS (en3)
        BEGIN
            IF (en3='0') THEN y3<=a3;
            ELSE            y3<='Z';
            END IF;
    END PROCESS;
    PROCESS (en4)
        BEGIN
            IF (en4='0') THEN y4<=a4;
            ELSE            y1<='Z';
            END IF;
    END PROCESS;
END example;
```

三态非门的仿真波形如图 2.7 所示（仅给出其中的一路输出），从仿真结果可以看出三态非门的功能，当 en1 = 0 时，非门正常工作，y1 为 a1 的反；当 en1 = 1 时，非门被禁止，y1 = z（高阻），仿真图中用位于波形中部的粗黑线表示。仿真结果验证了设计的正确性。

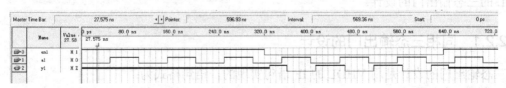

图 2.7　三态非门的仿真波形

2.2.2　三态输出与非门的设计

用 VHDL 的 IF 语句设计的 2 输入端三态输出与非门的元件符号如图 2.8 所示，其中 a 和 b 是 2 个输入端，f 是输出端，en 是使能控制输入端，高电平有效，当 en=1 时，电路工作，输出 f = not (a and b)；当 en=0（无效）时，电路不工作，输出为高阻态（'Z'）。2 输入端三态输出与非门的源程序 nand_2s.vhd 如下：

```
LIBRARY IEEE;
USE IEEE.STD_LOGIC_1164.ALL;
ENTITY nand_2s IS
   PORT(a,b,en: IN STD_LOGIC;
        f: OUT STD_LOGIC);
END nand_2s;
ARCHITECTURE one OF nand_2s IS
  BEGIN
    PROCESS(a,b,en)
      BEGIN
        IF en='1' THEN f<=not (a and b);
          ELSE f<='Z';
            END IF;
      END PROCESS;
END one;
```

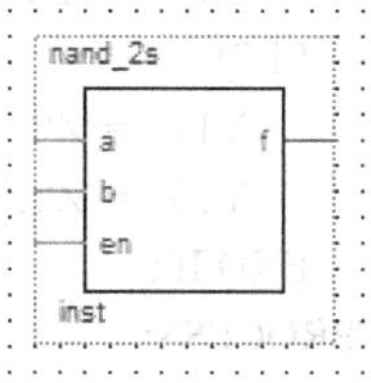

图 2.8 三态输出与非门的元件符号

三态输出与非门的仿真波形如图 2.9 所示,在波形图中,当 en=0 时输出 f 为高阻态(图中的粗线),当 en=1 时,输出 f 为输入 a 与 b 的反。

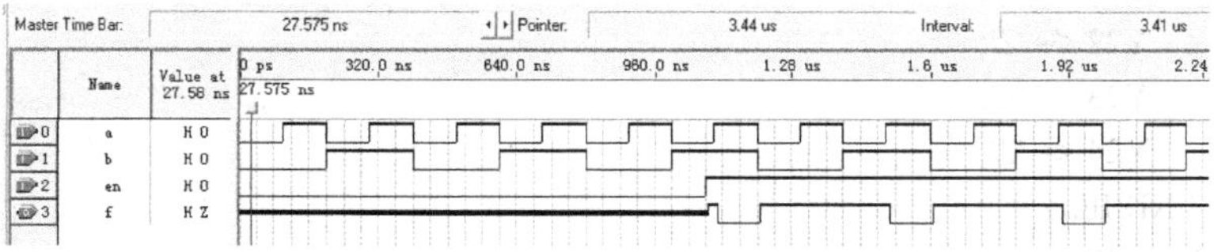

图 2.9 三态输出与非门的仿真波形

2.2.3 集成三态输出缓冲器的设计

在集成电路中有很多三态输出缓冲器产品,例如,双 4 通道反相三态缓冲器 74240、双 4 通道同相三态缓冲器 74244、6 通道同相三态缓冲器 74365、6 通道反相三态缓冲器 74366 等。下面以 74244 和 74366 为例,介绍基于 VHDL 的三态缓冲器的设计。

1. 双 4 通道同相三态缓冲器 74244 的设计

双 4 通道同相三态缓冲器 74244 的元件符号如图 2.10 所示,逻辑功能如表 2.1 所示。74244 有两个 4 通道三态缓冲器,其中 G1N 和 G2N 是使能控制端,低电平有效;A11、A12、A13、A14、A21、A22、A23 和 A24(简称 A1 和 A2)表示两个通道的输入端;Y11、Y12、Y13、Y14、Y21、Y22、Y23 和 Y24(简称 Y1 和 Y2)表示两个通道的输出端。当使能端 G1N=0(有效)时,输出 Y1=A1,当 G1N=1(无效)时,输出 Y1=Z(高阻)。当 G2N=0 时,输出 Y2=A2,当 G2N=1 时,输出 Y2=Z(高阻)。

根据 74244 的功能,基于 VHDL 编写的源程序 CT74244.vhd 如下:

```
LIBRARY IEEE;
USE IEEE.STD_LOGIC_1164.ALL;
ENTITY CT74244 IS
PORT(G1N,G2N,A11,A12,A13,A14,A21,A22,A23,A24: IN STD_LOGIC;
         Y11,Y12,Y13,Y14,Y21,Y22,Y23,Y24: OUT STD_LOGIC);
END CT74244;
ARCHITECTURE example OF CT74244 IS
BEGIN
PROCESS (G1N)
```

```vhdl
      BEGIN
        IF (G1N='0') THEN
          Y11 <= A11;Y12 <= A12;
          Y13 <= A13;Y14 <= A14;
        ELSE
          Y11 <= 'Z';Y12 <= 'Z';
          Y13 <= 'Z';Y14 <= 'Z';
        END IF;
      END PROCESS;
      PROCESS (G2N)
      BEGIN
        IF (G2N='0') THEN
          Y21 <= A21;
          Y22 <= A22;
          Y23 <= A23;
          Y24 <= A24;
        ELSE
          Y21 <= 'Z';
          Y22 <= 'Z';
          Y23 <= 'Z';
          Y24 <= 'Z';
        END IF;
      END PROCESS;
    END example;
```

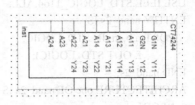

图 2.10 74244 的逻辑符号

表 2.1 CT74244 的功能表

使能	输入	输出
G1N	A1	Y1
0	0	0
0	1	1
1	×	Z

74244 的仿真波形如图 2.11 所示，仿真波形验证了设计的正确性。

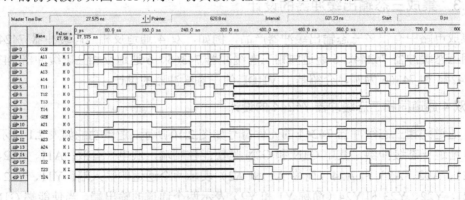

图 2.11 74244 的仿真波形

2．6 通道反相三态缓冲器 74366 的设计

6 通道反相三态缓冲器 74366 的元件符号如图 2.12 所示，逻辑功能如表 2.2 所示。74366 有 6 个三态缓冲通道，A1、A2、A3、A4、A5 和 A6（简称 A）是输入端；YN1、YN2、YN3、YN4、YN5 和 YN6（简称 YN）是输出端；G1N 和 G2N 使能控制端，低电平有效。当使能端 G1N 和 G2N（均为 0）有效时，输出 YN 为输入 A 的反，当 G1N 和 G2N 有一个或两个无效时（=1），输出 YN=Z（高阻）。

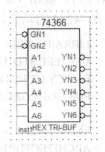

图 2.12 CT74366 的逻辑符号

根据 74366 的功能，基于 VHDL 编写的源程序 CT74366.vhd 如下：

```
LIBRARY IEEE;
USE IEEE.STD_LOGIC_1164.ALL;
ENTITY CT74366 IS
PORT(G1N,G2N,A1,A2,A3,A4,A5,A6: IN STD_LOGIC;
     YN1,YN2,YN3,YN4,YN5,YN6: OUT STD_LOGIC);
END CT74366;
ARCHITECTURE example OF CT74366 IS
BEGIN
PROCESS (G1N)
    BEGIN
      IF (G1N='0' AND G2N='0') THEN
        YN1 <= NOT A1;YN2 <= NOT A2;YN3 <= NOT A3;
        YN4 <= NOT A4;YN5 <= NOT A5;YN6 <= NOT A6;
      ELSE  YN1 <= 'Z';YN2 <= 'Z';YN3 <= 'Z';
            YN4 <= 'Z';YN5 <= 'Z';YN5 <= 'Z';
      END IF;
END PROCESS;
END example;
```

表 2.2 CT74366 的功能表

使能		输入	输出
G1N	G2N	A	YN
0	0	0	1
0	0	1	0
1	×	×	Z
×	1	×	Z

74366 的仿真波形如图 2.13 所示，仿真波形验证了设计的正确性。

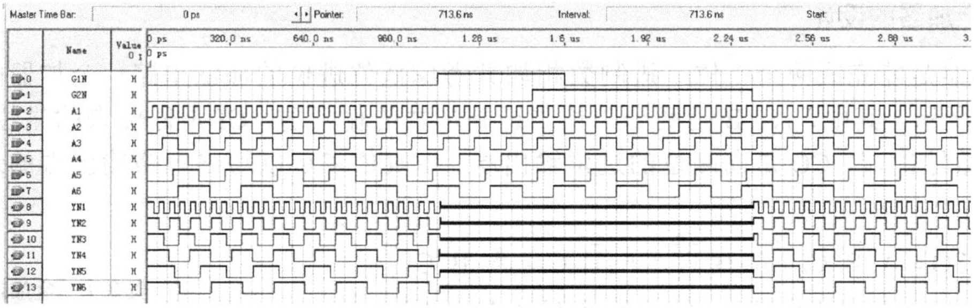

图 2.13 74366 的仿真波形

第3章 组合逻辑电路的设计

在现代数字电路设计中,直接可以用硬件描述语言(HDL)来设计各种组合逻辑电路,并作为共享的基本元件保存在设计程序包中,供其他数字电路和系统设计调用。

下面以算术运算电路、编码器、译码器、数据选择器、数据比较器、奇偶校验器和码转换器等数字电路部件为例,介绍基于 VHDL 的组合逻辑电路的设计。

3.1 算术运算电路的设计

在数字电路和计算机中,算术运算电路用于完成加、减、乘、除等数值运算,下面介绍基于 VHDL 的各种运算电路的设计。

3.1.1 一般运算电路的设计

一般运算电路包括全加器、全减器和乘法器。

1. 全加器的设计

全加器是能完成两个 1 位二进制数相加并考虑低位进位的加法电路。全加器的真值表如表 3.1 所示。其中,A、B 是两个 1 位二进制加数的输入端,CI 是低位来的进位输入端,SO 是和数输出端,CO 是向高位的进位输出端。由真值表可以写出电路输出端的逻辑表达式为:

$$SO = \overline{A} \cdot \overline{B} \cdot CI + \overline{A} \cdot B \cdot \overline{CI} + A \cdot \overline{B} \cdot \overline{CI} + A \cdot B \cdot CI$$
$$CO = \overline{A} \cdot B \cdot CI + A \cdot \overline{B} \cdot CI + A \cdot B \cdot \overline{CI} + A \cdot B \cdot CI$$

表 3.1 全加器真值表

A	B	CI	SO	CO
0	0	0	0	0
0	0	1	1	0
0	1	0	1	0
0	1	1	0	1
1	0	0	1	0
1	0	1	0	1
1	1	0	0	1
1	1	1	1	1

推导出全加器的输出表达式后,就可以直接用 VDHL 的赋值语句完成设计了。完整的 1 位全加器的 VDHL 源程序 adder_1.vhd 如下:

```
LIBRARY IEEE;
USE IEEE.STD_LOGIC_1164.ALL;
ENTITY adder_1 IS
    PORT(A,B,CI: IN STD_LOGIC;
         SO,CO: OUT STD_LOGIC);
END adder_1;
ARCHITECTURE example OF adder_1 IS
BEGIN
    SO <= (NOT A AND NOT B AND CI)OR(NOT A AND B AND NOT CI)
      OR(A AND NOT B AND NOT CI)OR(A AND B AND CI);
    CO <= (NOT A AND B AND CI)OR(A AND NOT B AND CI)
      OR(A AND B AND NOT CI)OR(A AND B AND CI);
END example;
```

全加器设计电路的仿真波形如图 3.1 所示。仿真输入以波形的形式列出了全加器真值表的全部输入组合,输出 SO 和 CO 的波形实现了真值表中的结果,证明设计的正确性。

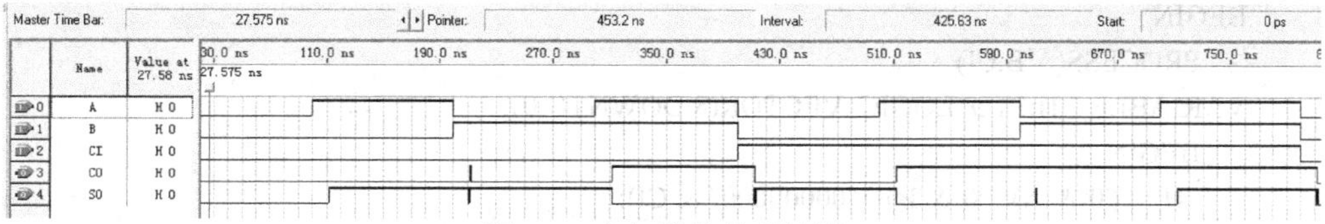

图 3.1 全加器的仿真波形

由真值表推导出设计电路的输出表达式后，再用赋值语句编写 VHDL 源程序，是全加器设计的一种方式，但不是最好的方式。用 VHDL 的行为描述方式，可以使源程序更加简洁明了。根据加法行为编写的 1 位全加器的 VHDL 源程序 adder_2.vhd 如下：

```
LIBRARY IEEE;
USE IEEE.STD_LOGIC_1164.ALL;
USE IEEE.STD_LOGIC_UNSIGNED.ALL;
ENTITY adder_2 IS
   PORT(A,B,CI: IN STD_LOGIC;
        SO,CO:OUT STD_LOGIC);
END adder_2;
ARCHITECTURE example OF adder_2 IS
BEGIN
   PROCESS(A,B,CI)
     VARIABLE   H:STD_LOGIC_VECTOR(1 DOWNTO 0);
   BEGIN
    H := ('0' & A)+('0' & B)+('0' & CI);
   SO <= H(0);
   CO <= H(1);
   END PROCESS;
END example;
```

在源程序中，为了解决"+"运算操作符也能用于 STD_LOGIC 类型的操作数的运算，增加打开 USE IEEE.STD_LOGIC_UNSIGNED.ALL 库。另外，用"VARIABLE   H:STD_LOGIC_VECTOR(1 DOWNTO 0);"语句设置了一个 2 位 STD_LOGIC 类型的变量，完成加法运算，并用"&"符号将 A、B 和 CI 这 3 个 1 位数都并接成 2 位数参加运算。

通过 adder_2.vhd 源程序与 adder_1.vhd 源程序的比较，读者应该能看出 VHDL 行为描述方式的优越性。源程序 adder_2.vhd 的仿真波形见图 3.1。

2．多位全加器的设计

用 VHDL 行为描述方式很容易编写出任意位数的加法器电路。下面是 8 位全加器的 VHDL 源程序 adder_8.vhd：

```
LIBRARY IEEE;
USE IEEE.STD_LOGIC_1164.ALL;
USE IEEE.STD_LOGIC_UNSIGNED.ALL;
ENTITY adder_8 IS
   PORT(A,B: IN STD_LOGIC_VECTOR(7 DOWNTO 0);
        CI: IN STD_LOGIC;
        SO:OUT STD_LOGIC_VECTOR(7 DOWNTO 0);
        CO:OUT STD_LOGIC);
END adder_8;
ARCHITECTURE example OF adder_8 IS
```

```
    BEGIN
      PROCESS(A,B,CI)
      VARIABLE  H:STD_LOGIC_VECTOR(8 DOWNTO 0);
      BEGIN
        H := ('0' & A)+('0' & B)+("00000000" & CI);
        SO <= H(7 DOWNTO 0);
        CO <= H(8);
      END PROCESS;
    END example;
```

8位加法器的仿真波形如图 3.2 所示,仿真波形验证了设计的正确性。

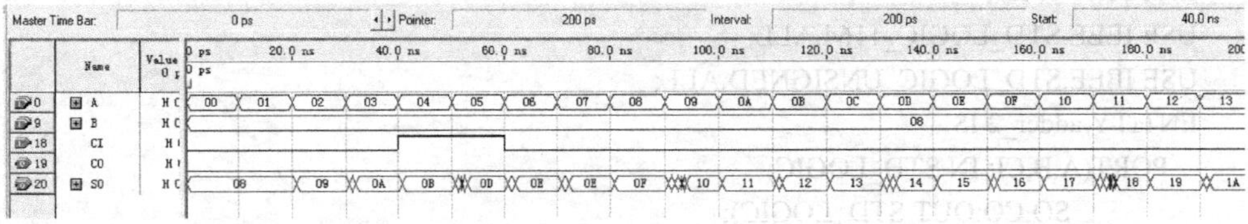

图 3.2　8 位全加器的仿真波形

3. 多位全减器的设计

任意位数的全减器电路设计的 VHDL 源程序 sub_8.vhd 如下。其中 A 是被减数,B 是减数,BI 是低位借位,DO 是差,BO 是向高位的借位。

```
    LIBRARY IEEE;
    USE IEEE.STD_LOGIC_1164.ALL;
    USE IEEE.STD_LOGIC_UNSIGNED.ALL;
    ENTITY sub_8 IS
      PORT(A,B: IN STD_LOGIC_VECTOR(7 DOWNTO 0);
           BI: IN STD_LOGIC;
           DO:OUT STD_LOGIC_VECTOR(7 DOWNTO 0);
           BO:OUT STD_LOGIC);
    END sub_8;
    ARCHITECTURE example OF sub_8 IS
      SIGNAL H:STD_LOGIC_VECTOR(8 DOWNTO 0);
    BEGIN
      PROCESS(A,B,BI)
      BEGIN
        H <= ('0' & A)-('0' & B)-("00000000" & BI);
        DO <= H(7 DOWNTO 0);
        BO <= H(8);
      END PROCESS;
    END example;
```

8位全减器的仿真波形如图 3.3 所示,仿真结果验证了设计的正确性。

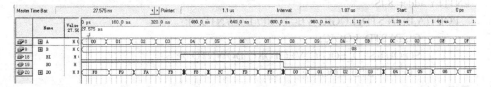

图 3.3　8 位全减器的仿真波形

4．8位乘法器的设计

8位乘法器的元件符号如图3.4所示，a[7..0]和b[7..0]是被乘数和乘数输入端，数值在0到255（2^7）之间，q[15..0]是乘积输出端，数值在0到65535（2^{15}）之间。

基于VHDL编写的8位乘法器设计的源程序mul8v.vhd如下：

```
LIBRARY IEEE;
USE IEEE.STD_LOGIC_1164.ALL;
ENTITY mul8v IS
PORT(    a,b: IN integer range 0 to 255;
         q: OUT integer range  0 to 65535);
END mul8v;
ARCHITECTURE one OF mul8v IS
   BEGIN
       q<=a * b;
END one;
```

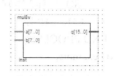

图3.4　8位乘法器元件符号

8位乘法器设计电路的仿真结果如图3.5所示，图中展示了两个2位十六进制（8位二进制）数的乘法结果（为4位十六进制），例如：'h02*'h08='h0010。仿真结果验证了设计的正确性。

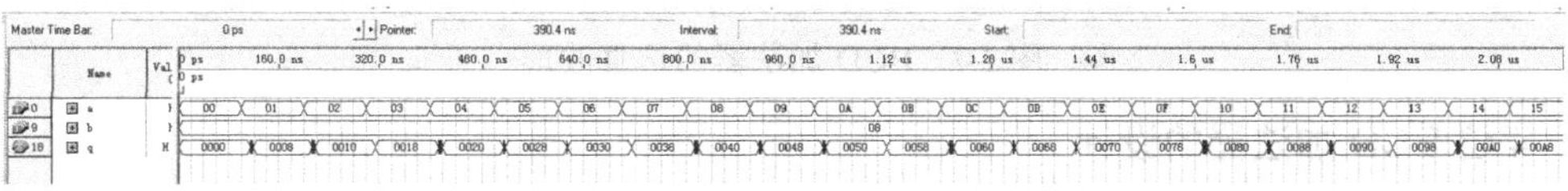

图3.5　8位乘法器的仿真波形

5．BCD加法器的设计

BCD加法器是完成十进制（BCD编码）加法运算的器件。BCD加法器的元件符号如图3.6所示，A[3..0]是4位被加数输入端，B[3..0]是4位加数输入端；CIN是低位进位，S[3..0]是4位和输出端，COUT是向高位的进位输出端。

正常的加法器用来完成二进制数的加法运算，即使输入是BCD编码的十进制数也会出现大于9（1001）的非BCD码结果。因此BCD加法器对运行结果需要进行加6（0110）调整，需要进行调整的情况有两种，其一为相加的4位和数大于9，其二为有向高位的进位。例如，5+6的运算为0101+0110=1011（大于9），则需要加6调整，即1011+0110=10001，同时有进位（CO=1），调整后的结果为10001，属于十进制数11的BCD码。又如，9+8的运算为1001+1000=10001（有进位），则需要加6调整，即10001+0110=10111，调整后的结果为10111，属于十进制数17的BCD码。

根据BCD加法器的原理，基于VHDL编写的源程序add_bcd.vhd如下：

```
LIBRARY IEEE;
USE IEEE.STD_LOGIC_1164.ALL;
USE IEEE.STD_LOGIC_UNSIGNED.ALL;
ENTITY add_bcd IS
   PORT(A,B: IN STD_LOGIC_VECTOR(3 DOWNTO 0);
        CIN: IN STD_LOGIC;
         SO: OUT STD_LOGIC_VECTOR(3 DOWNTO 0);
         CO: OUT STD_LOGIC);
END add_bcd;
ARCHITECTURE example OF add_bcd IS
BEGIN
```

图3.6　BCD加法器的元件符号

```
     PROCESS(A,B,CIN)
     VARIABLE   H:STD_LOGIC_VECTOR(4 DOWNTO 0);
     BEGIN
        H := ('0' & A)+('0' & B)+("0000" & CIN);
          IF (H(3 DOWNTO 0)>"1001" OR H(4)='1')    --判断是否需要调整
             THEN H := H+"00110";                   --是，则加 6 调整
                END IF;
          SO <= H(3 DOWNTO 0);
          CO <= H(4);
     END PROCESS;
   END example;
```

BCD 加法器的仿真波形如图 3.7 所示，仿真结果验证了设计的正确性。

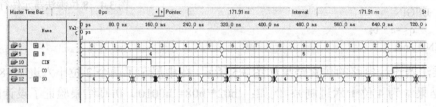

图 3.7 BCD 加法器的仿真波形

6．4 位 BCD 加法器的设计

4 位 BCD 加法器的元件符号如图 3.8 所示，其中 A3[3..0]、A2[3..0]、A1[3..0]和 A0[3..0]是 4 位 BCD 编码的十进制被加数；B3[3..0]、B2[3..0]、B1[3..0]和 B0[3..0]是 4 位 BCD 编码的十进制加数；S3[3..0]、S2[3..0]、S1[3..0]和 S0[3..0]是 4 位 BCD 编码的十进制和数；CIN 是低位的进位，COUT 是向高位的进位。

根据 BCD 加法器的工作原理，基于 VHDL 编写的源程序 add_bcd_4.vhd 如下：

```
   LIBRARY IEEE;
   USE IEEE.STD_LOGIC_1164.ALL;
   USE IEEE.STD_LOGIC_UNSIGNED.ALL;
   ENTITY add_bcd_4 IS
     PORT(A3,A2,A1,A0,B3,B2,B1,B0: IN STD_LOGIC_VECTOR(3 DOWNTO 0);
                       CIN: IN STD_LOGIC;
             S3,S2,S1,S0: OUT STD_LOGIC_VECTOR(3 DOWNTO 0);
                       CO: OUT STD_LOGIC);
   END add_bcd_4;
   ARCHITECTURE example OF add_bcd_4 IS
     SIGNAL CO0,CO1,CO2:STD_LOGIC;
   BEGIN
     PROCESS(A0,B0,CIN)
     VARIABLE   H0:STD_LOGIC_VECTOR(4 DOWNTO 0);
     BEGIN
        H0 := ('0' & A0)+('0' & B0)+("0000" & CIN);
          IF (H0(3 DOWNTO 0)>"1001" OR H0(4)='1')
             THEN H0 := H0+"00110";
                END IF;
          S0 <= H0(3 DOWNTO 0);
          CO0 <= H0(4);
     END PROCESS;
```

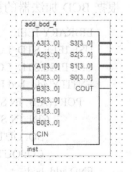

图 3.8 4 位 BCD 加法器
的元件符号

```
        PROCESS(A1,B1,CO0)
        VARIABLE   H1:STD_LOGIC_VECTOR(4 DOWNTO 0);
        BEGIN
          H1 := ('0' & A1)+('0' & B1)+("0000" & CO0);
           IF (H1(3 DOWNTO 0)>"1001" OR H1(4)='1')
             THEN H1 := H1+"00110";
               END IF;
             S1 <= H1(3 DOWNTO 0);
             CO1 <= H1(4);
        END PROCESS;
        PROCESS(A2,B2,CO1)
        VARIABLE   H2:STD_LOGIC_VECTOR(4 DOWNTO 0);
        BEGIN
          H2 := ('0' & A2)+('0' & B2)+("0000" & CO1);
           IF (H2(3 DOWNTO 0)>"1001" OR H2(4)='1')
             THEN H2 := H2+"00110";
               END IF;
             S2 <= H2(3 DOWNTO 0);
             CO2 <= H2(4);
        END PROCESS;
        PROCESS(A3,B3,CO2)
        VARIABLE   H3:STD_LOGIC_VECTOR(4 DOWNTO 0);
        BEGIN
          H3 := ('0' & A3)+('0' & B3)+("0000" & CO2);
           IF (H3(3 DOWNTO 0)>"1001" OR H3(4)='1')
             THEN H3 := H3+"00110";
               END IF;
             S3 <= H3(3 DOWNTO 0);
             CO <= H3(4);
        END PROCESS;
     END example;
```

在源程序中，用 CO0、CO1 和 CO2 分别表示十进制数的个位、十位和百位的进位，另外用了 4 个 PROCESS 进程语句分别完成十进制数（BCD 码）的个位、十位、百位和千位的相加。

4 位 BCD 加法器的仿真波形如图 3.9 所示。在仿真波形中，用 A 表示 4 位 BCD 被加数 A3[3..0]、A2[3..0]、A1[3..0]和 A0[3..0]；用 B 表示 4 位加数 B3[3..0]、B2[3..0]、B1[3..0]和 B0[3..0]；用 S 表示 4 位和数 S3[3..0]、S2[3..0]、S1[3..0]和 S0[3..0]。在仿真波形中可以看到，如果 A=9999，B=0008，则 S=A+B=0007，进位 CO=1。仿真结果验证了设计的正确性。

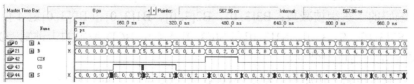

图 3.9 4 位 BCD 加法器的仿真波形

7．BCD 减法器的设计

BCD 减法器是完成十进制（BCD 编码）减法运算的器件。BCD 减法器的元件符号如图 3.10 所示，A[3..0]是 4 位被减数输入端，B[3..0]是 4 位减数输入端，DIN 是低位的借位，S[3..0]是 4 位差输出端，DO 是向高位的借位输出端。

正常的减法器是完成二进制数的减法运算，即使输入是 BCD 码的十进制数也会出现大于 9（1001）的非 BCD 码结果。因此 BCD 减法器对运行结果需要进行减 6（0110）调整，需要进行调整的情况只有一种，即有向高位的借位。例如，5-6 的运算为 0101-0110=11111（有借位），则需要减 6 调整，即 1111-0110=1001，调整后个位的结果为 1001，属于十进制数 9 的 BCD 编码。

根据 BCD 减法器的原理，基于 VHDL 编写的源程序 sub_bcd.vhd 如下：

```
LIBRARY IEEE;
USE IEEE.STD_LOGIC_1164.ALL;
USE IEEE.STD_LOGIC_UNSIGNED.ALL;
ENTITY sub_bcd IS
  PORT(A,B: IN STD_LOGIC_VECTOR(3 DOWNTO 0);
       BIN: IN STD_LOGIC;
       DO: OUT STD_LOGIC_VECTOR(3 DOWNTO 0);
       BO: OUT STD_LOGIC);
END sub_bcd;
ARCHITECTURE example OF sub_bcd IS
BEGIN
  PROCESS(A,B,BIN)
    VARIABLE H:STD_LOGIC_VECTOR(4 DOWNTO 0);
  BEGIN
    H := ('0' & A)-('0' & B)-("0000" & BIN);
    IF ( H(4)='1')
      THEN H := H-"00110";
      END IF;
    DO <= H(3 DOWNTO 0);
    BO <= H(4);
  END PROCESS;
END example;
```

图 3.10　BCD 减法器的元件符号

BCD 减法器的仿真波形如图 3.11 所示，仿真结果验证了设计的正确性。

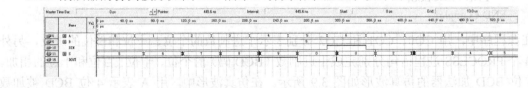

图 3.11　BCD 减法器的仿真波形

8．4 位 BCD 减法器的设计

4 位 BCD 减法器的元件符号如图 3.12 所示，其中 A3[3..0]、A2[3..0]、A1[3..0]和 A0[3..0]是 4 位 BCD 编码的十进制被减数；B3[3..0]、B2[3..0]、B1[3..0]和 B0[3..0]是 4 位 BCD 编码的十进制减数；S3[3..0]、S2[3..0]、S1[3..0]和 S0[3..0]是 4 位 BCD 编码的十进制差数；DIN 是低位借位，DOUT 是向高位的借位。

根据 BCD 减法器的工作原理，基于 VHDL 编写的源程序 sub_bcd_4.vhd 如下：

```
LIBRARY IEEE;
USE IEEE.STD_LOGIC_1164.ALL;
USE IEEE.STD_LOGIC_UNSIGNED.ALL;
ENTITY sub_bcd_4 IS
  PORT(A3,A2,A1,A0,B3,B2,B1,B0: IN STD_LOGIC_VECTOR(3 DOWNTO 0);
       DIN: IN STD_LOGIC;
```

```
        S3,S2,S1,S0: OUT STD_LOGIC_VECTOR(3 DOWNTO 0);
        DOUT: OUT STD_LOGIC);
END sub_bcd_4;
ARCHITECTURE example OF sub_bcd_4 IS
  SIGNAL DO0,DO1,DO2:STD_LOGIC;
BEGIN
  PROCESS(A0,B0,DIN)
   VARIABLE  H0:STD_LOGIC_VECTOR(4 DOWNTO 0);
   BEGIN
    H0 := ('0' & A0)-('0' & B0)-("0000" & DIN);
      IF (H0(4)='1')
        THEN H0 := H0-"00110";
          END IF;
        S0 <= H0(3 DOWNTO 0);
        DO0 <= H0(4);
  END PROCESS;
  PROCESS(A1,B1,DO0)
   VARIABLE  H1:STD_LOGIC_VECTOR(4 DOWNTO 0);
   BEGIN
    H1 := ('0' & A1)-('0' & B1)-("0000" & DO0);
     IF ( H1(4)='1')
       THEN H1 := H1-"00110";
         END IF;
       S1 <= H1(3 DOWNTO 0);
       DO1 <= H1(4);
  END PROCESS;
  PROCESS(A2,B2,DO1)
   VARIABLE  H2:STD_LOGIC_VECTOR(4 DOWNTO 0);
   BEGIN
    H2 := ('0' & A2)-('0' & B2)-("0000" & DO1);
     IF (H2(4)='1')
       THEN H2 := H2-"00110";
         END IF;
       S2 <= H2(3 DOWNTO 0);
       DO2 <= H2(4);
  END PROCESS;
  PROCESS(A3,B3,DO2)
   VARIABLE  H3:STD_LOGIC_VECTOR(4 DOWNTO 0);
   BEGIN
    H3 := ('0' & A3)-('0' & B3)-("0000" & DO2);
     IF (H3(4)='1')
       THEN H3 := H3-"00110";
         END IF;
       S3 <= H3(3 DOWNTO 0);
      DOUT <= H3(4);
  END PROCESS;
END example;
```

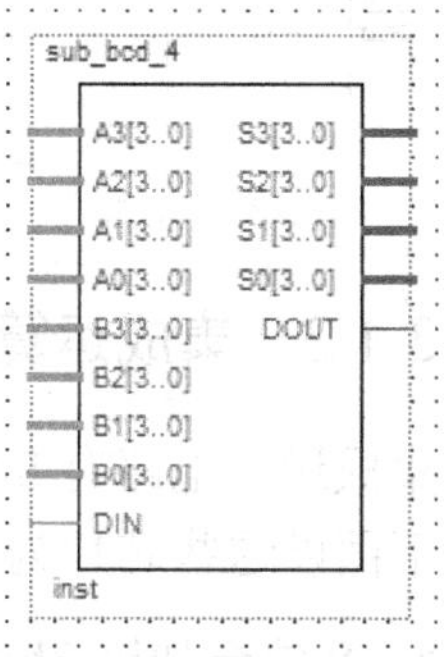

图 3.12　4 位 BCD 减法器的元件符号

在源程序中，用 DO0、DO1 和 DO2 分别表示十进制数的个位、十位和百位的借位，另外用了 4 个 PROCESS 进程语句分别完成十进制数（BCD 码）的个位、十位、百位和千位的相减。

4 位 BCD 减法器的仿真波形如图 3.13 所示。在仿真波形中，用 A 表示 4 位 BCD 被减数 A3[3..0]、A2[3..0]、A1[3..0]和 A0[3..0]；用 B 表示 4 位减数 B3[3..0]、B2[3..0]、B1[3..0]和 B0[3..0]；用 S 表示 4 位差数 S3[3..0]、S2[3..0]、S1[3..0]和 S0[3..0]。在仿真波形中可以看到，如果 A=5555，B=6666，则 S=A-B=8889。仿真结果验证了设计的正确性。

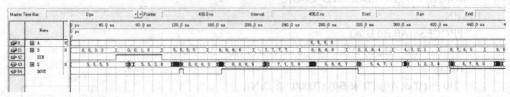

图 3.13 4 位 BCD 减法器的仿真波形

3.1.2 集成运算电路的设计

集成运算电路有 8 位全加器 8fadd、快速进位 4 位全加器 7483、4 位乘法器 74285 和 74284 等。下面以这些芯片为例，介绍基于 VHDL 的集成全加器电路的设计。

1．8 位全加器 8fadd 的设计

8 位全加器 8fadd 的元件符号如图 3.14 所示，其中 A1～A8 是被加数输入端，A8 的权值最高（2^7），A1 的权值最低（2^0）；B1～B8 是加数输入端，B8 的权值最高（2^7），B1 的权值最低（2^0）；CIN 是低位进位输入端；SUM1～SUM8 是和输出端，SUM8 的权值最高（2^7），SUM1 的权值最低（2^0）；COUT 是向高位的进位输出端，权值为 2^8。

根据 8 位全加器的功能，基于 VHDL 编写的源程序 fadd_8.vhd 如下：

```
LIBRARY IEEE;
USE IEEE.STD_LOGIC_1164.ALL;
USE IEEE.STD_LOGIC_UNSIGNED.ALL;
ENTITY fadd_8 IS
PORT(CIN,A1,A2,A3,A4,A5,A6,A7,A8,B1,B2,B3,B4,B5,B6,B7,B8:IN
STD_LOGIC;
        SUM1,SUM2,SUM3,SUM4,SUM5,SUM6,SUM7,SUM8,COUT:
OUT STD_LOGIC);
    END fadd_8;
ARCHITECTURE example OF fadd_8 IS
BEGIN
PROCESS(CIN,A1,A2,A3,A4,A5,A6,A7,A8,B1,B2,B3,B4,B5,B6,B7,B8)
        VARIABLE  H:STD_LOGIC_VECTOR(8 DOWNTO 0);
        BEGIN
         H := ('0'&A8&A7&A6&A5&A4&A3&A2&A1)
+('0'&B8&B7&B6&B5&B4&B3&B2&B1)+("00000000"&CIN);
        (SUM8,SUM7,SUM6,SUM5,SUM4,SUM3,SUM2,SUM1) <= H(7 DOWNTO 0);
        COUT <= H(8);
        END PROCESS;
    END example;
```

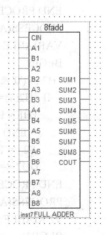

图 3.14 8fadd 元件符号

8 位全加器 8fadd 的仿真波形如图 3.15 所示，其中将 A8～A1 组成 A、将 B8～B1 组成 B、将 SUM8～SUM1 组成 SUM 来显示。仿真结果验证了设计的正确性。

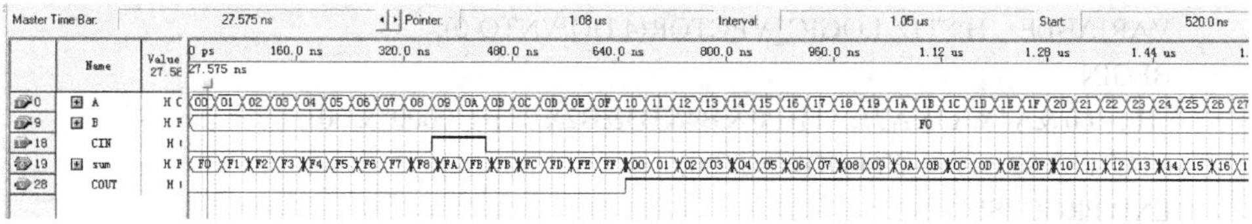

图3.15　8位全加器的仿真波形

2. 快速进位4位全加器7483的设计

快速进位4位全加器7483的元件符号和原理图如图3.16所示。传统的数字电路是基于门电路的设计，为了追求电路简单而且速度快，要进行简化、高速等多方面的考虑，快速进位全加器就是提高集成电路芯片速度的一种方法，但电路非常复杂（见图3.16（b））。

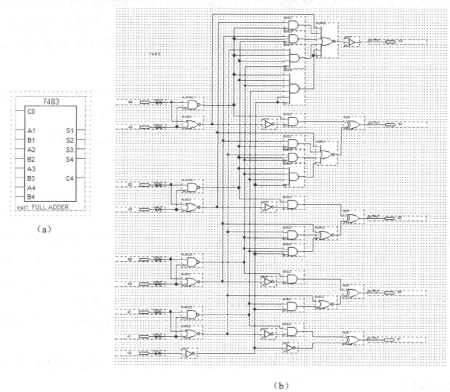

图3.16　7483的元件符号和原理图

现代的数字电路设计是在EDA（电子设计自动化）软件支持下，由可编程逻辑器件实现的，设计时一般不需要考虑电路的简化和速度的问题，使设计效率大大提高。例如，基于VHDL编写的4位全加器的源程序CT7483.vhd如下：

```
LIBRARY IEEE;
USE IEEE.STD_LOGIC_1164.ALL;
USE IEEE.STD_LOGIC_UNSIGNED.ALL;
ENTITY CT7483 IS
    PORT(C0,A1,A2,A3,A4,B1,B2,B3,B4: IN STD_LOGIC;
         S1,S2,S3,S4,C4: OUT STD_LOGIC);
END CT7483;
ARCHITECTURE example OF CT7483 IS
BEGIN
    PROCESS(C0,A1,A2,A3,A4,B1,B2,B3,B4)
```

```
      VARIABLE    H:STD_LOGIC_VECTOR(4 DOWNTO 0);
      BEGIN
        H := ('0'&A4&A3&A2&A1)+('0'&B4&B3&B2&B1)+("0000"&C0);
       (C4,S4,S3,S2,S1) <= H(4 DOWNTO 0);
      END PROCESS;
    END example;
```

在源程序中，A4、A3、A2 和 A1 是被加数输入，B4、B3、B2 和 B1 是加数输入，C0 是低位进位输入，S4、S3、S2 和 S1 是和的输出，C4 是向高位的进位输出。

7483 的仿真波形如图 3.17 所示，其中 A 表示 A4、A3、A2 和 A1 的组合，B 表示 B4、B3、B2 和 B1 的组合，S 表示 S4、S3、S2 和 S1 的组合。在仿真的 160ns 时刻，完成 A 加 B（8+8）的运算，和 S=0，且有向高位的进位（C4=1），此时输入 A 的变化到进位 C4 的传输延迟时间（见波形图中光标到 C4 的时间间隔）约为 8.2ns（纳秒）。虽然本设计采用美国 Altera 公司的低成本 Cyclone 序列的 FPGA 芯片来验证，但其传输延迟时间也低于高速 TTL 产品。仿真结果验证了设计的正确性。

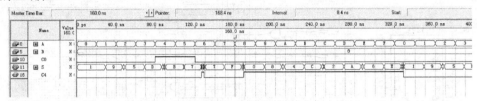

图 3.17 7483 的仿真波形

3．集成乘法器的设计

在集成电路产品中有两片乘法器 74285 和 74284，其元件符号如图 3.18 所示，两片乘法器共同完成 4 位二进制数的乘法，其中 74285 产生低 4 位乘积，74284 产生高 4 位乘积。在乘法器中，A4～A1（简称 A 数）是 4 位被乘数，B4～B1（简称 B 数）是 4 位乘数，A4 和 B4 的权值最高（2^3），A1 和 B1 的权值最低（2^0）；Y8～Y1（简称 Y 数）是 8 位乘积，Y8 的权值最高（2^7），Y1 的权值最低（2^0）；GAN 和 GBN 是使能控制输入端，低电平有效，当 GAN 和 GBN 均为低电平时，乘法器可以进行乘法操作，否则禁止，输出为 0。

根据 74285 和 74284 的功能，将两片乘法器编在一个模块中，基于 VHDL 编写的源程序 CT74285_84.vhd 如下：

```
    LIBRARY IEEE;
    USE IEEE.STD_LOGIC_1164.ALL;
    USE IEEE.STD_LOGIC_UNSIGNED.ALL;
    ENTITY CT7485_84 IS
      PORT(GAN,GBN,A4,A3,A2,A1,B4,B3,B2,B1: IN STD_LOGIC;
           Y8,Y7,Y6,Y5,Y4,Y3,Y2,Y1: OUT STD_LOGIC);
    END CT7485_84;
    ARCHITECTURE example OF CT7485_84 IS
    BEGIN
      PROCESS(GAN,GBN,A4,A3,A2,A1,B4,B3,B2,B1)
      BEGIN
        IF(GAN='0' AND GBN='0') THEN
          (Y8,Y7,Y6,Y5,Y4,Y3,Y2,Y1)<=(A4&A3&A2&A1)*(B4&B3&B2&B1);
        ELSE
          Y8<='0';
```

```
            Y7<='0';
            Y6<='0';
            Y5<='0';
            Y4<='0';
            Y3<='0';
            Y2<='0';
            Y1<='0';
        END IF;
    END PROCESS;
END example;
```

在源程序中，用乘"*"运算符号来实现 A 数和 B 数的相乘，乘法运算也可以将被乘数连加乘数次数，得到乘积。根据这个乘法规则，基于 VHDL 编写的源程序 CT74285_84_2.vhd 如下：

```
LIBRARY IEEE;
USE IEEE.STD_LOGIC_1164.ALL;
USE IEEE.STD_LOGIC_UNSIGNED.ALL;
ENTITY CT7485_84_2 IS
   PORT(GAN,GBN:IN STD_LOGIC;
        A,B:IN INTEGER RANGE 0 TO 15;
        Y: OUT INTEGER RANGE 0 TO 255);
END CT7485_84_2;
ARCHITECTURE example OF CT7485_84_2 IS
  BEGIN
    PROCESS(GAN,GBN,A,B)
      VARIABLE H:INTEGER RANGE 0 TO 255;
      VARIABLE H1:INTEGER RANGE 0 TO 15;
      VARIABLE n:INTEGER RANGE 0 TO 31;
     BEGIN
     H1:=B;
     IF(GAN='0' AND GBN='0') THEN
        H:=A;
        n:=1;
        WHILE n<H1 LOOP
          H:=H + A;
          n:=n+1;
        END LOOP;
        Y<=H;
     ELSE Y<=0;
     END IF;
    END PROCESS;
END example;
```

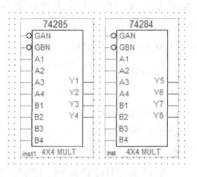

图 3.18 74285/84 的元件符号

4 位乘法器的仿真波形如图 3.19 所示，其中 A 表示 4 位被乘数，B 表示 4 位乘数，Y 表示 8 位乘积。仿真结果验证了设计的正确性。

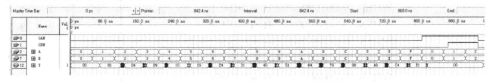

图 3.19 4 位乘法器的仿真波形

3.2 编码器的设计

在数字电路与系统中，常用的编码器包括 2^N 线-N 线（二进制）编码器、二-十进制编码器、优先编码器和键盘编码器等普通编码器，另外还有一些集成电路产品。

3.2.1 普通编码器的设计

下面以二-十进制编码器、优先编码器和键盘编码器为例，介绍基于 VHDL 的普通编码器的设计。

1. 二-十进制编码器的设计

二-十进制编码器也称为 BCD 编码器，其元件符号如图 3.20 所示。BCD 编码器有 10 个输入端 $Y_0 \sim Y_9$ 代表 1 位十进制数的 0~9 的 10 个数字（按键），有 4 个输出端 D、C、B、A，为编码的结果，所以 BCD 编码器也可以称为 10 线-4 线编码器。BCD 有多种编码方式，如 8421BCD、2421BCD、余 3BCD 等，下面介绍 8421BCD 编码器的设计。

8421BCD 编码器的编码表如表 3.2 所示，输出 D、C、B、A 的权值依次为 8、4、2、1。当 $Y_0 = 1$ 时，表示输入数字为 0（相当按下 0 号数字键），编码器输出 DCBA = 0000；当 $Y_1 = 1$ 时，表示输入数字为 1（相当按下 1 号数字键），DCBA = 0001；以此类推。由于输入等于"1"时则进行编码，所以称这类编码器为高电平输入有效；如果以输入等于"0"时进行编码，则称为低电平输入有效。

根据 8421BCD 编码器的功能，基于 VHDL 编写的源程序 bcd8421.vhd 如下：

```
LIBRARY IEEE;
USE IEEE.STD_LOGIC_1164.ALL;
USE IEEE.STD_LOGIC_UNSIGNED.ALL;
ENTITY bcd8421 IS
    PORT(Y0,Y1,Y2,Y3,Y4,Y5,Y6,Y7,Y8,Y9:IN STD_LOGIC;
                        D,C,B,A:OUT STD_LOGIC);
END bcd8421;
ARCHITECTURE example OF bcd8421 IS
SIGNAL S: STD_LOGIC_VECTOR(0 TO 9);
    BEGIN
        PROCESS(Y0,Y1,Y2,Y3,Y4,Y5,Y6,Y7,Y8,Y9)
            VARIABLE H: STD_LOGIC_VECTOR(3 DOWNTO 0);
            BEGIN
            S<=(Y0&Y1&Y2&Y3&Y4&Y5&Y6&Y7&Y8&Y9);
            CASE  S IS
                WHEN "1000000000"=>H:=("0000");
                WHEN "0100000000"=>H:=("0001");
                WHEN "0010000000"=>H:=("0010");
                WHEN "0001000000"=>H:=("0011");
                WHEN "0000100000"=>H:=("0100");
                WHEN "0000010000"=>H:=("0101");
                WHEN "0000001000"=>H:=("0110");
                WHEN "0000000100"=>H:=("0111");
                WHEN "0000000010"=>H:=("1000");
                WHEN "0000000001"=>H:=("1001");
```

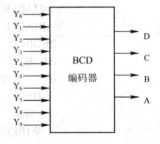

图 3.20 BCD 编码器的元件符号

表 3.2 BCD 编码器编码表

输入	D	C	B	A
Y_0	0	0	0	0
Y_1	0	0	0	1
Y_2	0	0	1	0
Y_3	0	0	1	1
Y_4	0	1	0	0
Y_5	0	1	0	1
Y_6	0	1	1	0
Y_7	0	1	1	1
Y_8	1	0	0	0
Y_9	1	0	0	1

```
            WHEN OTHERS=>H:=("0000");        --当不是选择值时当作 0 处理
         END CASE;
         (D,C,B,A)<=H;
      END PROCESS;
END example;
```

8421BCD 编码器设计电路仿真波形如图 3.21 所示,仿真结果验证了设计的正确性。

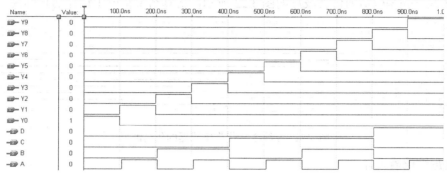

图 3.21 8421BCD 编码器设计电路仿真波形

2．优先编码器的设计

在传统的数字电路设计中,设计优先编码器是一个相对困难的课题,但基于 VHDL 的优先编码器的设计就很方便,采用 if 语句,此类难题迎刃而解。下面介绍 8 线-3 线优先编码器的设计。

8 线-3 线优先编码器的逻辑功能如表 3.3 所示,a0～a7 是 8 个变量输入端,a7 的优先级最高,a0 的优先级最低。当 a7 有效时(低电平 0),其他输入变量无效,编码输出 y2y1y0=111(a7 输入的编码);如果 a7 无效(高电平 1),而 a6 有效,则 y2y1y0=110(a6 输入的编码);以此类推。

根据 8 线-3 线优先编码器的功能,基于 VHDL 编写的源程序 coder_8.vhd 如下:

表 3.3 8 线-3 线优先编码器的功能表

输入								输出		
a0	a1	a2	a3	a4	a5	a6	a7	y2	y1	y0
x	x	x	x	x	x	x	0	1	1	1
x	x	x	x	x	x	0	1	1	1	0
x	x	x	x	x	0	1	1	1	0	1
x	x	x	x	0	1	1	1	1	0	0
x	x	x	0	1	1	1	1	0	1	1
x	x	0	1	1	1	1	1	0	1	0
x	0	1	1	1	1	1	1	0	0	1
0	1	1	1	1	1	1	1	0	0	0

```
LIBRARY IEEE;
USE IEEE.STD_LOGIC_1164.ALL;
USE IEEE.STD_LOGIC_UNSIGNED.ALL;
ENTITY coder_8 IS
   PORT(a:IN STD_LOGIC_VECTOR(7 DOWNTO 0);
        y:OUT STD_LOGIC_VECTOR(2 DOWNTO 0));
END coder_8;
ARCHITECTURE example OF coder_8 IS
   BEGIN
      PROCESS(a)
         BEGIN
            IF (a(7)='0') THEN y<="111";
               ELSIF (a(6)='0') THEN y<="110";
                  ELSIF (a(5)='0') THEN y<="101";
                     ELSIF (a(4)='0') THEN y<="100";
                        ELSIF (a(3)='0') THEN y<="011";
                           ELSIF (a(2)='0') THEN y<="010";
                              ELSIF (a(1)='0') THEN y<="001";
                                 ELSIF (a(0)='0') THEN y<="000";
                                    ELSE y<="000";
            END IF;
```

            END PROCESS;
        END example;

在源程序的 PROCESS 进程语句中，第 1 条语句是"IF (a(7)='0') THEN y<="111";"，表示 a(7) 的优先权最高，当它有效（为 0）时，不管其他输入有效还是无效，只对 a(7)编码，输出 y=111；若 a(7)无效（为 1），而 a(6)有效时，则只对 a(6)编码，输出 y=110；以此类推，体现了优先编码。

8 线-3 线优先编码器的仿真波形如图 3.22 所示，仿真结果验证了设计的正确性。

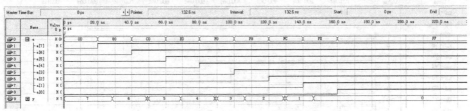

图 3.22 8 线-3 线优先编码器的仿真波形

3．键盘编码器设计

十六进制编码键盘的结构如图 3.23 所示，它是一个 4×4 矩阵结构，用 x3～x0 和 y3～y0 这 8 条信号线接收 16 个按键的信息，设计的编码器的元件符号如图 3.24 所示。

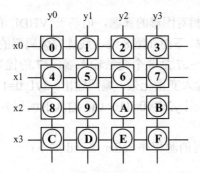

图 3.23 十六进制编码键盘结构

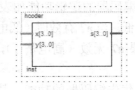

图 3.24 十六进制编码器元件符号

在编码器元件符号中，x[3..0]是行信号输入端，y[3..0]是列信号输入端，没有键按下时，信号线呈高电平，有键按下时，相应信号线呈低电平。例如，当"0"号键按下时，x3x2x1x0=1110，y3y2y1y0=1110，编码器输出 S[3..0]=0；当"1"号键按下时，x3x2x1x0=1110，y3y2y1y0=1101，S[3..0]=1；以此类推。

根据十六进制键盘编码器的功能，基于 VHDL 编写的源程序 hcoder.vhd 如下：

```
LIBRARY IEEE;
USE IEEE.STD_LOGIC_1164.ALL;
ENTITY hcoder IS
    PORT (    x,y : IN STD_LOGIC_VECTOR(3 DOWNTO 0);
              S : OUT STD_LOGIC_VECTOR(3 DOWNTO 0));
END hcoder;
ARCHITECTURE one OF hcoder IS
  BEGIN
    PROCESS (x,y)
      VARIABLE  xy:STD_LOGIC_VECTOR(7 DOWNTO 0);
        BEGIN
          XY:=(x & y);
          CASE xy IS
```

```
                WHEN B"11101110" => S <= B"0000";
                    WHEN B"11101101" => S <= B"0001";
                    WHEN B"11101011" => S <= B"0010";
                    WHEN B"11100111" => S <= B"0011";
                    WHEN B"11011110" => S <= B"0100";
                    WHEN B"11011101" => S <= B"0101";
                    WHEN B"11011011" => S <= B"0110";
                    WHEN B"11010111" => S <= B"0111";
                    WHEN B"10111110" => S <= B"1000";
                    WHEN B"10111101" => S <= B"1001";
                    WHEN B"10111011" => S <= B"1010";
                    WHEN B"10110111" => S <= B"1011";
                    WHEN B"01111110" => S <= B"1100";
                    WHEN B"01111101" => S <= B"1101";
                    WHEN B"01111011" => S <= B"1110";
                    WHEN B"01110111" => S <= B"1111";
                WHEN OTHERS       => S <= B"0000";
            END CASE;
        END PROCESS ;
    END one;
```

键盘编码器的仿真波形如图 3.25 所示，在仿真波形中，x 表示 x3、x2 、x1 和 x0 的输入，y 表示 y3、y2 、y1 和 y0 的输入，s 表示按键的序号。当 "0" 号按键按下时，x= "1110"，y= "1110"，s= "0" （显示 0 号键）；当 "1" 号按键按下时，x= "1110"，y= "1101"，s= "1" （显示 1 号键）；以此类推。仿真波形验证了设计的正确性。

图 3.25 键盘编码器的仿真波形

3.2.2 集成编码器的设计

在 TTL 集成电路中，有 10 线-4 线优先编码器 74147、8 线-3 线编码器 74148、三态输出 10 线-3 线优先编码器 74348 等。下面以这些器件为例，介绍基于 VHDL 的编码器设计。

1．10 线-4 线优先编码器 74147 的设计

10 线-4 线优先编码器 74147 的元件符号如图 3.26 所示，逻辑功能如表 3.4 所示，其中，10 线输入信号为 IN0～IN9，低电平有效，IN9 的优先权最高，IN8 次之，IN0 的优先权最低；4 线输出信号为 YN3～YN0，低电平有效，YN3～YN0 的权值依次为 2^3～2^0。当输入 YN9 = 0（有效）时，输出 YN9～YN0 = 0110（即 "9" 的 BCD 码的反码）；当输入 YN9 = 1（无效）且 YN8 = 0（有效）时，输出 YN3～YN0 = 0111（即 "8" 的 BCD 码的反码）；以此类推。

根据优先编码器的功能，基于 VHDL 编写的源程序 CT74147.vhd 如下：

```
LIBRARY IEEE;
USE IEEE.STD_LOGIC_1164.ALL;
ENTITY CT74147 IS
    PORT (IN0,IN1,IN2,IN3,IN4,IN5,IN6,IN7,IN8,IN9 : IN STD_LOGIC;
```

```
                    YN0,YN1,YN2,YN3: OUT STD_LOGIC);
    END CT74147;
    ARCHITECTURE one OF CT74147 IS
    BEGIN
        PROCESS (IN0,IN1,IN2,IN3,IN4,IN5,IN6,IN7,IN8,IN9 )
            VARIABLE   H:STD_LOGIC_VECTOR(3 DOWNTO 0);
            BEGIN
                IF (IN9='0') THEN H:=B"0110";
                ELSIF (IN8='0') THEN H:="0111";
                    ELSIF (IN7='0') THEN H:="1000";
                        ELSIF (IN6='0') THEN H:="1001";
                            ELSIF (IN5='0') THEN H:="1010";
                                ELSIF (IN4='0') THEN H:="1011";
                                    ELSIF (IN3='0') THEN H:="1100";
                                        ELSIF (IN2='0') THEN H:="1101";
                                            ELSIF (IN1='0') THEN H:="1110";
                                                ELSIF (IN0='0') THEN H:="1111";
                                                ELSE H:="1111";
            END IF;
            (YN3,YN2,YN1,YN0)<=H;
        END PROCESS ;
    END one;
```

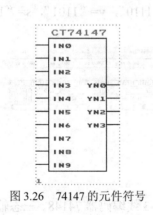

图 3.26 74147 的元件符号

表 3.4 74147 的功能表

输 入										输 出			
IN9	IN8	IN7	IN6	IN5	IN4	IN3	IN2	IN1	IN0	YN3	YN2	YN1	YN0
1	1	1	1	1	1	1	1	1	1	1	1	1	1
0	1	1	1	1	1	1	1	1	1	0	1	1	0
1	0	1	1	1	1	1	1	1	1	0	1	1	1
1	1	0	1	1	1	1	1	1	1	1	0	0	0
1	1	1	0	1	1	1	1	1	1	1	0	0	1
1	1	1	1	0	1	1	1	1	1	1	0	1	0
1	1	1	1	1	0	1	1	1	1	1	0	1	1
1	1	1	1	1	1	0	1	1	1	1	1	0	0
1	1	1	1	1	1	1	0	1	1	1	1	0	1
1	1	1	1	1	1	1	1	0	1	1	1	1	0
1	1	1	1	1	1	1	1	1	0	1	1	1	1

74147 的仿真波形如图 3.27 所示。在仿真波形中，YN 是输出 YN3～YN0 的组合，以二进制数据表示输出结果。当输入 IN9 = 0（有效）时，输出 YN =0110（即 9 的 8431BCD 码的反码）；以此类推。仿真波形验证了设计的正确性。

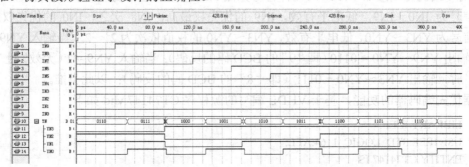

图 3.27 74147 的仿真波形

2．8 线-3 线编码器 74148 的设计

8 线-3 线编码器 74148 的元件符号如图 3.28 所示，逻辑功能如表 3.5 所示。其中，EIN 是使能输入端，低电平有效，当 EIN=1 时，禁止编码输入，EIN=0 时允许编码输入；0N～7N 是 8 线编码输入端，低电平有效；A2N、A1N 和 A0N 是 3 线输出端，低电平有效（反码输出）；EON 是使能输出端，低电平有效，用于芯片的扩展，当芯片没有编码输入且 EIN=0 时，EON=0 允许高位芯片编码；GSN 为芯片工作状态输出端，低电平有效，当 GSN=0 时，表示芯片工作，有编码输入，当 GSN=1 时表示不工作。

表 3.5 74148 的功能表

输 入									输 出				
EIN	0N	1N	2N	3N	4N	5N	6N	7N	A2N	A1N	A0N	EON	GSN
1	×	×	×	×	×	×	×	×	1	1	1	1	1
0	1	1	1	1	1	1	1	1	1	1	1	0	1
0	1	1	1	1	1	1	1	0	0	0	0	1	0
0	1	1	1	1	1	1	0	1	0	0	1	1	0
0	1	1	1	1	1	0	1	1	0	1	0	1	0
0	1	1	1	1	0	1	1	1	0	1	1	1	0
0	1	1	1	0	1	1	1	1	1	0	0	1	0
0	1	1	0	1	1	1	1	1	1	0	1	1	0
0	1	0	1	1	1	1	1	1	1	1	0	1	0
0	0	1	1	1	1	1	1	1	1	1	1	1	0

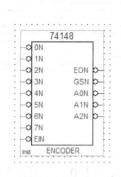

图 3.28 74148 的元件符号

根据 74148 的功能，编写的源程序 CT74148.vhd 如下：

```
LIBRARY IEEE;
USE IEEE.STD_LOGIC_1164.ALL;
ENTITY CT74184 IS
        PORT (EIN,D0N,D1N,D2N,D3N,D4N,D5N,D6N,D7N: IN STD_LOGIC;
              A2N,A1N,A0N,EON,GSN: OUT STD_LOGIC);
END CT74184;
ARCHITECTURE one OF CT74184 IS
  BEGIN
     PROCESS (EIN,D0N,D1N,D2N,D3N,D4N,D5N,D6N,D7N )
       VARIABLE  H:STD_LOGIC_VECTOR(2 DOWNTO 0);
       VARIABLE EG:STD_LOGIC_VECTOR(1 DOWNTO 0);
        BEGIN
        IF (EIN='1') THEN H:="111";EG:="11";
          ELSE
            IF (D7N='0') THEN H:=B"000";EG:="10";
              ELSIF (D6N='0') THEN H:=B"001";EG:="10";
                ELSIF (D5N='0') THEN H:=B"010";EG:="10";
                  ELSIF (D4N='0') THEN H:=B"011";EG:="10";
                    ELSIF (D3N='0') THEN H:=B"100";EG:="10";
                      ELSIF (D2N='0') THEN H:=B"101";EG:="10";
                        ELSIF (D1N='0') THEN H:=B"110";EG:="10";
                          ELSIF (D0N='0') THEN H:=B"111";EG:="10";
                            ELSE H:="111";EG:="01";
                    END IF;
             END IF;
```

```
            (A2N,A1N,A0N)<=H;
            (EON,GSN)<=EG;
        END PROCESS ;
    END one;
```

在源程序中,用 D0N~D7N 表示元件符号上的 0N~7N,其他符号保持不变。74148 的仿真波形如图 3.29 所示,仿真结果验证了设计的正确性。

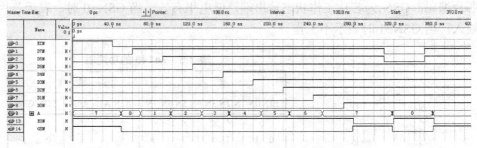

图 3.29　74148 的的仿真波形

3. 三态输出 8 线-3 线优先编码器 74348 的设计

三态输出 8 线-3 线优先编码器 74348 的元件符号如图 3.30 所示,逻辑功能如表 3.6 所示。其中,EI 是使能输入端,低电平有效,当 EI=1 时,禁止编码输入,EI=0 时允许编码输入。D0~D7 是 8 线编码输入端,低电平有效。A2、A1 和 A0 是 3 线编码输出端,低电平有效(反码输出)。EO 是使能输出端,低电平有效,用于芯片的扩展,当 EI=1 或者 EI=0 但本芯片没有编码输入(编码输入为全 1)时,输出 A2、A1 和 A0 为高阻态且 EO=0,允许高位芯片编码,否则 EO=1,禁止高位芯片编码。GS 为芯片工作状态输出端,低电平有效,当有编码输入时 GS=0 表示芯片工作;没有编码输入时,GS=1 表示芯片不工作。编码输入中,D7 的优先权最高,D6 次之,D0 最低。在使能输入允许条件下,如果 D7=0 时,不管其他输入是低还是高,只对 D7 编码,输出 A2A1A0=000(7 的反码);若 D7 无效,D6 有效,则 A2A1A0=001(6 的反码);以此类推。

表 3.6　74348 的功能表

	输入								输出				
EI	D7	D6	D5	D4	D3	D2	D1	D0	A2	A1	A0	GS	EO
1	×	×	×	×	×	×	×	×	Z	Z	Z	1	1
0	1	1	1	1	1	1	1	1	Z	Z	Z	1	0
0	0	1	1	1	1	1	1	1	0	0	0	0	1
0	1	0	1	1	1	1	1	1	0	0	1	0	1
0	1	1	0	1	1	1	1	1	0	1	0	0	1
0	1	1	1	0	1	1	1	1	0	1	1	0	1
0	1	1	1	1	0	1	1	1	1	0	0	0	1
0	1	1	1	1	1	0	1	1	1	0	1	0	1
0	1	1	1	1	1	1	0	1	1	1	0	0	1
0	1	1	1	1	1	1	1	0	1	1	1	0	1

图 3.30　74348 的元件符号

根据 74348 的功能,基于 VHDL 编写的源程序 CT74348.vhd 如下:

```
    LIBRARY IEEE;
    USE IEEE.STD_LOGIC_1164.ALL;
    ENTITY CT74348 IS
        PORT (EI,D0,D1,D2,D3,D4,D5,D6,D7: IN STD_LOGIC;
```

```
                A2,A1,A0,EO,GS: OUT STD_LOGIC);
    END CT74348;
    ARCHITECTURE one OF CT74348 IS
    BEGIN
        PROCESS (EI,D0,D1,D2,D3,D4,D5,D6,D7)
          VARIABLE   H:STD_LOGIC_VECTOR(2 DOWNTO 0);
          VARIABLE EG:STD_LOGIC_VECTOR(1 DOWNTO 0);
           BEGIN
           IF (EI='1') THEN H:="ZZZ";EG:="11";
             ELSE
               IF (D7='0') THEN H:=B"000";EG:="10";
                ELSIF (D6='0') THEN H:=B"001";EG:="10";
                 ELSIF (D5='0') THEN H:=B"010";EG:="10";
                  ELSIF (D4='0') THEN H:=B"011";EG:="10";
                   ELSIF (D3='0') THEN H:=B"100";EG:="10";
                    ELSIF (D2='0') THEN H:=B"101";EG:="10";
                     ELSIF (D1='0') THEN H:=B"110";EG:="10";
                      ELSIF (D0='0') THEN H:=B"111";EG:="10";
                       ELSE H:="ZZZ";EG:="01";
              END IF;
             END IF;
            (A2,A1,A0)<=H;
            (EO,GS)<=EG;
         END PROCESS ;
    END one;
```

74348 的仿真波形如图 3.31 所示，从图中可以看到，当 EI=1 或者 EI=0 且没有编码输入时，输出 A2、A1 和 A0 为高阻态（用图中中部粗线表示）。当输入 EI=0 时，依据输入优先权，使 A2、A1 和 A0 输出相应的编码。仿真结果验证了设计的正确性。

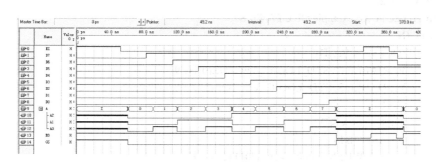

图 3.31 74348 的仿真波形

3.3 译码器的设计

将二进制代码表示的信息翻译成对应输出的高、低电平信号，或者将数字电路的输入、输出信息转换到显示电路的过程称为译码。常用的译码器有 N 线-2^N（二进制）译码器、二-十进制译码器和显示译码器。译码器的集成电路产品有 4 线-10 线 BCD 译码器 7442、4 线-16 线译码 74154、3 线-8 线译码器 74138、七段显示译码器 7448 等。下面以这些芯片为例，介绍基于 VHDL 的译码器的设计。

3.3.1 4线-10线BCD译码器7442的设计

4线-10线BCD译码器7442的元件符号如图3.32所示，逻辑功能如表3.7所示。7442有4条输入线A、B、C和D，A线权值最高，D线权值最低，表示8421BCD码的输入；有10条输出线O0N~O9N，低电平有效。当ABCD=0000时，O0N=0（有效），其余线均为1（无效）；当ABCD=0001时，O1N=0，其余线均为1；以此类推。当ABCD输入为非BCD码时，输出全为"1"（无效）。

表 3.7 7442的功能表

输入				输出									
A	B	C	D	O0N	O1N	O2N	O3N	O4N	O5N	O6N	O7N	O8N	O9N
0	0	0	0	0	1	1	1	1	1	1	1	1	1
0	0	0	1	1	0	1	1	1	1	1	1	1	1
0	0	1	0	1	1	0	1	1	1	1	1	1	1
0	0	1	1	1	1	1	0	1	1	1	1	1	1
0	1	0	0	1	1	1	1	0	1	1	1	1	1
0	1	0	1	1	1	1	1	1	0	1	1	1	1
0	1	1	0	1	1	1	1	1	1	0	1	1	1
0	1	1	1	1	1	1	1	1	1	1	0	1	1
1	0	0	0	1	1	1	1	1	1	1	1	0	1
1	0	0	1	1	1	1	1	1	1	1	1	1	0

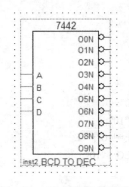

图 3.32 7442的元件符号

根据7442的功能，基于VHDL编写的源程序CT7442.vhd如下：

```
LIBRARY IEEE;
USE IEEE.STD_LOGIC_1164.ALL;
USE IEEE.STD_LOGIC_UNSIGNED.ALL;
ENTITY CT7442 IS
    PORT(A,B,C,D:IN STD_LOGIC;
         O0N,O1N,O2N,O3N,O4N,O5N,O6N,O7N,O8N,O9N:OUT STD_LOGIC);
END CT7442;
ARCHITECTURE example OF CT7442 IS
  BEGIN
    PROCESS(A,B,C,D)
     VARIABLE H: STD_LOGIC_VECTOR(0 TO 9);
     VARIABLE S: STD_LOGIC_VECTOR(3 DOWNTO 0);
     BEGIN
     S:=(A&B&C&D);
     CASE  S IS
         WHEN "0000"=>H:=("0111111111");
         WHEN "0001"=>H:=("1011111111");
         WHEN "0010"=>H:=("1101111111");
         WHEN "0011"=>H:=("1110111111");
         WHEN "0100"=>H:=("1111011111");
         WHEN "0101"=>H:=("1111101111");
         WHEN "0110"=>H:=("1111110111");
         WHEN "0111"=>H:=("1111111011");
         WHEN "1000"=>H:=("1111111101");
         WHEN "1001"=>H:=("1111111110");
         WHEN OTHERS=>H:=("1111111111");
      END CASE;
```

```
            (O0N,O1N,O2N,O3N,O4N,O5N,O6N,O7N,O8N,O9N)<=H;
        END PROCESS;
    END example;
```

7442 的仿真波形如图 3.33 所示,仿真结果验证了设计的正确性。

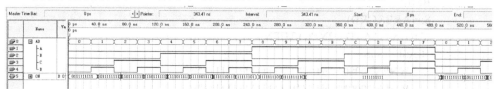

图 3.33 7442 的仿真波形

3.3.2 4 线-16 译码器 74154 的设计

4 线-16 译码器 74154 的元件符号如图 3.34 所示,逻辑功能如表 3.8 所示。其中 A、B、C 和 D 是 4 线输入端,A 的权值最高,D 的权值最低;G1N 和 G2N 是使能输入端,低电平有效,当 G1N 和 G2N 均为 0 时,允许译码器工作,否则(≠00)禁止工作,输出为全"1"(无效);O0N~O15N 是译码器输出端,低电平有效,而且任何时刻只有一个输出为"0"(有效)。当 ABCD=0000 时,输出 O0N=0,其余输出端全为 1;当 ABCD=0001 时,输出 O1N=0,其余输出端全为 1;以此类推。

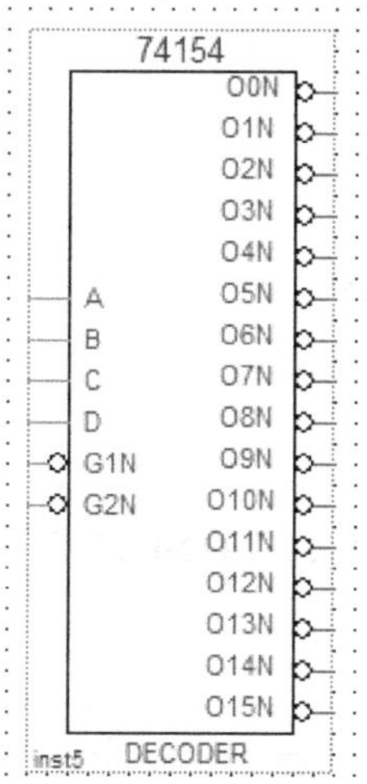

表 3.8 74154 的功能表

使能 G1N Q2N	输入 A B C D	输出 O0N~O15N
≠00	× × × ×	1111111111111111
=00	0 0 0 0	0111111111111111
=00	0 0 0 1	1011111111111111
=00	0 0 1 0	1101111111111111
=00	0 0 1 1	1110111111111111
=00	0 1 0 0	1111011111111111
=00	0 1 0 1	1111101111111111
=00	0 1 1 0	1111110111111111
=00	0 1 1 1	1111111011111111
=00	1 0 0 0	1111111101111111
=00	1 0 0 1	1111111110111111
=00	1 0 1 0	1111111111011111
=00	1 0 1 1	1111111111101111
=00	1 1 0 0	1111111111110111
=00	1 1 0 1	1111111111111011
=00	1 1 1 0	1111111111111101
=00	1 1 1 1	1111111111111110

图 3.34 74154 元件符号

根据 74154 的功能,基于 VHDL 编写的源程序 CT74154.vhd 如下:

```
LIBRARY IEEE;
USE IEEE.STD_LOGIC_1164.ALL;
USE IEEE.STD_LOGIC_UNSIGNED.ALL;
ENTITY CT74154 IS
    PORT(G1N,G2N,A,B,C,D:IN STD_LOGIC;
         O0N,O1N,O2N,O3N,O4N,O5N,O6N,O7N,O8N,O9N,
         O10N,O11N,O12N,O13N,O14N,O15N:OUT STD_LOGIC);
END CT74154;
ARCHITECTURE example OF CT74154 IS
```

```vhdl
BEGIN
    PROCESS(G1N,G2N,A,B,C,D)
        VARIABLE H: STD_LOGIC_VECTOR(0 TO 15);
        VARIABLE S: STD_LOGIC_VECTOR(3 DOWNTO 0);
    BEGIN
    S:=(A&B&C&D);
    IF (G1N='0' AND G2N='0') THEN
     CASE  S IS
        WHEN "0000"=>H:=("0111111111111111");
        WHEN "0001"=>H:=("1011111111111111");
        WHEN "0010"=>H:=("1101111111111111");
        WHEN "0011"=>H:=("1110111111111111");
        WHEN "0100"=>H:=("1111011111111111");
        WHEN "0101"=>H:=("1111101111111111");
        WHEN "0110"=>H:=("1111110111111111");
        WHEN "0111"=>H:=("1111111011111111");
        WHEN "1000"=>H:=("1111111101111111");
        WHEN "1001"=>H:=("1111111110111111");
        WHEN "1010"=>H:=("1111111111011111");
        WHEN "1011"=>H:=("1111111111101111");
        WHEN "1100"=>H:=("1111111111110111");
        WHEN "1101"=>H:=("1111111111111011");
        WHEN "1110"=>H:=("1111111111111101");
        WHEN "1111"=>H:=("1111111111111110");
        WHEN OTHERS=>H:=("1111111111111111");
     END CASE;
    ELSE H:=("1111111111111111");
    END IF;
    (O0N,O1N,O2N,O3N,O4N,O5N,O6N,O7N,O8N,O9N,
    O10N,O11N,O12N,O13N,O14N,O15N)<=H;
    END PROCESS;
END example;
```

在源程序中,用 ON 表示 16 条输出线 O0N～O15N 的组合。74154 的仿真波形如图 3.35 所示,仿真波形验证了设计的正确性。

图 3.35 74154 的仿真波形

3.3.3 3 线-8 线译码器 74138 的设计

3 线-8 线译码器 74138 的元件符号如图 3.36 所示,逻辑功能如表 3.9 所示。

在 74138 中,3 线输入端为 C、B 和 A,C 的权值最高,A 的权值最低。8 线译码输出端为 Y0N～Y7N,低电平有效。G1、G2AN 和 G2BN 为使能控制输入端,当 G1G2ANG2BN= 100 时,译码器工作,当 G1G2ANG2BN≠100 时,译码器被禁止工作,全部输出均为无效电平(高电平"1")。译码器工作时只允许一个输出有效,例如当 CBA=000 时,Y0N=0(有效),其他输出端为"1"(无效);当 CBA=001 时,Y1N=0,其他输出端为"1";以此类推。

表 3.9 74138 的功能表

使能 G1 G2AN G2BN	输入 C B A	输出 Y0N～Y7N
≠100	× × ×	11111111
=100	0 0 0	01111111
=100	0 0 1	10111111
=100	0 1 0	11011111
=100	0 1 1	11101111
=100	1 0 0	11110111
=100	1 0 1	11111011
=100	1 1 0	11111101
=100	1 1 1	11111110

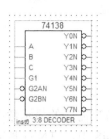

图 3.36 74138 的元件符号

根据 74138 的工作原理,基于 VHDL 编写的源程序 CT74138.vhd 如下:

```vhdl
LIBRARY IEEE;
USE IEEE.STD_LOGIC_1164.ALL;
USE IEEE.STD_LOGIC_UNSIGNED.ALL;
ENTITY CT74138 IS
  PORT(A,B,C,G1,G2AN,G2BN:IN STD_LOGIC;
       YN0,YN1,YN2,YN3,YN4,YN5,YN6,YN7:OUT STD_LOGIC);
END CT74138;
ARCHITECTURE example OF CT74138 IS
  BEGIN
    PROCESS(A,B,C,G1,G2AN,G2BN)
      VARIABLE H: STD_LOGIC_VECTOR(0 TO 7);
      VARIABLE S: STD_LOGIC_VECTOR(2 DOWNTO 0);
      BEGIN
        S:=(C&B&A);
        IF (G1='1' AND G2AN='0' AND G2BN='0') THEN
          CASE   S IS
            WHEN "000"=>H:=("01111111"); WHEN "001"=>H:=("10111111");
            WHEN "010"=>H:=("11011111"); WHEN "011"=>H:=("11101111");
            WHEN "100"=>H:=("11110111"); WHEN "101"=>H:=("11111011");
            WHEN "110"=>H:=("11111101"); WHEN "111"=>H:=("11111110");
            WHEN OTHERS=>H:=("11111111");
          END CASE;
        ELSE H:=("11111111");
        END IF;
        (YN0,YN1,YN2,YN3,YN4,YN5,YN6,YN7)<=H;
    END PROCESS;
END example;
```

74138 的仿真波形如图 3.37 所示,图中的 YN 是输出 Y0N～Y7N 的组合,以二进制数据表示输出结果。仿真波形验证了设计的正确性。

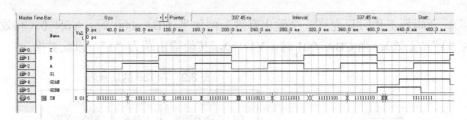

图 3.37 74138 的仿真波形

3.3.4 七段显示译码器 7448 的设计

七段显示译码器 7448 是将 4 位 BCD 码译码为七段数码管需要的显示数据的电路。7448 的元件符号如图 3.38 所示，逻辑功能如表 3.10 所示。在 7448 中，LTN 灯测试输入端，低电平有效；RBIN 是灭零输入端，低电平有效；RBIN 是灭"0"输入，低电平有效；BIN 是消隐输入，低电平有效；RBON 是灭零输出，低电平有效；D、C、B 和 A 是 4 位 BCD 码输入，代表 10 个十进制符号（即 0～9）；OA～OD 是送到七段数码管的驱动信号，高电平有效。在 7448 集成电路芯片中，BIN 和 RBON 是同一条线，既是输入又是输出，为了设计方便，可将它们分开为单独的输入、输出线。

表 3.10 7448 的功能表

数字	输入			输出	字形
	LTN RBIN	D C B A	BIN/RBON	OA OB OC OD OE OF OG	
0	1 1	0 0 0 0	1	1 1 1 1 1 1 0	0
1	1 x	0 0 0 1	1	0 1 1 0 0 0 0	1
2	1 x	0 0 1 0	1	1 1 0 1 1 0 1	2
3	1 x	0 0 1 1	1	1 1 1 1 0 0 1	3
4	1 x	0 1 0 0	1	0 1 1 0 0 1 1	4
5	1 x	0 1 0 1	1	1 0 1 1 0 1 1	5
6	1 x	0 1 1 0	1	0 0 1 1 1 1 1	6
7	1 x	0 1 1 1	1	1 1 1 0 0 0 0	7
8	1 x	1 0 0 0	1	1 1 1 1 1 1 1	8
9	1 x	1 0 0 1	1	1 1 1 1 0 1 1	9
消隐	x x	x x x x	0	0 0 0 0 0 0 0	
脉冲消隐	1 0	0 0 0 0	0	0 0 0 0 0 0 0	
灯测试	0 x	x x x x	1	1 1 1 1 1 1 1	8

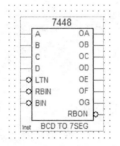

图 3.38 7446 的元件符号

图 3.39 7 段字形图

由功能表可见，当灯测试输入 LTN = 0 时，无论输入 D～A 的状态如何，输出 DA～DG 全部为高电平，使被驱动数码管的七段全部点亮。因此，LTN = 0 信号可以检查数码管各段能否正常发光。

当消隐输入 BIN = 0 时，无论输入 D～A 的状态如何，输出 DA～DG 全部为低电平，使被驱动数码管的七段全部熄灭。

当 DCBA = 0000 时，本应显示数码 0，如果此时灭零输入 RBIN = 0，则使显示的 0 熄灭。设置灭零输入信号的目的是，能将不希望显示的 0 熄灭。例如，对于十进制数来说，整数部分不代表数值的高位 0 和小数部分不代表数值的低位 0，都是不希望显示的，可以用灭零输入信号将它们熄灭掉。将灭零输出 RBON 与灭零输入 RBIN 配合使用，可以实现多位数码显示的灭零控制。

输出 DA～DG 的数值是根据共阴极七段数码管而定的，七段数码管的字形如图 3.39 所示，当输入 DCBA=0000 时，应显示"0"，所以除了 DG=0（g 段不亮），其余段均为"1"（亮）；当输入 DCBA=0001 时，显示"1"，除了 DB=1 和 DC=1（b 和 c 段亮），其余段均为"0"（不亮）；以此类推。

根据 7448 的功能，基于 VHDL 编写的源程序 CT7448.vhd 如下：

```
LIBRARY IEEE;
USE IEEE.STD_LOGIC_1164.ALL;
USE IEEE.STD_LOGIC_UNSIGNED.ALL;
ENTITY CT7448 IS
   PORT(LTN,BIN,RBIN,D,C,B,A:IN STD_LOGIC;
        OA,OB,OC,OD,OE,OF1,OG,RBON:OUT STD_LOGIC);
END CT7448;
ARCHITECTURE example OF CT7448 IS
   BEGIN
     PROCESS(LTN,BIN,RBIN,D,C,B,A)
       VARIABLE H: STD_LOGIC_VECTOR(7 DOWNTO 1);
       VARIABLE S: STD_LOGIC_VECTOR(3 DOWNTO 0);
      BEGIN
       S:=(D&C&B&A);
       IF (LTN='0') THEN H:="1111111";RBON<='1';
       ELSIF (BIN='0') THEN H:= "0000000";RBON<='0';
          ELSIF (RBIN='0' AND S="0000") THEN
          CASE   S IS
          WHEN "0000"=>H:="1111110";RBON<='1';
          WHEN "0001"=>H:="0110000";RBON<='1';
          WHEN "0010"=>H:="1101101";RBON<='1';
          WHEN "0011"=>H:="1111001";RBON<='1';
          WHEN "0100"=>H:="0110011";RBON<='1';
          WHEN "0101"=>H:="1011011";RBON<='1';
          WHEN "0110"=>H:="0011111";RBON<='1';
          WHEN "0111"=>H:="1110000";RBON<='1';
          WHEN "1000"=>H:="1111111";RBON<='1';
          WHEN "1001"=>H:="1110011";RBON<='1';
          WHEN OTHERS=>H:="1111111";RBON<='1';
          END CASE;
          ELSE H:="1111111";RBON<='1';
       END IF;
       (OA,OB,OC,OD,OE,OF1,OG)<=H;
     END PROCESS;
   END example;
```

在源程序中，因为 OF 是关键词，因此用标识符 OF1 代替 OF。7448 的仿真波形如图 3.40 所示，图中用 DA 表示输入 D、C、B 和 A 的组合，用 O 表示 OA～OG 的组合，以二进制数制表示。仿真结果验证了设计的正确性。

图 3.40　7448 的仿真波形

3.4 数据选择器的设计

数据选择器也称多路选择器，它可以从多路输入数据中选出其中需要的一个数据作为输出，因此它具有多路开关的功能。常用数据选择器集成电路产品有 8 选 1 数据选择器 74151、双 4 选 1 数据选择器 74153、16 选 1 数据选择器 161mux、三态输出 8 选 1 数据选择器 74251 等。下面以这些器件为例，介绍基于 VHDL 的数据选择器的设计。

3.4.1 8 选 1 数据选择器 74151 的设计

8 选 1 数据选择器 74151 的元件符号如图 3.41 所示，逻辑功能如表 3.11 所示。D7～D0 是 8 位数据输入信号；C、B 和 A 是地址输入信号；Y 是输出信号；WN 是 Y 的反相输出；GN 是使能控制信号，低电平有效，当 GN=0 时，数据选择器工作，当 GN=1 时，数据选择器被禁止。当数据选择器工作时，若 CBA=000，输出 Y=D0；若 CBA=001，输出 Y=D1；以此类推。

根据 74151 的功能，基于 VHDL 编写的源程序 CT74151.vhd 如下：

```
LIBRARY IEEE;
USE IEEE.STD_LOGIC_1164.ALL;
USE IEEE.STD_LOGIC_UNSIGNED.ALL;
ENTITY CT74151 IS
    PORT(GN,C,B,A,D7,D6,D5,D4,D3,D2,D1,D0:IN STD_LOGIC;
         Y,WN:OUT STD_LOGIC);
END CT74151;
ARCHITECTURE example OF CT74151 IS
    BEGIN
        PROCESS(GN,C,B,A,D7,D6,D5,D4,D3,D2,D1,D0)
            VARIABLE H: STD_LOGIC;
            VARIABLE S: STD_LOGIC_VECTOR(2 DOWNTO 0);
          BEGIN
          S:=(C&B&A);
          IF (GN='1') THEN H:='1';
           ELSE
            CASE   S IS
             WHEN "000"=>H:=D0;
             WHEN "001"=>H:=D1;
             WHEN "010"=>H:=D2;
             WHEN "011"=>H:=D3;
             WHEN "100"=>H:=D4;
             WHEN "101"=>H:=D5;
             WHEN "110"=>H:=D6;
             WHEN "111"=>H:=D7;
             WHEN OTHERS=>H:='1';
            END CASE;
          END IF;
           Y<=H;
           WN<=NOT H;
        END PROCESS;
   END example;
```

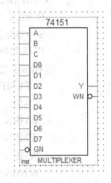

图 3.41 74151 的元件符号

表 3.11 74151 的功能表

使能	地址输入			输出
GN	C	B	A	Y
1	×	×	×	1
0	0	0	0	D0
0	0	0	1	D1
0	0	1	0	D2
0	0	1	1	D3
0	1	0	0	D4
0	1	0	1	D5
0	1	1	0	D6
0	1	1	1	D7

74151 的仿真波形如图 3.42 所示，由图中可以看出，当 CBA=000 时，输出 Y 是 D0 的波形，当 CBA=001 时，输出 Y 是 D1 的波形，以此类推。另外当使能控制 GN = 1 时，电路被禁止，输出 Y = 1（无效）；当 GN = 0 时，电路工作。仿真结果验证了设计的正确性。

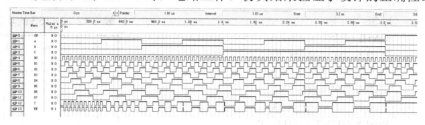

图 3.42　74151 的仿真波形

3.4.2　双 4 选 1 数据选择器 74153 的设计

双 4 选 1 数据选择器 74153 的元件符号如图 3.43 所示，逻辑功能如表 3.12 所示（表中只列出了 1 个 4 选 1 选择器的功能）。74153 有 2 个相同的 4 选 1 选择器，其中 GN 是使能输入端，低电平有效；B 和 A 是共用的地址输入端；C3～C0 是数据输入端；Y 是输出端。当 GN=0 时，选择器工作，GN=1 时禁止工作，输出 Y=1。当选择器工作时，如果 BA=00，则输出 Y=C0，如果 BA=01，则输出 Y=C1，以此类推。

根据 74153 的功能，基于 VHDL 编写的源程序 CT74153.vhd 如下：

```
LIBRARY IEEE;
USE IEEE.STD_LOGIC_1164.ALL;
USE IEEE.STD_LOGIC_UNSIGNED.ALL;
ENTITY CT74153 IS
  PORT(GN1,GN2,B,A,C10,C11,C12,C13,C20,C21,C22,C23:IN STD_LOGIC;
       Y1,Y2:OUT STD_LOGIC);
END CT74153;
ARCHITECTURE example OF CT74153 IS
  BEGIN
    PROCESS(GN1,B,A,C10,C11,C12,C13)
     VARIABLE H1: STD_LOGIC;
     VARIABLE S: STD_LOGIC_VECTOR(1 DOWNTO 0);
      BEGIN
      S:=(B&A);
      IF (GN1='1') THEN H1:='1';
      ELSE
       CASE   S IS
       WHEN "00"=>H1:=C10;
       WHEN "01"=>H1:=C11;
       WHEN "10"=>H1:=C12;
       WHEN "11"=>H1:=C13;
       WHEN OTHERS=>H1:='1';
       END CASE;
      END IF;
       Y1<=H1;
    END PROCESS;
    PROCESS(GN2,B,A,C20,C21,C22,C23)
     VARIABLE H2: STD_LOGIC;
```

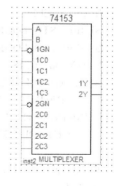

图 3.43　74153 的元件符号

```
         VARIABLE S: STD_LOGIC_VECTOR(1 DOWNTO 0);
            BEGIN
            S:=(B&A);
            IF (GN2='1') THEN H2:='1';
            ELSE
               CASE  S IS
               WHEN "00"=>H2:=C20;
               WHEN "01"=>H2:=C21;
               WHEN "10"=>H2:=C22;
               WHEN "11"=>H2:=C23;
               WHEN OTHERS=>H2:='1';
               END CASE;
            END IF;
            Y2<=H2;
         END PROCESS;
      END example;
```

表 3.12 74153 的功能表

使能	地址输入		输出
GN	B	A	Y
1	×	×	1
0	0	0	C0
0	0	1	C1
0	1	0	C2
0	1	1	C3

74153 的仿真波形如图 3.44 所示，仿真结果验证了设计的正确性。

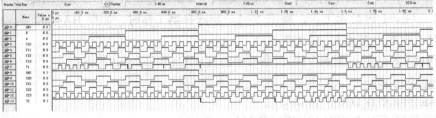

图 3.44 74153 的仿真波形

3.4.3 16 选 1 数据选择器 161mux 的设计

16 选 1 数据选择器 161mux 的元件符号如图 3.45 所示，其中 GN 是使能输入端，低电平有效；SEL3～SEL0 为地址输入端；IN0～IN15 是数据输入端；OUT 数据输出端。当 GN=0（有效）时，选择器工作，GN=1 时禁止工作，输出 OUT=1。选择器工作时，当 SEL3～SEL0 为"0000"时，OUT=IN0（选择 IN0 输出）；当 SEL3～SEL0 为 "0001"时，OUT=IN1（选择 IN1 输出）；以此类推。

根据 161mux 的功能，基于 VHDL 编写的源程序 mux161.vhd 如下：

```
LIBRARY IEEE;
USE IEEE.STD_LOGIC_1164.ALL;
USE IEEE.STD_LOGIC_UNSIGNED.ALL;
ENTITY mux161 IS
    PORT(GN,SEL3,SEL2,SEL1,SEL0:IN STD_LOGIC;
         IN0,IN1,IN2,IN3,IN4,IN5,IN6,IN7,
IN8,IN9,IN10,IN11,IN12,IN13,IN14,IN15:IN STD_LOGIC;
         OUT1:OUT STD_LOGIC);
END mux161;
ARCHITECTURE example OF mux161 IS
    BEGIN
       PROCESS(GN,SEL3,SEL2,SEL1,SEL0)
          VARIABLE H1: STD_LOGIC;
          VARIABLE S: STD_LOGIC_VECTOR(3 DOWNTO 0);
```

```
        BEGIN
          S:=(SEL3&SEL2&SEL1&SEL0);
          IF (GN = '1') THEN OUT1 <= '1';
            ELSE
              CASE S IS
                WHEN "0000"=>H1:=IN0;
                WHEN "0001"=>H1:=IN1;
                WHEN "0010"=>H1:=IN2;
                WHEN "0011"=>H1:=IN3;
                WHEN "0100"=>H1:=IN4;
                WHEN "0101"=>H1:=IN5;
                WHEN "0110"=>H1:=IN6;
                WHEN "0111"=>H1:=IN7;
                WHEN "1000"=>H1:=IN8;
                WHEN "1001"=>H1:=IN9;
                WHEN "1010"=>H1:=IN10;
                WHEN "1011"=>H1:=IN11;
                WHEN "1100"=>H1:=IN12;
                WHEN "1101"=>H1:=IN13;
                WHEN "1110"=>H1:=IN14;
                WHEN "1111"=>H1:=IN15;
                WHEN OTHERS=>H1:='1';
              END CASE;
              OUT1<=H1;
          END IF;
        END PROCESS;
    END example;
```

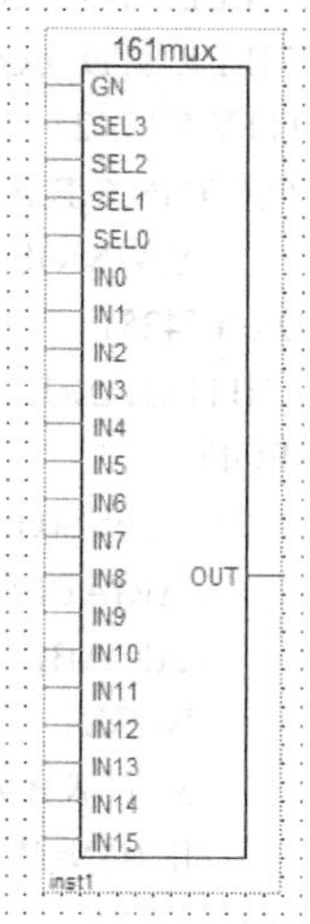

图 3.45 161mux 的元件符号

在源程序中，因为 OUT 是关键词，因此用 OUT1 代替 OUT。mux161 的仿真波形如图 3.46 所示，为了节省篇幅，图中仅给出了输入为 IN0~IN7 时的选择器输出波形。在仿真波形中，当 GN=1（无效）时，输出 OUT1 为全"1"；当 GN=0 时，选择器根据 SEL3~SEL0 不同组合，OUT 选择一路输入（IN0~IN7）输出。仿真结果验证了设计的正确性。

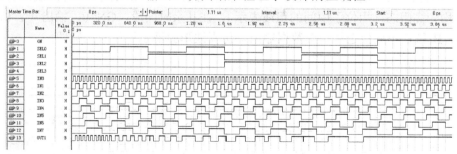

图 3.46 mux161 的仿真波形

3.4.4 三态输出 8 选 1 数据选择器 74251 的设计

三态输出 8 选 1 数据选择器 74251 的元件符号如图 3.47 所示，逻辑功能如表 3.13 所示。其中 GN 是使能控制输入端，低电平有效；C、B 和 A 是地址输入端，C 权值最高，B 次之，A 的权值最低；D7~D0 是数据输入端；Y 是数据选择器的输出端，WN 是 Y 的反相输出。当 GN=1（无效）时，输出 Y 和 WN 为高阻态（Z），当 GN=0 时，选择器工作。在选择器工作时，如果

CBA=000，则 Y=D0（选择 D0 输出）；如果 CBA=001，则 Y=D1（选择 D1 输出）；以此类推。

根据 74251 的功能，基于 VHDL 编写的源程序 CT74251.vhd 如下：

```
LIBRARY IEEE;
USE IEEE.STD_LOGIC_1164.ALL;
USE IEEE.STD_LOGIC_UNSIGNED.ALL;
ENTITY CT74251 IS
    PORT(GN,C,B,A,D7,D6,D5,D4,D3,D2,D1,D0:IN STD_LOGIC;
         Y,WN:OUT STD_LOGIC);
END CT74251;
ARCHITECTURE example OF CT74251 IS
BEGIN
    PROCESS(GN,C,B,A,D7,D6,D5,D4,D3,D2,D1,D0)
    VARIABLE H: STD_LOGIC;
    VARIABLE S: STD_LOGIC_VECTOR(2 DOWNTO 0);
    BEGIN
    S:=(C&B&A);
    IF (GN='1') THEN Y<='Z';WN<='Z';
    ELSE
      CASE   S IS
      WHEN "000"=>H:=D0; WHEN "001"=>H:=D1;
      WHEN "010"=>H:=D2; WHEN "011"=>H:=D3;
      WHEN "100"=>H:=D4; WHEN "101"=>H:=D5;
      WHEN "110"=>H:=D6; WHEN "111"=>H:=D7;
      WHEN OTHERS=>H:='1';
      END CASE;
      Y<=H;
      WN<=NOT H;
    END IF;
    END PROCESS;
END example;
```

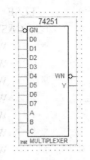

图 3.47　74251 的元件符号

表 3.13　74251 的功能表

使能	地址输入			输出
GN	C	B	A	Y
1	×	×	×	Z
0	0	0	0	D0
0	0	0	0	D1
0	0	0	0	D2
0	0	0	0	D3
0	0	0	0	D4
0	0	0	0	D5
0	0	0	0	D6
0	0	0	0	D7

74251 的仿真波形如图 3.48 所示，在仿真波形的 3.4～5.0us（微秒）时间段，GN=1，输出 Y 和 WN 均为高阻态（用位于中间的粗线表示），在其余时间段，GN=0，输出（Y 和 WN）根据输入 A、B 和 C 不同值选择一个数据输出。仿真波形验证了设计的正确性。

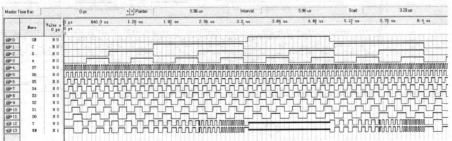

图 3.48　74251 的仿真波形

3.5　数值比较器的设计

数值比较器是一种运算电路，它可以对两个二进制数或二-十进制编码（BCD 码）的数进行比较，得出大于、小于和相等的结果。常用的集成电路产品中，有 4 位数值比较器 7485、8

位比较器 74684 和带使能控制的 8 位数值比较器 74686 等。下面以这些器件为例，介绍基于 VHDL 的比较器的设计。

3.5.1 4 位数值比较器 7485 的设计

4 位数值比较器 7485 的元件符号如图 3.49 所示，逻辑功能如表 3.14 所示。其中 A3～A0（简称 A 数）和 B3～B0（简称 B 数）是两个 4 位二进制数据输入端，A3 和 B3 的权值最高，A0 和 B0 的权值最低；AGBI、AEBI 和 ALBI 是 3 个级联输入端；AGBO（A 大于 B）、AEBO（A 等于 B）和 ALBO（A 小于 B）是 3 个比较结果输出端。

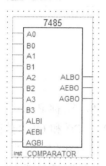

表 3.14 7485 的功能表

输入				输出		
A B	AGBI	AEBI	ALBI	AGBO	AEBO	ALBO
A>B	×	×	×	1	0	0
A<B	×	×	×	0	0	1
A=B	a	b	c	a	b	c

图 3.49 7485 的元件符号

7485 的逻辑功能表是简化了的，只列出了 A>B、A<B 和 A=B 这 3 种输入条件的输出结果，当 A>B 时，输出 AGBO=1、AEBO=0、ALBO=0，表示 A 大于 B；当 A<B 时，输出 AGBO=0、AEBO=0、ALBO=1，表示 A 小于 B；当 A=B 时，输出 AGBO=AGBI、AEBO=AEBI、ALBO=ALBI，此时若 AGBI=0、AEBI=1、ALBI=0，则 AGBO=0、AEBO=1、ALBO=0，表示 A 等于 B。

根据 7485 的功能，基于 VHDL 编写的源程序 CT7485.vhd 如下：

```
LIBRARY IEEE;
USE IEEE.STD_LOGIC_1164.ALL;
USE IEEE.STD_LOGIC_UNSIGNED.ALL;
ENTITY CT7485 IS
    PORT(A3,A2,A1,A0,B3,B2,B1,B0,ALBI,AEBI,AGBI:IN STD_LOGIC;
         ALBO,AEBO,AGBO:OUT STD_LOGIC);
END CT7485;
ARCHITECTURE example OF CT7485 IS
  BEGIN
    PROCESS(A3,A2,A1,A0,B3,B2,B1,B0,ALBI,AEBI,AGBI)
     VARIABLE S1,S2: STD_LOGIC_VECTOR(3 DOWNTO 0);
     BEGIN
     S1:=(A3&A2&A1&A0);
     S2:=(B3&B2&B1&B0);
     IF (S1 > S2) THEN
           ALBO <= '0'; AEBO <= '0'; AGBO <= '1';
       ELSIF (S1 < S2) THEN
           ALBO <= '1'; AEBO <= '0'; AGBO <= '0';
       ELSE    ALBO <= ALBI; AEBO <= AEBI; AGBO <= AGBI;
     END IF;
    END PROCESS;
END example;
```

7485 的仿真波形如图 3.50 所示，仿真时设置数据 A 由 "0" 开始加 "1" 递增，直到 "F"，数据 B 保持 "6" 不变，因此在 A 为 "0" ～ "5" 阶段，A 小于 B，输出 AGBO=0、AEBO=0、ALBO=1；当 A= "6" 时，则 A 等于 B，输出 AGBO=0、AEBO=1、ALBO=0；在 A 为 "7" ～ "F" 阶段，A 大于 B，输出 AGBO=1、AEBO=0、ALBO=0。仿真结果验证了设计的正确性。

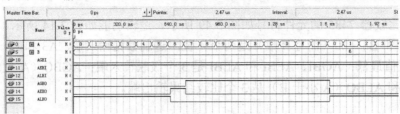

图 3.50   7485 的仿真波形

3.5.2   8 位数值比较器 74684 的设计

8 位数值比较器 74684 的元件符号如图 3.51 所示，其中 P7～P0（简称 P 数）和 Q7～Q0（简称 Q 数）是两个 8 位二进制数据输入端，P7 和 Q7 的权值最高（2^7），P0 和 Q0 的权值最低（2^0）；P_GR_QN 是 P 大于 Q 的输出端，低电平有效；EQUALN 是 P 等于 Q 的输出端，低电平有效。74684 的逻辑功能比较简单，当 P 数大于 Q 数时，P_GR_QN=0；当 P 数等于 Q 数时，EQUALN=0；否则 P_GR_QN=1，EQUALN=1，表示 P 数小于 Q 数。

根据 74684 的功能，基于 VHDL 编写的源程序 CT74684.vhd 如下：

```
LIBRARY IEEE;
USE IEEE.STD_LOGIC_1164.ALL;
USE IEEE.STD_LOGIC_UNSIGNED.ALL;
ENTITY CT74684 IS
    PORT(P7,P6,P5,P4,P3,P2,P1,P0,Q7,Q6,Q5,Q4,Q3,Q2,Q1,Q0:IN STD_LOGIC;
         P_GR_PN,EQUALN:OUT STD_LOGIC);
END CT74684;
ARCHITECTURE example OF CT74684 IS
    BEGIN
        PROCESS(P7,P6,P5,P4,P3,P2,P1,P0,Q7,Q6,Q5,Q4,Q3,Q2,Q1,Q0)
            VARIABLE P,Q: STD_LOGIC_VECTOR(7 DOWNTO 0);
            BEGIN
                P:=(P7&P6&P5&P4&P3&P2&P1&P0);
                Q:=(Q7&Q6&Q5&Q4&Q3&Q2&Q1&Q0);
                IF   (P > Q) THEN
                    P_GR_PN <= '0'; EQUALN <= '1';
                ELSIF (P = Q) THEN
                    P_GR_PN <= '1'; EQUALN <= '0';
                ELSE
                    P_GR_PN <= '1'; EQUALN <= '1';
                END IF;
            END PROCESS;
END example;
```

图 3.51   74684 的元件符号

在源程序中设置变量 P 和 Q 分别代表 P7～P0 和 Q7～Q0 两个 8 位二进制数，使程序更加简明。74684 的仿真波形如图 3.52 所示，仿真结果验证了设计的正确性。

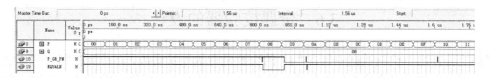

图 3.52　74684 的仿真波形

3.5.3　带使能控制的 8 位数值比较器 74686 的设计

带使能控制的 8 位数值比较器 74686 的元件符号如图 3.53 所示,其中 P7~P0（简称 P 数）和 Q7~Q0（简称 Q 数）是两个 8 位二进制数据输入端,P7 和 Q7 的权值最高（2^7）,P0 和 Q0 的权值最低（2^0）;P_GR_QN 是 P 大于 Q 的输出端,低电平有效;EQUALN 是 P 等于 Q 的输出端,低电平有效;G1N 和 G2N 是使能输入端,低电平有效。74686 的逻辑功能与 74684 类似,只是增加了使能控制端。当 P 数大于 Q 数且 G2N=0（有效）时,P_GR_QN=0;当 P 数等于 Q 数且 G1N=0（有效）时,EQUALN=0;否则 P_GR_QN=1,EQUALN=1,此时有两种结果,其一为 G1N=0 与 G2N=0 表示 P 数小于 Q 数,其二为 G1N=1 与 G2N=1 表示比较结果无效。

根据 74686 的功能,基于 VHDL 编写的源程序 CT74686.vhd 如下:

```vhdl
LIBRARY IEEE;
USE IEEE.STD_LOGIC_1164.ALL;
USE IEEE.STD_LOGIC_UNSIGNED.ALL;
ENTITY CT74686 IS
    PORT(G1N,G2N,P7,P6,P5,P4,P3,P2,P1,P0,
         Q7,Q6,Q5,Q4,Q3,Q2,Q1,Q0:IN STD_LOGIC;
         P_GR_PN,EQUALN:OUT STD_LOGIC);
END CT74686;
ARCHITECTURE example OF CT74686 IS
    BEGIN
      PROCESS(G1N,G2N)
        VARIABLE P,Q: STD_LOGIC_VECTOR(7 DOWNTO 0);
        BEGIN
          P:=(P7&P6&P5&P4&P3&P2&P1&P0);
          Q:=(Q7&Q6&Q5&Q4&Q3&Q2&Q1&Q0);
          IF (P > Q AND G2N='0') THEN
              P_GR_PN <= '0'; EQUALN <= '1';
              ELSIF (P = Q AND G1N='0') THEN
              P_GR_PN <= '1'; EQUALN <= '0';
              ELSE
              P_GR_PN <= '1'; EQUALN <= '1';
          END IF;
      END PROCESS;
END example;
```

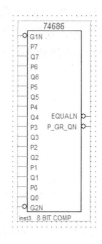

图 3.53　74686 的元件符号

在源程序中设置变量 P 和 Q 分别代表 P7~P0 和 Q7~Q0 两个 8 位二进制数,使程序更加简明。74686 的仿真波形如图 3.54 所示,仿真结果验证了设计的正确性。

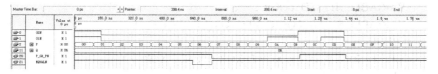

图 3.54　74686 的仿真波形

3.6 奇偶校验器的设计

奇偶校验器用于检测数据中包含"1"的个数是奇数还是偶数,在计算机和一些数字通信系统中,常用奇偶校验器来检查数据传输和数码记录中是否存在错误。常用的奇偶校验器集成电路产品有 8 位奇偶产生器/校验器 74180 和 9 位奇偶产生器 74280,下面以这些芯片为例,介绍基于 VHDL 的奇偶产生器/校验器的设计。

3.6.1 8 位奇偶产生器/校验器 74180 的设计

8 位奇偶产生器/校验器 74180 的元件符号如图 3.55 所示,逻辑功能如表 3.15 所示。其中 A~H 是 8 位数据输入端;EVNI 和 ODDI 是两个控制信号输入端;EVNS 是偶校验输出端,ODDS 是奇校验输出端。当控制输入 EVNI = 1 且 ODDI = 0 时,若 8 位数据输入 A~H 中"1"的个数为偶数,则偶输出 EVNS = 1,奇输出 ODDS = 0;若 A~H 中"1"的个数为奇数,则 EVNS = 0, ODDS = 1;当 EVNI = 0 且 ODDI = 1 时,若 A~H 中"1"的个数为偶数,则 EVNS = 0, ODDS = 1;若 A~H 中"1"的个数为奇数,则 EVNS = 1, ODDS = 0;当 EVNI = 1 且 ODDI = 1 时,不管 A~H 中"1"的个数为偶数还是奇数,均有 EVNS = 0, ODDS = 0;当 ODDS = 0, EVNI = 0 时,不管 A~H 中"1"的个数为偶数还是奇数,均有 EVNS = 1, ODDS = 1。74180 除了能校验 A~H 中奇偶性外,还能在输出端(EVNS 或者 ODDS)产生一个"1"或"0",与输入 A~H 组成奇数个"1"或偶数个"1",因此器件名称为"奇偶产生器/校验器"。

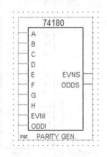

图 3.55 74180 的元件符号

表 3.15 74180 的功能表

输 入			输 出	
A~H 中"1"的个数	EVNI	ODDI	EVNS	ODDS
偶数	1	0	1	0
偶数	0	1	0	1
奇数	1	0	0	1
奇数	0	1	1	0
x	1	1	0	0
x	0	0	1	1

根据奇偶产生器/校验器的功能,基于 VHDL 编写的源程序 CT74180.vhd 如下:

```
LIBRARY IEEE;
USE IEEE.STD_LOGIC_1164.ALL;
USE IEEE.STD_LOGIC_UNSIGNED.ALL;
ENTITY CT74180 IS
   PORT(A,B,C,D,E,F,G,H,EVNI,ODDI:IN STD_LOGIC;
        EVNS,ODDS:OUT STD_LOGIC);
END CT74180;
ARCHITECTURE example OF CT74180 IS
BEGIN
    PROCESS(A,B,C,D,E,F,G,H,EVNI,ODDI)
      VARIABLE H1: STD_LOGIC;
      VARIABLE S: STD_LOGIC_VECTOR(1 DOWNTO 0);
     BEGIN
       H1:=(A XOR B XOR C XOR D XOR E XOR F XOR G XOR H);
       S:=(EVNI&ODDI);
```

```
            CASE S IS
                WHEN "00"=>EVNS<='1';ODDS<='1';
                WHEN "01"=> IF (H1='0') THEN
                                EVNS<='0';ODDS<='1';
                              ELSE EVNS<='1';ODDS<='0';
                            END IF;
                WHEN "10"=> IF (H1='0') THEN
                                EVNS<='1';ODDS<='0';
                              ELSE EVNS<='0';ODDS<='1';
                            END IF;
                WHEN "11"=> EVNS<='0';ODDS<='0';
            END CASE;
        END PROCESS;
    END example;
```

在源程序中，用"H1:=(A XOR B XOR C XOR D XOR E XOR F XOR G XOR H);"语句对输入 A~H 的数据进行异或运算，将 1 位结果送到 H1 中，如果 H1=1，表示 A~H 数据中"1"的个数为奇数；若 H1=0，表示 A~H 数据中"1"的个数为偶数。

74180 的仿真波形如图 3.56 所示，图中的 A_H 是输入 A~H 的组合，并用二进制表示。仿真结果验证了设计的正确性。

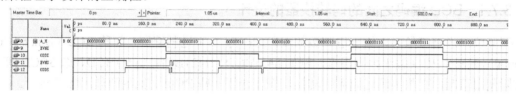

图 3.56　74180 的仿真波形

3.6.2　9 位奇偶产生器 74280

9 位奇偶校验器 74280 的元件符号如图 3.57 所示，其中 A~I 是 9 位数据输入端，ODD 是奇校验输出端，EVEN 是偶校验输出端。当 A~I 数据中"1"的个数为奇数时，ODD=1，EVEN=0；当 A~I 数据中"1"的个数为偶数时，ODD=0，EVEN=1。根据 9 位奇偶产生器的功能，基于 VHDL 编写的源程序 CT74280.vhd 如下：

```
LIBRARY IEEE;
USE IEEE.STD_LOGIC_1164.ALL;
USE IEEE.STD_LOGIC_UNSIGNED.ALL;
ENTITY CT74280 IS
    PORT(A,B,C,D,E,F,G,H,I:IN STD_LOGIC;
         EVEN,ODD:OUT STD_LOGIC);
END CT74280;
ARCHITECTURE example OF CT74280 IS
    BEGIN
        PROCESS(A,B,C,D,E,F,G,H,I)
            VARIABLE S: STD_LOGIC;
            BEGIN
                S:=(A XOR B XOR C XOR D XOR E XOR F XOR G XOR H XOR I);
                IF (S='1') THEN EVEN<='0';ODD<='1';
                    ELSE EVEN<='1';ODD<='0';
```

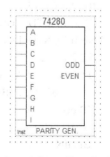

图 3.57　74280 的元件符号

```
        END IF;
    END PROCESS;
END example;
```

在源程序中，用"S:=(A XOR B XOR C XOR D XOR E XOR F XOR G XOR H XOR I);"语句对输入 A～I 的数据进行异或运算，将 1 位结果送到 S 中，如果 S=1，表示 A～I 数据中"1"的个数为奇数；若 S=0，表示 A～I 数据中"1"的个数为偶数。74280 的仿真波形如图 3.58 所示，图中的 A_I 是输入 A～I 的组合，并用二进制数表示。仿真结果验证了设计的正确性。

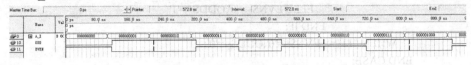

图 3.58　74280 的仿真波形

3.7　码转换器的设计

在数字电路中，码转换器用于完成各种编码之间的转换，例如各种 BCD 编码之间、各种数制之间、明码与密码之间的转换。下面以这些转换为例，介绍基于 VHDL 的码转换器的设计。

3.7.1　BCD 编码之间的码转换器的设计

用 4 位二进制符号对 1 位十进制数的编码，称为二-十进制编码，简称 BCD（Binary-Coded Decimal）编码。BCD 编码种类很多，例如 8421BCD、2421BCD、5211BCD、余 3BCD 等。根据实际使用情况，有些编码之间需要转换，下面介绍一些 BCD 之间的码转换器的设计。

1．8421BCD 到余 3BCD 的码转换器的设计

用于表示 1 位十进制数的 4 位二进制符号的权值依次为 2^3（8）、2^2（4）、2^1（2）和 2^0（1）的二-十进制编码称为 8421BCD 编码，余 3BCD 是比 8421BCD 多余 3 的编码。8421BCD 到余 3BCD 的码转换器的元件符号如图 3.59 所示，逻辑功能（码转换表）如表 3.16 所示。其中，A3、A2、A1 和 A0 是 4 位 8421BCD 码输入端，B3、B2、B1 和 B0 是 4 位余 3BCD 码输出端。

根据 8421BCD 到余 3BCD 的码转换器的功能，基于 VHDL 编写的源程序 bcd8421_bcd3.vhd 如下：

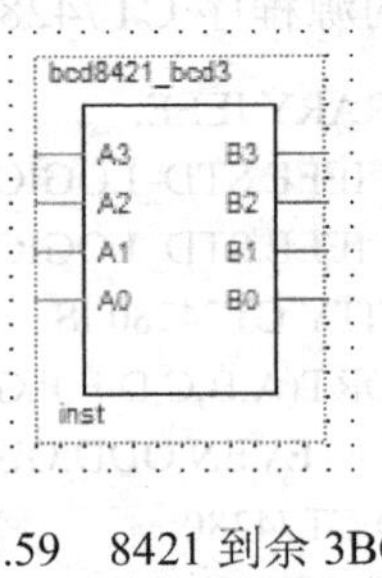

```
LIBRARY IEEE;
USE IEEE.STD_LOGIC_1164.ALL;
USE IEEE.STD_LOGIC_UNSIGNED.ALL;
ENTITY bcd8421_bcd3 IS
    PORT(A3,A2,A1,A0:IN STD_LOGIC;
         B3,B2,B1,B0:OUT STD_LOGIC);
END bcd8421_bcd3;
ARCHITECTURE example OF bcd8421_bcd3 IS
BEGIN
    PROCESS(A3,A2,A1,A0)
    --VARIABLE H: STD_LOGIC_VECTOR(0 TO 7);
    VARIABLE S,H: STD_LOGIC_VECTOR(3 DOWNTO 0);
    BEGIN
    S:=(A3&A2&A1&A0);
        CASE S IS
```

图 3.59　8421 到余 3BCD 转换器的元件符号

```
            WHEN "0000"=>H:="0011";
            WHEN "0001"=>H:="0100";
            WHEN "0010"=>H:="0101";
            WHEN "0011"=>H:="0110";
            WHEN "0100"=>H:="0111";
            WHEN "0101"=>H:="1000";
            WHEN "0110"=>H:="1001";
            WHEN "0111"=>H:="1010";
            WHEN "1000"=>H:="1011";
            WHEN "1001"=>H:="1100";
            WHEN OTHERS=>H:="0000";
         END CASE;
         (B3,B2,B1,B0)<=H;
      END PROCESS;
    END example;
```

表 3.16 码转换表

A3 A2 A1 A0	B3 B2 B1 B0
0 0 0 0	0 0 1 1
0 0 0 1	0 1 0 0
0 0 1 0	0 1 0 1
0 0 1 1	0 1 1 0
0 1 0 0	0 1 1 1
0 1 0 1	1 0 0 0
0 1 1 0	1 0 0 1
0 1 1 1	1 0 1 0
1 0 0 0	1 0 1 1
1 0 0 1	1 1 0 0

在源程序中，用 case 语句来完成码转换，case 语句的选择值是 8421BCD 的 10 种组合，每一种选择值对应的语句就是编码的结果。对于 8421BCD 的 10 种组合以外的选择值（有 6 种），用"WHEN OTHERS=>H:="0000";"语句处理。

8421BCD 到余 3BCD 的码转换器的仿真波形如图 3.60 所示，在仿真波形中，用 A 表示 A3、A2、A1 和 A0 的组合；用 B 表示 B3、B2、B1 和 B0 的组合。仿真结果验证了设计的正确性。

图 3.60　8421BCD 到余 3BCD 的码转换器的仿真波形

根据 8421BCD 到余 3BCD 的码转换器的逻辑功能，实际用语句"(B3,B2,B1,B0)<=S+"0011";"（S 表示 A3、A2、A1 和 A0）就可以完成转换，使源程序更简单，具体源程序 bcd8421_bcd3_1.vhd 如下：

```
    LIBRARY IEEE;
    USE IEEE.STD_LOGIC_1164.ALL;
    USE IEEE.STD_LOGIC_UNSIGNED.ALL;
    ENTITY bcd8421_bcd3_1 IS
       PORT(A3,A2,A1,A0:IN STD_LOGIC;
            B3,B2,B1,B0:OUT STD_LOGIC);
    END bcd8421_bcd3_1;
    ARCHITECTURE example OF bcd8421_bcd3_1 IS
       BEGIN
         PROCESS(A3,A2,A1,A0)
           VARIABLE S: STD_LOGIC_VECTOR(3 DOWNTO 0);
           BEGIN
             S:=(A3&A2&A1&A0);
             (B3,B2,B1,B0)<=S+"0011";
         END PROCESS;
    END example;
```

源程序的仿真波形见图 3.60。

2．8421BCD 到 5211BCD 的码转换器的设计

8421BCD 到 5211BCD 的码转换器的元件符号如图 3.61 所示，逻辑功能如表 3.17 所示。其中，

A3、A2、A1 和 A0 是 4 位 8421BCD 码输入端，B3、B2、B1 和 B0 是 4 位 5211BCD 码输出端。

根据 8421BCD 到 5211BCD 的码转换器的功能，基于 VHDL 编写的源程序 bcd8421_5211.vhd 如下：

```
LIBRARY IEEE;
USE IEEE.STD_LOGIC_1164.ALL;
USE IEEE.STD_LOGIC_UNSIGNED.ALL;
ENTITY bcd8421_5211 IS
  PORT(A3,A2,A1,A0:IN STD_LOGIC;
       B3,B2,B1,B0:OUT STD_LOGIC);
END bcd8421_5211;
ARCHITECTURE example OF bcd8421_5211 IS
  BEGIN
    PROCESS(A3,A2,A1,A0)
      --VARIABLE H: STD_LOGIC_VECTOR(0 TO 7);
      VARIABLE S,H: STD_LOGIC_VECTOR(3 DOWNTO 0);
    BEGIN
      S:=(A3&A2&A1&A0);
      CASE  S IS
        WHEN "0000"=>H:="0001";
        WHEN "0001"=>H:="0010";
        WHEN "0010"=>H:="0101";
        WHEN "0011"=>H:="0111";
        WHEN "0100"=>H:="0111";
        WHEN "0101"=>H:="1000";
        WHEN "0110"=>H:="1001";
        WHEN "0111"=>H:="1100";
        WHEN "1000"=>H:="1101";
        WHEN "1001"=>H:="1111";
        WHEN OTHERS=>H:="0000";
      END CASE;
      (B3,B2,B1,B0)<=H;
    END PROCESS;
END example;
```

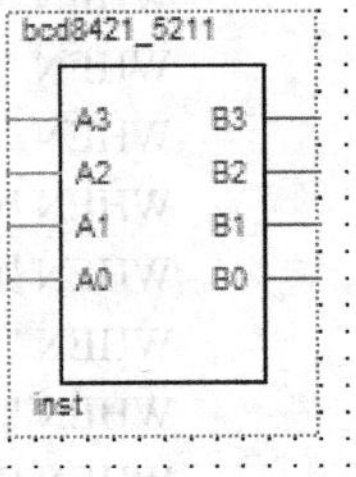

图 3.61 8421 到 5211BCD 转换器的元件符号

表 3.17 码转换表

A3 A2 A1 A0	B3 B2 B1 B0
0 0 0 0	0 0 0 0
0 0 0 1	0 0 0 1
0 0 1 0	0 1 0 0
0 0 1 1	0 1 0 1
0 1 0 0	0 1 1 1
0 1 0 1	1 0 0 0
0 1 1 0	1 0 0 1
0 1 1 1	1 1 0 0
1 0 0 0	1 1 0 1
1 0 0 1	1 1 1 1

8421BCD 到 5211BCD 的码转换器的仿真波形如图 3.62 所示，在仿真波形中，用 A 表示 A3、A2、A1 和 A0 的组合，用 B 表示 B3、B2、B1 和 B0 的组合。仿真结果验证了设计的正确性。

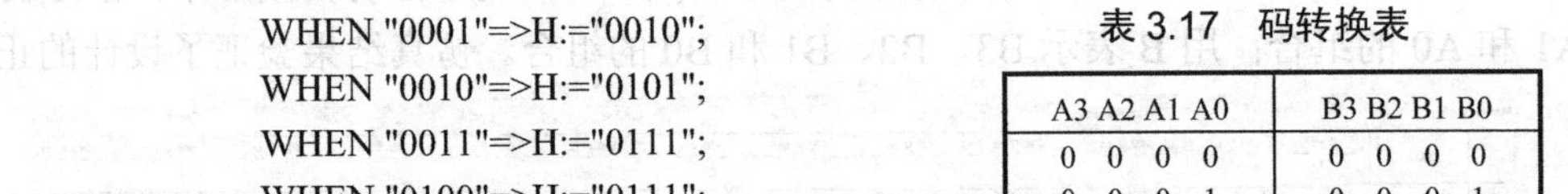

图 3.62 8421BCD 到 5211BCD 的码转换器的仿真波形

3.7.2 数制之间的码转换器的设计

在数字电路和计算机中，主要使用十进制、二进制、八进制和十六进制数制，它们之间常常需要相互转换。例如，人们在使用计算机时，通过键盘向计算机输入十进制数，计算机要把这些数转换为二进制数才能进行处理；计算机处理好的数据是二进制的，需要转换为十进制数，便于人类识别。下面介绍基于 VHDL 的数制转换器的设计。

1. 二-十进制转换器的设计

二-十进制转换器是将二进制数转换为十进制数的器件。将二进制整数转换为十进制整数的原理是以二进制整数为被除数,不断除以 10,直至除到 0 为止。每除一次 10 得到一个余数,首先得到的余数的十进制数的权值最低,最后得到的余数的权值最高。下面介绍 8 位二-十进制转换器的设计。

8 位二-十进制转换器的元件符号如图 3.63 所示,A7~A0 是 8 位二进制数的输入端,A7 是最高位(2^7 权值),A0 是最低位(2^0 权值);B2[3..0]、B1[3..0]和 B0[3..0]是 3 位十进制数的输出端,B2[3..0]是最高位(10^2 权值),B0[3..0]是最低位(10^0 权值),每位十进制数都是 8421BCD 编码。

根据二-十进制转换器的工作原理,基于 VHDL 编写的源程序 binary_bcd.vhd 如下:

```
LIBRARY IEEE;
USE IEEE.STD_LOGIC_1164.ALL;
USE IEEE.STD_LOGIC_UNSIGNED.ALL;
ENTITY binary_bcd IS
    PORT(A7,A6,A5,A4,A3,A2,A1,A0:IN INTEGER RANGE 1 DOWNTO 0;
         B2,B1,B0:OUT INTEGER RANGE 9 DOWNTO 0);
END binary_bcd;
ARCHITECTURE example OF binary_bcd IS
  BEGIN
    PROCESS(A7,A6,A5,A4,A3,A2,A1,A0)
      VARIABLE S: INTEGER RANGE 255 DOWNTO 0;
      BEGIN
        S:=A7*128+A6*64+A5*32+A4*16+A3*8+A2*4+A1*2+A0*1;
        B0<=S REM 10;      --求余
        S :=S/10;          --整除
        B1<=S REM 10;
        S :=S/10;
        B2<=S REM 10;
      END PROCESS;
END example;
```

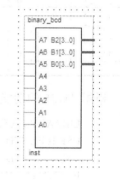

图 3.63 二-十进制转换器的元件符号

在源程序中,用整型型变量 S 来接收 8 位二进制数按权展开的结果,并存放除以 10 的商。8 位二进制数转换为 3 位十进制数,仅需要进行 3 次除法,便得到结果。第 1 次除以 10 的余数保存在 B0 中,然后用 S 保存商;第 2 次用商(保存在 S 中)除以 10 的余数保存在 B1 中,然后用 S 保存商;第 3 次用商(保存在 S 中)除以 10 的余数保存在 B2 中。

8 位二-十进制转换器的仿真波形如图 3.64 所示,在仿真波形中用 A 表示 A7~A0 输入,用 B 表示 B2~B0 输出。当 A=11111111 时,转换为 255。仿真结果验证了设计的正确性。

图 3.64 8 位二-十进制转换器的仿真波形

2. 集成二-十进制转换器 74185 的设计

集成二-十进制转换器 74185 是完成 6 位二进制数到 2 位 BCD 数转换的器件,其逻辑功能如表 3.18 所示。表中的 GN 是使能控制输入端,低电平有效,当 GN=0 时允许转换,GN=1 时禁止转换，输出全部为高电平；D5、D4、D3、D2 和 D1 是二进制数输入端，权值依次为 2^5、2^4、2^3、2^2 和 2^1，代表 6 位二进制数的高 5 位数值；Y6、Y5、Y4、Y3、Y2 和 Y1 是 BCD 码输出端，由 Y6、Y5 和 Y4 构成十位（10^1 权值）BCD 码的低 3 位。因为转换时 BCD 数的十位不超过 6，因此省略了最高位（Y7）；由 Y3、Y2 和 Y1 构成个位（10^0 权值）BCD 码的高 3 位，因为转换后的个位数的最低位（Y0）与输入的二进制数最低位 Y0（2^0 权值）总是相同的，因此省略了 Y0，使用时直接将 Y0 与 D0 相连。

表 3.18 74185 的功能表

BCD	GN	D5D4D3D2D1	Y6Y5Y4Y3Y2Y1	BCD	GN	D5D4D3D2D1	Y6Y5Y4Y3Y2Y1
0～1	0	0 0 0 0 0	0 0 0 0 0 0	32～33	0	1 0 0 0 0	0 1 1 0 0 1
2～3	0	0 0 0 0 1	0 0 0 0 0 1	34～35	0	1 0 0 0 1	0 1 1 0 1 0
4～5	0	0 0 0 1 0	0 0 0 0 1 0	36～37	0	1 0 0 1 0	0 1 1 0 1 1
6～7	0	0 0 0 1 1	0 0 0 0 1 1	38～39	0	1 0 0 1 1	0 1 1 1 0 0
8～9	0	0 0 1 0 0	0 0 0 1 0 0	40～41	0	1 0 1 0 0	1 0 0 0 0 0
10～11	0	0 0 1 0 1	0 0 1 0 0 0	42～43	0	1 0 1 0 1	1 0 0 0 0 1
12～13	0	0 0 1 1 0	0 0 1 0 0 1	44～45	0	1 0 1 1 0	1 0 0 0 1 0
14～15	0	0 0 1 1 1	0 0 1 0 1 0	46～47	0	1 0 1 1 1	1 0 0 0 1 1
16～17	0	0 1 0 0 0	0 0 1 0 1 1	48～49	0	1 1 0 0 0	1 0 0 1 0 0
18～19	0	0 1 0 0 1	0 0 1 1 0 0	50～51	0	1 1 0 0 1	1 0 1 0 0 0
20～21	0	0 1 0 1 0	0 1 0 0 0 0	52～53	0	1 1 0 1 0	1 0 1 0 0 1
22～23	0	0 1 0 1 1	0 1 0 0 0 1	54～55	0	1 1 0 1 1	1 0 1 0 1 0
24～25	0	0 1 1 0 0	0 1 0 0 1 0	56～57	0	1 1 1 0 0	1 0 1 0 1 1
26～27	0	0 1 1 0 1	0 1 0 0 1 1	58～59	0	1 1 1 0 1	1 0 1 1 0 0
28～29	0	0 1 1 1 0	0 1 0 1 0 0	60～61	0	1 1 1 1 0	1 1 0 0 0 0
30～31	0	0 1 1 1 1	0 1 1 0 0 0	62～63	0	1 1 1 1 1	1 1 0 0 0 1
	1	x x x x x	1 1 1 1 1 1		1	x x x x x	1 1 1 1 1 1

根据 74185 的功能，基于 VHDL 编写的源程序 CT74185.vhd 如下：

图 3.65 CT74185 的元件符号

```
LIBRARY IEEE;
USE IEEE.STD_LOGIC_1164.ALL;
USE IEEE.STD_LOGIC_UNSIGNED.ALL;
ENTITY CT74185 IS
    PORT(GN,D5,D4,D3,D2,D1,D0:IN STD_LOGIC;
         Y7,Y6,Y5,Y4,Y3,Y2,Y1,Y0:OUT STD_LOGIC);
END CT74185;
ARCHITECTURE example OF CT74185 IS
BEGIN
    PROCESS(GN,D5,D4,D3,D2,D1,D0)
        VARIABLE H: STD_LOGIC_VECTOR(6 DOWNTO 1);
        VARIABLE S: STD_LOGIC_VECTOR(5 DOWNTO 1);
    BEGIN
        S:=(D5&D4&D3&D2&D1);
        IF(GN='0') THEN Y7<='0';Y0<=D0;
           CASE S IS
               WHEN "00000"=>H:="000000";WHEN "00001"=>H:="000001";
               WHEN "00010"=>H:="000010";WHEN "00011"=>H:="000011";
               WHEN "00100"=>H:="000100";WHEN "00101"=>H:="001000";
               WHEN "00110"=>H:="001001";WHEN "00111"=>H:="001010";
               WHEN "01000"=>H:="001011";WHEN "01001"=>H:="001100";
               WHEN "01010"=>H:="010000";WHEN "01011"=>H:="010001";
               WHEN "01100"=>H:="010010";WHEN "01101"=>H:="010011";
               WHEN "01110"=>H:="010100";WHEN "01111"=>H:="011000";
               WHEN "10000"=>H:="011001";WHEN "10001"=>H:="011010";
```

```
            WHEN "10010"=>H:="011011";WHEN "10011"=>H:="011100";
            WHEN "10100"=>H:="100000";WHEN "10101"=>H:="100001";
            WHEN "10110"=>H:="100010";WHEN "10111"=>H:="100011";
            WHEN "11000"=>H:="100100";WHEN "11001"=>H:="101000";
            WHEN "11010"=>H:="101001";WHEN "11011"=>H:="101010";
            WHEN "11100"=>H:="101011";WHEN "11101"=>H:="101100";
            WHEN "11110"=>H:="110000";WHEN "11111"=>H:="110001";
            WHEN OTHERS=>H:="111111";
          END CASE;
     ELSE H:=("111111");Y7<='1';Y0<='1';
     END IF;
        (Y6,Y5,Y4,Y3,Y2,Y1)<=H;
     END PROCESS;
   END example;
```

为了方便使用和仿真波形观察，在源程序中增加二进制数的最低位 D0（2^0 权值）输入端，还增加了输出 BCD 码的最高位 Y7（权值为 10×2^3）和最低位 Y0（权值为 1），组成完整的 2 位 BCD 数。由源程序生成的 74185 的元件符号如图 3.65 所示。

74185 的仿真波形如图 3.66 所示，在波形图中用 D 表示 D5～D0，用 Y 表示 Y7～Y0。当 D="000000" 时，Y="00"；当 D="111111" 时，Y="63"。仿真结果验证了设计的正确性。

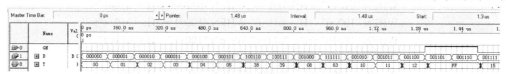

图 3.66　74185 的仿真波形

3. 集成十-二进制转换器 74184 的设计

集成十-二进制转换器 74184 是完成 2 位 BCD 数到 6 位二进制数转换的器件，其逻辑功能如表 3.19 所示，GN 是使能控制输入端，低电平有效，当 GN=0 时允许转换，GN=1 时禁止转换，输出全部为高电平；D5 和 D4 是十位（10^1 权值）BCD 的低两位数，D3、D2 和 D1 是个位（10^0 权值）BCD 的高 3 位数输入端，Y5、Y4、Y3、Y2 和 Y1 是 6 位二进制数的高 5 位输出端，权值依次为 2^5、2^4、2^3、2^2 和 2^1。因为转换时 BCD 数的个位数最低位 D0（10^0 权值）与输出的二进制数最低位 Y0（2^0 权值）总是相同的，因此省略了 D0 和 Y0，使用时直接将 D0 与 Y0 相连。

表 3.19　74184 的功能表

BCD	GN	D5D4D3D2D1	Y5Y4Y3Y2Y1	BCD	GN	D5D4D3D2D1	Y5Y4Y3Y2Y1
0～1	0	0 0 0 0 0	0 0 0 0 0	24～25	0	1 0 0 1 0	0 1 1 0 0
2～3	0	0 0 0 0 1	0 0 0 0 1	26～27	0	1 0 0 1 1	0 1 1 0 1
4～5	0	0 0 0 1 0	0 0 0 1 0	28～29	0	1 0 1 0 0	0 1 1 1 0
6～7	0	0 0 0 1 1	0 0 0 1 1	30～31	0	1 1 0 0 0	0 1 1 1 1
8～9	0	0 0 1 0 0	0 0 1 0 0	32～33	0	1 1 0 0 1	1 0 0 0 0
10～11	0	0 1 0 0 0	0 0 1 0 1	34～35	0	1 1 0 1 0	1 0 0 0 1
12～13	0	0 1 0 0 1	0 0 1 1 0	36～37	0	1 1 0 1 1	1 0 0 1 0
14～15	0	0 1 0 1 0	0 0 1 1 1	38～39	0	1 1 1 0 0	1 0 0 1 1
16～17	0	0 1 0 1 1	0 1 0 0 0				
18～19	0	0 1 1 0 0	0 1 0 0 1				
20～21	0	1 0 0 0 0	0 1 0 1 0				
22～23	0	1 0 0 0 1	0 1 0 1 1				
	1	x x x x x	1 1 1 1 1 1				

根据十-二进制转换器 74184 的功能，基于 VHDL 编写的源程序 CT74184.vhd 如下：

```
LIBRARY IEEE;
USE IEEE.STD_LOGIC_1164.ALL;
USE IEEE.STD_LOGIC_UNSIGNED.ALL;
ENTITY CT74184 IS
    PORT(GN,D7,D6,D5,D4,D3,D2,D1,D0:IN STD_LOGIC;
         Y5,Y4,Y3,Y2,Y1,Y0:OUT STD_LOGIC);
END CT74184;
ARCHITECTURE example OF CT74184 IS
  BEGIN
      PROCESS(GN,D7,D6,D5,D4,D3,D2,D1,D0)
        VARIABLE H: STD_LOGIC_VECTOR(5 DOWNTO 1);
        VARIABLE S: STD_LOGIC_VECTOR(5 DOWNTO 1);
       BEGIN
       S:=(D5&D4&D3&D2&D1);
       IF(GN='0') THEN Y0<=D0;
         CASE S IS
            WHEN "00000"=>H:="00000";WHEN "00001"=>H:="00001";
            WHEN "00010"=>H:="00010";WHEN "00011"=>H:="00011";
            WHEN "00100"=>H:="00100";WHEN "01000"=>H:="00101";
            WHEN "01001"=>H:="00110";WHEN "01010"=>H:="00111";
            WHEN "01011"=>H:="01000";WHEN "01100"=>H:="01001";
            WHEN "10000"=>H:="01010";WHEN "10001"=>H:="01011";
            WHEN "10010"=>H:="01100";WHEN "10011"=>H:="01101";
            WHEN "10100"=>H:="01110";WHEN "11000"=>H:="01111";
            WHEN "11001"=>H:="10000";WHEN "11010"=>H:="10001";
            WHEN "11011"=>H:="10010";WHEN "11100"=>H:="10011";
            WHEN   OTHERS=>H:="11111";
         END CASE;
         ELSE H:=("11111");Y0<='1';
       END IF;
        (Y5,Y4,Y3,Y2,Y1)<=H;
      END PROCESS;
END example;
```

图 3.67 74184 的元件符号

为了方便使用和仿真波形观察，在源程序中增加十进制数 D7、D6 和 D0 位输入端，组成完整的 2 位 BCD 数，还增加了输出二进制数最低位 Y0（权值为 2^0）。由源程序生成的 74184 的元件符号如图 3.67 所示。

74184 的仿真波形如图 3.68 所示，在波形图中用 D 表示 D7～D0，用 Y 表示 Y5～Y0。当 D="30" 时，Y="011110"；当 D="38" 时，Y="100110"。仿真结果验证了设计的正确性。

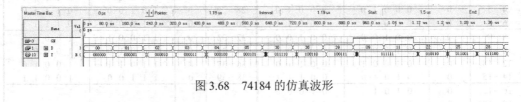

图 3.68 74184 的仿真波形

3.7.3 明码与密码转换器的设计

明码和密码都是表示某种信息的编码，但明码是公开的，人人都可以清楚和使用，例如明码电报、莫尔斯电码（Morse code）等。密码是某种编码的基础上，用算法将这些编码扰乱，使一般人不清楚其中的含义。例如，在数字通信领域，对于一些重要的通话需要保密，就在普通通话中"加密"，使其变为密码通信。加密就是明码中加"密钥"，密钥是一种参数，它是在明文转换为密文或将密文转换为明文的算法中输入的参数。

下面以4位二进制码与4位循环码为例，就是明码与密码转换器的设计方法。

1. 位二进制码到4位循环码的转换器设计

4位二进制码到4位循环码的转换器的元件符号如图3.69所示，它们的编码如表3.20所示其中，A3、A2、A1和A0是4位二进制码的输入端，权值依次为2^3、2^2、2^1和2^0；B3、B2、B1和B0是4位循环码的输出端。4位输出由B3=A3、B2=A3⊕A2、B1=A2⊕A1、B0=A1⊕A0得到。

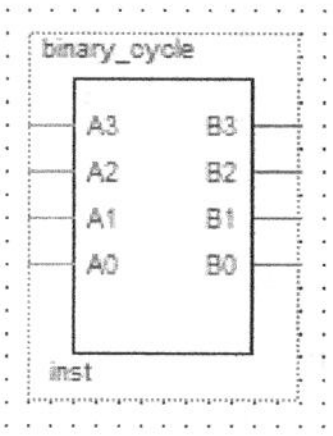

图 3.69 转换器的元件符号

表 3.20 二进制码和循环码的编码表

二进制码 A3A2A1A0	循环码 B3B2B1B0	二进制码 A3A2A1A0	循环码 B3B2B1B0
0 0 0 0	0 0 0 0	1 0 0 0	1 1 0 0
0 0 0 1	0 0 0 1	1 0 0 1	1 1 0 1
0 0 1 0	0 0 1 1	1 0 1 0	1 1 1 1
0 0 1 1	0 0 1 0	1 0 1 1	1 1 1 0
0 1 0 0	0 1 1 0	1 1 0 0	1 0 1 0
0 1 0 1	0 1 1 1	1 1 0 1	1 0 1 1
0 1 1 0	0 1 0 1	1 1 1 0	1 0 0 1
0 1 1 1	0 1 0 0	1 1 1 1	1 0 0 0

根据4位二进制码到4位循环码的转换器的工作原理，基于VHDL编写的源程序binary_cycle.vhd如下：

```
LIBRARY IEEE;
USE IEEE.STD_LOGIC_1164.ALL;
USE IEEE.STD_LOGIC_UNSIGNED.ALL;
ENTITY binary_cycle IS
  PORT(A3,A2,A1,A0:IN STD_LOGIC;
       B3,B2,B1,B0:OUT STD_LOGIC);
END binary_cycle;
ARCHITECTURE example OF binary_cycle IS
  BEGIN
    B3<=A3;          B2<=A3 XOR A2;
    B1<=A2 XOR A1;   B0<=A1 XOR A0;
END example;
```

4位二进制码到4位循环码的转换器的仿真波形如图3.70所示，在图中用A表示二进制码A3、A2、A1和A0输入，用B表示循环码B3、B2、B1和B0输出，设计电路将4位二进制码转换为4位循环码。仿真结果验证了设计的正确性。

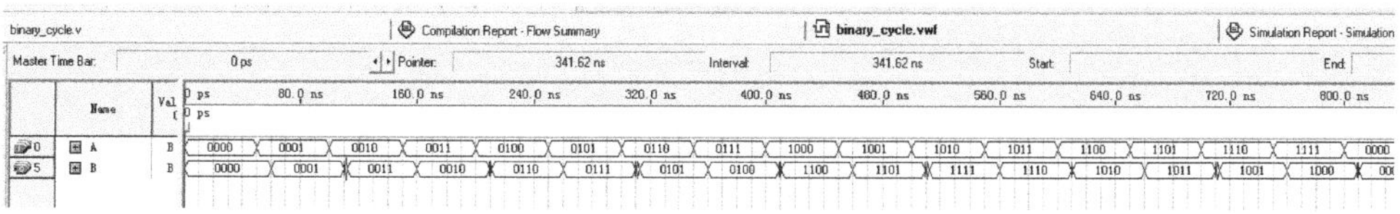

图 3.70 4位二进制码到4位循环码的转换器的仿真波形

2. 4位循环码到4位二进制码的转换器设计

4位循环码到4位二进制码的转换器的元件符号见图3.69，它们的编码见表3.20。其中，A3、A2、A1和A0是4位循环码的输入端；B3、B2、B1和B0是4位二进制码的输出端。4位输出由B3=A3、B2=A3⊕A2、B1=A3⊕A2⊕A1、B0=A3⊕A2⊕A1⊕A0得到。

根据4位循环码到4位二进制码的转换器的工作原理，基于VHDL编写的源程序cycle_binary.vhd如下：

```
LIBRARY IEEE;
USE IEEE.STD_LOGIC_1164.ALL;
USE IEEE.STD_LOGIC_UNSIGNED.ALL;
ENTITY cycle_binary IS
    PORT(A3,A2,A1,A0:IN STD_LOGIC;
         B3,B2,B1,B0:OUT STD_LOGIC);
END cycle_binary;
ARCHITECTURE example OF cycle_binary IS
    BEGIN
        B3<=A3;                    B2<=A3 XOR A2 ;
        B1<=A3 XOR A2 XOR A1;  B0<=A3 XOR A2 XOR A1 XOR A0;
END example;
```

4位循环码到4位二进制码的转换器的仿真波形如图3.71所示，在图中用A表示循环码A3、A2、A1和A0输入，用B表示二进制码B3、B2、B1和B0输出，设计电路将4位循环码还原为4位二进制码。仿真结果验证了设计的正确性。

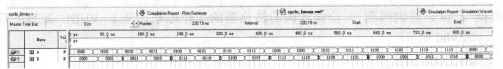

图3.71 4位循环码到4位二进制码的转换器的仿真波形

第 4 章 触发器的设计

在数字电路中，触发器是具有记忆功能的器件，是构成时序逻辑电路的基本元件。用 HDL 设计的触发器可以作为共享的基本元件，保存在设计程序包（文件夹）中，供其他数字电路与系统设计调用。下面以 RS 触发器、D 触发器和 JK 触发器为例，介绍基于 VHDL 的触发器的设计。

4.1 RS 触发器的设计

RS 触发器分为基本 RS 触发器和钟控 RS 触发器。

4.1.1 基本 RS 触发器的设计

在传统的数字电路中，基本 RS 触发器由与非门或者或非门交叉耦合得到。用与非门交叉耦合构成的基本 RS 触发器的电路结构如图 4.1 所示。其特性表如表 4.1 所示。基于 VHDL 的基本 RS 触发器的设计可以采用结构描述和行为描述来实现。根据图 4.1 所示的电路结构，写出的基本 RS 触发器输出表达式为：

$$Q = \overline{\overline{S}_D \cdot \overline{Q}} \quad \overline{Q} = \overline{\overline{R}_D \cdot Q}$$

根据基本 RS 触发器的输出表达式，基于 VHDL 编写的源程序 RS_FF.vhd 如下：

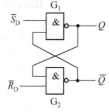

图 4.1 基本 RS 触发器的电路结构

表 4.1 基本 RS 触发器特性表

$\overline{R}_D$	$\overline{S}_D$	Q^n	Q^{n+1}
0	0	0	x
0	0	1	x
0	1	0	0
0	1	1	0
1	0	0	1
1	0	1	1
1	1	0	0
1	1	1	1

```
LIBRARY IEEE;
USE IEEE.STD_LOGIC_1164.ALL;
USE IEEE.STD_LOGIC_UNSIGNED.ALL;
ENTITY RS_FF IS
    PORT(SDN,RDN:IN STD_LOGIC;
         Q,QN:BUFFER STD_LOGIC);
END RS_FF;
ARCHITECTURE example OF RS_FF IS
    BEGIN
        Q  <= NOT(SDN AND QN);
        QN <= NOT(RDN AND Q);
END example;
```

在源程序中，用 Q、QN、SDN 和 RDN 分别作为基本 RS 触发器的 Q、$\overline{Q}$、$\overline{S}_D$ 和 $\overline{R}_D$ 端口的标识符。基于 VHDL 结构描述方式设计的基本 RS 触发器的仿真波形如图 4.2 所示。在仿真波形的 0～100.0ns 时间段，由于输入 SDN = 1 和 RDN = 1，使触发器处于保持功能，但该时间段是触发器上电时刻的初始阶段，其状态是随机的，即可能是 0 态，也可能是 1 态，因此仿真软件给出了保持未知"x"的结果。另外，在 400.0ns～600.0ns 阶段，由于两个输入有效（低电平）后同时（600.0ns 时刻）变为无效（高电平），因竞争使触发器输出出现高频振荡，这是基本 RS 触发器的约束条件,这种结果与用实际门电路构成的基本 RS 触发器的分析结果是吻合的。

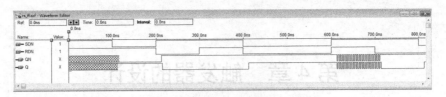

图 4.2 基本 RS 触发器的仿真波形

根据基本 RS 触发器的特性（见表 4.1），也可以用 VHDL 行为描述方式设计基本 RS 触发器。用行为描述方式设计电路时，可以避开约束，在约束条件来到时，让输出具有稳定的状态（0 或 1 态）。没有约束的基本 RS 触发器的源程序 RS_FF_1.vhd 如下：

```
LIBRARY IEEE;
USE IEEE.STD_LOGIC_1164.ALL;
USE IEEE.STD_LOGIC_UNSIGNED.ALL;
ENTITY RS_FF_1 IS
    PORT(SDN,RDN:IN STD_LOGIC;
         Q,QN:BUFFER STD_LOGIC);
END RS_FF_1;
ARCHITECTURE example OF RS_FF_1 IS
BEGIN
    PROCESS(SDN,RDN)
        VARIABLE S1,S2: STD_LOGIC_VECTOR(1 DOWNTO 0);
        BEGIN
        S1:=(SDN&RDN);
        CASE S1 IS
            WHEN "00"=> S2:="01";
            WHEN "01"=> S2:="10";
            WHEN "10"=> S2:="01";
            WHEN "11"=> S2:=S2;
        END CASE;
        (Q,QN)<= S2;
    END PROCESS;
END example;
```

基于 VHDL 行为描述方式设计的基本 RS 触发器的仿真波形如图 4.3 所示。在仿真波形中，当 SN=0 和 RN=0 两个输入有效时，电路也被置为 0 态，然后同时（520.0ns 时刻）变为无效（高电平），其结果仍然保持为 "0" 态，所以波形中没有出现图 4.2 所示的约束条件下的结果，而出现 Q = 0 和 QN = 1（即 0 态）的结果。仿真结果验证了设计的正确性。

图 4.3 行为描述方式设计的基本 RS 触发器的仿真波形

4.1.2 钟控 RS 触发器的设计

在时序逻辑电路中，为了保持系统各电路的统一操作，设计电路一般都有时钟控制端 CLK（clock）或 CP（clock pulse），钟控 RS 触发器就是增加了时钟控制的基本 RS 触发器。时钟控制有电平控制和边沿控制两种方式，电平控制方式是指在时钟脉冲的高电平或低电平阶段控制电路的变化；边沿控制方式是指在时钟脉冲的上升沿或下降沿到来瞬间控制电路的变化。边沿控制方式抗干扰能力强，因此在一般情况下设计时序电路，都采用边沿控制方式。

基于 VHDL 设计边沿控制的电路很方便，如果是时钟 CP 的上升沿有效，则用属性函数"CP 'EVENT AND CP='1'"来实现；而时钟的下降沿有效，则用属性函数"CP 'EVENT AND CP='0'"来实现。时钟的上升沿控制的 RS 触发器的 VHDL 源程序 RS_FF_3.vhd 如下：

```
LIBRARY IEEE;
USE IEEE.STD_LOGIC_1164.ALL;
USE IEEE.STD_LOGIC_UNSIGNED.ALL;
ENTITY RS_FF_3 IS
  PORT(CP,R,S:IN STD_LOGIC;
       Q,QN:BUFFER STD_LOGIC);
END RS_FF_3;
ARCHITECTURE example OF RS_FF_3 IS
  BEGIN
    PROCESS(CP,R,S)
      VARIABLE S1,S2: STD_LOGIC_VECTOR(1 DOWNTO 0);
      BEGIN
      S1:=(S&R);
      IF CP 'EVENT AND CP='1' THEN
        CASE S1 IS
          WHEN "00"=> S2:=S2;
          WHEN "01"=> S2:="01";
          WHEN "10"=> S2:="10";
          WHEN "11"=> S2:=S2;
        END CASE;
        (Q,QN)<= S2;
      END IF;
    END PROCESS;
END example;
```

在上升沿控制的 RS 触发器的 VHDL 源程序中，R 是置 0 控制端，高电平有效；S 是置 1 控制端，高电平有效；CP 是时钟控制端，上升沿有效。钟控 RS 触发器的仿真波形如图 4.4 所示，由仿真波形可以看出，在 CP 的上升沿到来时，如果 RS=01，则触发器被置为"1"态（Q=1，QN=0）；如果 RS=10，则触发器被置为"0"态（Q=0，QN=1）；如果 RS=00 或 RS=11，则触发器保持原态不变。仿真波形验证了设计的正确性。

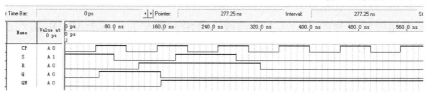

图 4.4　钟控 RS 触发器的仿真波形

4.2　D 触发器的设计

D 触发器有用时钟 CP 的电平（高电平或低电平）触发或时钟边沿（上升沿或下降沿）触发两种方式，两种触发方式输出结果是有区别的，为了区别不同触发方式的 D 触发器，一般把电平触发的触发器称为 D 锁存器，而边沿触发方式的触发器称为 D 触发器。

4.2.1 D 锁存器的设计

对于高电平触发的 D 锁存器说，当 CP＝0（低电平）时，触发器保持原来的状态不变；当 CP＝1（高电平）时，则输出 Q 与输入 D 的状态相同。根据 D 锁存器的功能，基于 VHDL 编写的源程序 D_FF_1.vhd 如下：

```
LIBRARY IEEE;
USE IEEE.STD_LOGIC_1164.ALL;
USE IEEE.STD_LOGIC_UNSIGNED.ALL;
ENTITY D_FF_1 IS
    PORT(CP,D:IN STD_LOGIC;
         Q,QN:BUFFER STD_LOGIC);
END D_FF_1;
ARCHITECTURE example OF D_FF_1 IS
  BEGIN
    PROCESS(CP,D)
      VARIABLE H: STD_LOGIC;
      BEGIN
        IF (CP='0') THEN H:=H;
          ELSE H:=D; END IF;
        Q<=H;QN<=NOT H;
    END PROCESS;
END example;
```

D 锁存器的仿真波形如图 4.5 所示，在仿真波形的 0～100.0ns 时间段，也由于 CP＝0 而保持了初始的未知"x"状态；当 CP=1 期间，如果 D=1 则 Q=1，如果 D=0 则 Q=0。仿真结果验证了设计的正确性。

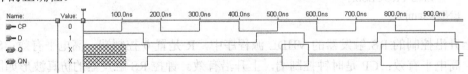

图 4.5 D 锁存器的仿真波形

4.2.2 D 触发器的设计

D 触发器是用时钟信号的边沿（上升沿或下降沿）触发的，基于 VHDL 编写的上升沿触发的 D 触发器的源程序 D_FF_2.vhd 如下：

```
LIBRARY IEEE;
USE IEEE.STD_LOGIC_1164.ALL;
USE IEEE.STD_LOGIC_UNSIGNED.ALL;
ENTITY D_FF_2 IS
    PORT(CP,D:IN STD_LOGIC;
         Q,QN:BUFFER STD_LOGIC);
END D_FF_2;
ARCHITECTURE example OF D_FF_2 IS
  BEGIN
```

```
    PROCESS(CP,D)
       VARIABLE H: STD_LOGIC;
       BEGIN
        IF CP 'EVENT AND CP='1' THEN
         H:=D;
         ELSE H:=H; END IF;
         Q<=H;QN<=NOT H;
       END PROCESS;
    END example;
```

在程序中，"CP 'EVENT AND CP='1'"是PROCESS进程属性函数，表示每个CP的上升沿到来时，执行一遍PROCESS进程中的语句。上升沿触发的D触发器的仿真波形如图4.6所示，当时钟CP的上升沿到来时，如果D=1则Q=1，如果D=0则Q=0。仿真结果验证了设计的正确性。请读者自行分析它与图4.5所示的D锁存器仿真波形的区别。

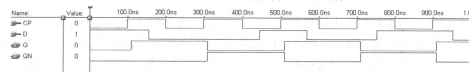

图4.6 D触发器的仿真波形

4.2.3 集成D触发器的设计

7474是双D触发器集成电路产品型号，其元件符号如图4.7所示。其中，1CLK和2CLK是两个D触发器的时钟输入端，上升沿有效；1PRN和2PRN是两个异步置位（置1）输入端，低电平有效；1CLRN和2CLRN是两个异步复位（置0）输入端，低电平有效；1D和2D是两个D输入端；1Q和1QN是第一个D触发器互补输出端，2Q和2QN是第二个D触发器互补输出端。

根据双D触发器的功能，基于VHDL编写的源程序CT7474.vhd如下：

```
LIBRARY IEEE;
USE IEEE.STD_LOGIC_1164.ALL;
USE IEEE.STD_LOGIC_UNSIGNED.ALL;
ENTITY CT7474 IS
   PORT(CLK1,CLK2,CLRN1,CLRN2,PRN1,PRN2,D1,D2:IN STD_LOGIC;
        Q1,Q1N,Q2,Q2N:BUFFER STD_LOGIC);
END CT7474;
ARCHITECTURE example OF CT7474 IS
   BEGIN
    PROCESS(CLK1,CLRN1,PRN1,D1)
       VARIABLE H1: STD_LOGIC;
       BEGIN
        IF (CLRN1='0') THEN
         H1:='0';
         ELSIF (PRN1='0') THEN
          H1:='1';
          ELSIF CLK1 'EVENT AND CLK1='1' THEN
           H1:=D1;
           ELSE H1:=H1;END IF;
         Q1<=H1;Q1N<=NOT H1;
```

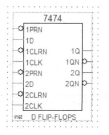

图4.7 7474元件符号

```
        END PROCESS;
        PROCESS(CLK2,CLRN2,PRN2,D2)
          VARIABLE H2: STD_LOGIC;
          BEGIN
          IF (CLRN2='0') THEN
             H2:='0';
            ELSIF (PRN2='0') THEN
               H2:='1';
              ELSIF CLK2 'EVENT AND CLK2='1' THEN
                H2:=D2;
               ELSE H2:=H2;END IF;
          Q2<=H2;Q2N<=NOT H2;
        END PROCESS;
       END example;
```

在源程序中，由于标识符不能以数字开头，因此将所有数字开头的都进行了修改，例如用 CLK1 表示元件符号中的 1CLK，其余标识符类同。7474 是具有异步置位和异步复位功能的触发器，异步复位是指不需要时钟支持的复位方式。在 PROCESS 进程中的语句是顺序执行的，即先写先执行，将复位（CLRN）语句和置位（PRN）语句写在时钟（CLK）语句之前，实现异步置位或异步复位。

7474 的仿真波形如图 4.8 所示，在波形的 320ns 处（光标所示），可以清楚看到 CLRN2 异步复位的功能。仿真结果验证了设计的正确性（图中将异步置位功能省略）。

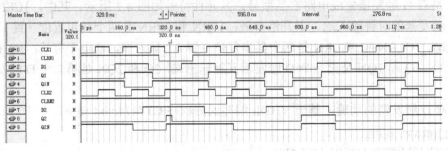

图 4.8　7474 的仿真波形

4.3　JK 触发器的设计

JK 触发器的集成电路产品的种类很多，例如具有置位端的 JK 触发器 7471、具有异步复位的 JK 触发器 7472、具有异步置位共用异步复位和时钟的双 JK 触发器等。下面以这些集成电路产品为例，介绍基于 VHDL 的 JK 触发器的设计。

4.3.1　具有置位端的 JK 触发器 7471 的设计

具有置位端的 JK 触发器 7471 的元件符号如图 4.9 所示，逻辑功能如表 4.2 所示。其中 CLK 是时钟输入端，上升沿有效；PRN 是异步置位输入端，低电平有效；J1A、J1B、J2A 和 J2B 是 JK 触发器的 J 输入端，J=(J1A AND J1B)OR(J2A AND J2B)；K1A、K1B、K2A 和 K2B 是 K 输入端，K=(K1A AND K1B)OR(K2A AND K2B)；Q 和 QN 是互补输出端。

在功能表中，用 J 代替 J1A、J1B、J2A 和 J2B，用 K 代替 K1A、K1B、K2A 和 K2B，J、K 各有 4 个输入端共 16 种组合。使 J=1 的组合有 J1A=1 且 J1B=1 或者 J2A=1 且 J2B=1，其他组合 J=0；

使 K=1 的组合有 K1A=1 且 K1B=1 或者 K2A=1 且 K2B=1,其他组合 K=0。当 JK=00 时触发器保持,JK=01 时置 0,JK=10 时置 1,JK=11 时翻转。

根据 7471 的功能,基于 VHDL 编写的源程序 CT7471.vhd 如下:

```
LIBRARY IEEE;
USE IEEE.STD_LOGIC_1164.ALL;
USE IEEE.STD_LOGIC_UNSIGNED.ALL;
ENTITY CT7471 IS
  PORT(PRN,CLK,J1A,J1B,J2A,J2B,K1A,K1B,K2A,K2B:IN STD_LOGIC;
       Q,QN:BUFFER STD_LOGIC);
END CT7471;
ARCHITECTURE example OF CT7471 IS
  BEGIN
   PROCESS(PRN,CLK,J1A,J1B,J2A,J2B,K1A,K1B,K2A,K2B)
      VARIABLE H,J,K: STD_LOGIC;
      VARIABLE S: STD_LOGIC_VECTOR(1 DOWNTO 0) ;
     BEGIN
      J:=(J1A AND J1B)OR(J2A AND J2B);
      K:=(K1A AND K1B)OR(K2A AND K2B);
      S:=(J&K);
      IF (PRN='0') THEN H:='1';
        ELSIF CLK 'EVENT AND CLK='1' THEN
           CASE S IS
             WHEN "00"=> H:=H;
             WHEN "01"=> H:='0';
             WHEN "10"=> H:='1';
             WHEN "11"=> H:= NOT H;
           END CASE;
        ELSE H:=H; END IF;
      Q<=H;QN<=NOT H;
     END PROCESS;
END example;
```

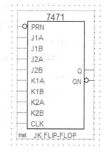

图 4.9　7471 的逻辑符号

表 4.2　7471 的功能表

PRN	CLK	J K	Q
0	×	× ×	1
1	↑	0 0	保持
1	↑	0 1	置 0
1	↑	1 0	置 1
1	↑	1 1	翻转

在源程序中,用"J:=(J1A AND J1B)OR(J2A AND J2B);"语句完成 J 输入端的运算;用"K:=(K1A AND K1B)OR(K2A AND K2B);"语句完成 K 输入端的运算。

7471 的仿真波形如图 4.10 所示,其中 J(或 K)为 0000～1110"时均表示 J1AJ1BJ2AJ2B=0000,J(或 K)为 1111 时表示 J1AJ1BJ2AJ2B=1111。仿真波形验证了设计的正确性。

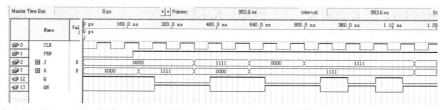

图 4.10　7471 的仿真波形

4.3.2　具有异步复位的 JK 触发器 7472

具有异步复位的 JK 触发器 7472 的元件符号如图 4.11 所示,逻辑功能如表 4.3 所示。其中 J3、J2 和 J1 是触发器的 3 个具有与逻辑关系的 J 输入端(J = J3 AND J2 AND J1);K3、K2 和

K1是3个具有与逻辑关系的K输入端（K = K3 AND K2 AND K1）；CLRN是异步复位输入端，低电平有效；PRN是异步置位输入端，低电平有效；CLK是时钟输入端，上升沿有效；Q和QN是触发器的互补输出端。

根据7472的功能，基于VHDL编写的源程序CT7472.vhd如下：

```
LIBRARY IEEE;
USE IEEE.STD_LOGIC_1164.ALL;
USE IEEE.STD_LOGIC_UNSIGNED.ALL;
ENTITY CT7472 IS
  PORT(CLRN,PRN,CLK,J1,J2,J3,K1,K2,K3:IN STD_LOGIC;
       Q,QN:BUFFER STD_LOGIC);
END CT7472;
ARCHITECTURE example OF CT7472 IS
  BEGIN
   PROCESS(CLRN,PRN,CLK,J1,J2,J3,K1,K2,K3)
      VARIABLE H,J,K: STD_LOGIC;
      VARIABLE S: STD_LOGIC_VECTOR(1 DOWNTO 0);
       BEGIN
        J:=(J1 AND J2 AND J3);
        K:=(K1 AND K2 AND K3);
        S:=(J&K);
        IF (CLRN='0') THEN H:='0';
         ELSIF (PRN='0') THEN H:='1';
          ELSIF CLK 'EVENT AND CLK='1' THEN
           CASE S IS
            WHEN "00"=> H:=H;
            WHEN "01"=> H:='0';
            WHEN "10"=> H:='1';
            WHEN "11"=> H:= NOT H;
            END CASE;
           ELSE H:=H; END IF;
         Q<=H;QN<=NOT H;
       END PROCESS;
  END example;
```

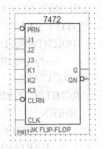

图4.11　7472的元件符号

表4.3　7472的特性表

CLRN	PRN	CP	J	K	Q^{n+1}	功能
0	1	x	x	x	0	复位
1	0	x	x	x	1	置位
0	0	x	x	x	x	不允许
1	1	↓	0	0	Q^n	保持
1	1	↓	0	1	0	置0
1	1	↓	1	0	1	置1
1	1	↓	1	1	$\overline{Q^n}$	翻转

在源程序中，用"J:=(J1 AND J2 AND J3);"语句代替J；用"K:=(K1 AND K2 AND K3);"语句代替K。7472的仿真波形如图4.12所示，图中用J表示J3、J2和J1，J3J2J1=000～110表示J=0，J3J2J1=111表示J=1；用K表示K3、K2和K1，K3K2K1=000～110表示K=0，K3K2K1=111表示K=1。仿真结果验证了设计的正确性。

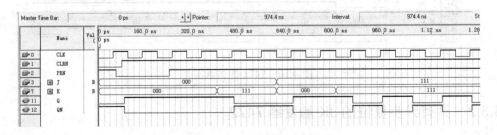

图4.12　7472的仿真波形

4.3.3 具有异步置位和共用异步复位与时钟的双 JK 触发器 7478 的设计

具有异步置位和共用异步复位与时钟的双 JK 触发器 7478 的元件符号如图 4.13 所示。其中 1PRN 和 2PRN 是两个 JK 触发器的异步置位输入端，低电平有效；CLRN 是共用的复位输入端，低电平有效；CLK 是共用的时钟输入端，上升沿有效；1J、1K、1Q 和 1QN 是第 1 个触发器的 J、K 输入端和互补的输出端；2J、2K、2Q 和 2QN 是第 2 个触发器的 J、K 输入端和互补的输出端。

根据 7478 的功能，基于 VHDL 编写的源程序 CT7478.vhd 如下：

```
LIBRARY IEEE;
USE IEEE.STD_LOGIC_1164.ALL;
USE IEEE.STD_LOGIC_UNSIGNED.ALL;
ENTITY CT7478 IS
    PORT(CLRN,PRN1,PRN2,CLK,J1,J2,K1,K2:IN STD_LOGIC;
         Q1,Q1N,Q2,Q2N:BUFFER STD_LOGIC);
END CT7478;
ARCHITECTURE example OF CT7478 IS
  BEGIN
   PROCESS(CLRN,PRN1,CLK,J1,K1)
      VARIABLE H: STD_LOGIC;
      VARIABLE S: STD_LOGIC_VECTOR(1 DOWNTO 0) ;
       BEGIN
       S:=(J1&K1);
      IF (CLRN='0') THEN H:='0';
        ELSIF (PRN1='0') THEN H:='1';
          ELSIF CLK 'EVENT AND CLK='1' THEN
           CASE S IS
           WHEN "00"=> H:=H;
           WHEN "01"=> H:='0';
           WHEN "10"=> H:='1';
           WHEN "11"=> H:= NOT H;
           END CASE;
          ELSE H:=H; END IF;
         Q1<=H;Q1N<=NOT H;
    END PROCESS;
    PROCESS(CLRN,PRN2,CLK,J2,K2)
      VARIABLE H: STD_LOGIC;
      VARIABLE S: STD_LOGIC_VECTOR(1 DOWNTO 0) ;
       BEGIN
       S:=(J2&K2);
      IF (CLRN='0') THEN H:='0';
        ELSIF (PRN2='0') THEN H:='1';
          ELSIF CLK 'EVENT AND CLK='1' THEN
           CASE S IS
           WHEN "00"=> H:=H;
           WHEN "01"=> H:='0';
           WHEN "10"=> H:='1';
           WHEN "11"=> H:= NOT H;
           END CASE;
```

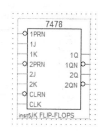

图 4.13　7478 的元件符号

```
        ELSE H:=H; END IF;
        Q2<=H;Q2N<=NOT H;
    END PROCESS;
END example;
```

在源程序中，用 PRN1 代替 1PRN，用 PRN2 代替 2PRN，其他输入端和输出端的标识符命名方式类同。

7478 的仿真波形如图 4.14 所示，仿真结果验证了设计的正确性。

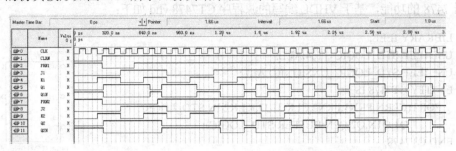

图 4.14 7478 的仿真波形

触发器除了 RS、D 和 JK 类型外，还有 T 和 T′ 类型，这两类触发器很容易由 JK 触发器转换得到，因此它们没有集成电路产品，这里也不介绍它们的设计。

第5章 时序逻辑电路的设计

在现代数字逻辑电路的设计中，用 HDL 设计的时序逻辑部件可以作为共享的基本元件保存在设计程序包（文件夹）中，供其他设计和系统调用。下面以数码寄存器、移位寄存器、计数器、顺序脉冲发生器、伪随机信号发生器、序列信号产生器、序列信号检测器、流水灯控制器和抢答器为例，介绍基于 VHDL 的时序逻辑电路的设计。

5.1 数码寄存器的设计

常用的集成数码寄存器产品有 8D 锁存器 74273 和三态输出锁存器 74373。锁存器是用时钟的电平（高电平或低电平）触发状态变化的，但用时钟的边沿触发的锁存器更具有抗干扰能力，而且在基于 VHDL 的电路设计中，时钟边沿产生的方法很简单，因此下面介绍边沿触发型的锁存器（触发器）电路的设计。

5.1.1 8D 锁存器 74273 的设计

8D 锁存器 74273 的元件符号如图 5.1 所示，D8～D1 是 8 位并行数据输入端；CLK 是时钟输入端，上升沿有效；Q8～Q1 是 8 位并行数据输出端；CLRN 是复位控制输入端，低电平有效，当 CLRN=0 时，锁存器被复位（清零）。

根据 74273 的功能，基于 VHDL 编写的源程序 CT74273.vhd 如下：

```
LIBRARY IEEE;
USE IEEE.STD_LOGIC_1164.ALL;
USE IEEE.STD_LOGIC_UNSIGNED.ALL;
ENTITY CT74273 IS
    PORT(D1,D2,D3,D4,D5,D6,D7,D8,CLRN,CLK:IN STD_LOGIC;
         Q1,Q2,Q3,Q4,Q5,Q6,Q7,Q8:BUFFER STD_LOGIC);
END CT74273;
ARCHITECTURE example OF CT74273 IS
  BEGIN
    PROCESS(D1,D2,D3,D4,D5,D6,D7,D8,CLRN,CLK)
      VARIABLE S,H: STD_LOGIC_VECTOR(1 TO 8) ;
      BEGIN
        S:=(D1&D2&D3&D4&D5&D6&D7&D8);
        IF (CLRN='0') THEN H:="00000000";
          ELSIF CLK 'EVENT AND CLK='1' THEN
            H:=S;
          ELSE H:=H; END IF;
        (Q1,Q2,Q3,Q4,Q5,Q6,Q7,Q8)<=H;
    END PROCESS;
END example;
```

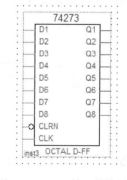

图 5.1 74273 的元件符号 1

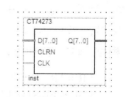

图 5.2 74273 的元件符号 2

为源程序 CT74273.vhd 生成的元件符号见图 5.1。如果在编程中将同类型的输入输出端口用数组形式表示，则可以使源程序更加简洁明了。下面以向量 D[7..0]表示 D7～D0 等 8 个输入，以 Q[7..0]表示 Q7～Q0 等 8 个输出，编写的源程序 CT74273.vhd 如下：

```
LIBRARY IEEE;
USE IEEE.STD_LOGIC_1164.ALL;
USE IEEE.STD_LOGIC_UNSIGNED.ALL;
ENTITY CT74273 IS
  PORT(D:IN STD_LOGIC_VECTOR(7 DOWNTO 0);
       CLRN,CLK:IN STD_LOGIC;
       Q:BUFFER STD_LOGIC_VECTOR(7 DOWNTO 0));
END CT74273;
ARCHITECTURE example OF CT74273 IS
  BEGIN
    PROCESS(D,CLRN,CLK)
      VARIABLE S,H: STD_LOGIC_VECTOR(7 DOWNTO 0);
      BEGIN
        S:=D;
        IF (CLRN='0') THEN H:="00000000";
          ELSIF CLK 'EVENT AND CLK='1' THEN
            H:=S;
          ELSE H:=H; END IF;
        Q<=H;
    END PROCESS;
END example;
```

为上述源程序生成的元件符号如图 5.2 所示，图中的 D[7..0]表示 D7～D0 8 个输入；Q[7..0]表示 Q7～Q0 8 个输出。

74273 仿真波形如图 5.3 所示，在仿真图中的 0ps 到 1.24us 阶段是锁存功能，Q=D；1.24us 到 1.6us 阶段是复位（清除）功能，Q=0。仿真结果验证了设计的正确性。

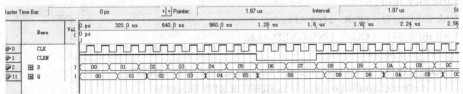

图 5.3 74273 的仿真波形

5.1.2 8D 锁存器（三态输出）74373 的设计

8D 锁存器（三态输出）74373 元件符号如图 5.4 所示，D8～D1 是 8 位并行数据输入端；CP 是时钟输入端，上升沿有效；Q8～Q1 是 8 位并行数据输出端；OE 是三态控制输入端，高电平有效，当 OE=1 时，锁存器工作，当 OE=0 时，锁存器被禁止，输出为高阻态。

根据 74373 的功能，基于 VHDL 编写的源程序 CT74373.vhd 如下：

```
LIBRARY IEEE;
USE IEEE.STD_LOGIC_1164.ALL;
USE IEEE.STD_LOGIC_UNSIGNED.ALL;
ENTITY CT74373 IS
  PORT(D1,D2,D3,D4,D5,D6,D7,D8,OE,CP:IN STD_LOGIC;
       Q1,Q2,Q3,Q4,Q5,Q6,Q7,Q8:BUFFER STD_LOGIC);
END CT74373;
```

```
ARCHITECTURE one OF CT74373 IS
  SIGNAL H:STD_LOGIC_VECTOR(1 TO 8);
    BEGIN
      PROCESS(D1,D2,D3,D4,D5,D6,D7,D8,OE,CP)
        VARIABLE S: STD_LOGIC_VECTOR(1 TO 8);
        BEGIN
          S:=(D1&D2&D3&D4&D5&D6&D7&D8);
          IF OE='0' THEN H<="ZZZZZZZZ";
            ELSIF CP'EVENT AND CP='1' THEN
              H <= S;ELSE H<=H;
            END IF;
          (Q1,Q2,Q3,Q4,Q5,Q6,Q7,Q8) <= H;
      END PROCESS;
END one;
```

图 5.4　74373 元件符号

74373 的仿真波形如图 5.5 所示，仿真图中的 0ps 到 180ns 是三态输出锁存器的工作阶段，输出 Q=D；180ns 到以后是禁止工作阶段，输出为高阻，用"ZZ"表示 8 位输出的高阻状态。仿真结果验证了设计的正确性。

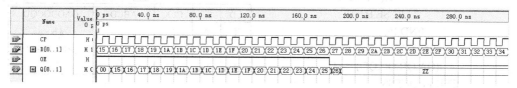

图 5.5　74373 的仿真波形

5.2　移位寄存器的设计

移位寄存器除了具有存储数码的功能以外，还具有移位功能。移位是指寄存器中的数据能在时钟脉冲的作用下，依次向左移或向右移。使数据向左移的寄存器称为左移移位寄存器，使数据向右移的寄存器称为右移移位寄存器，使数据既能向左移也能向右移的寄存器称为双向移位寄存器。在集成电路中有很多移位寄存器产品，例如 4 位移位寄存器 74178、具有时钟禁止控制的 8 位寄存器 74166、4 位双向移位寄存器 74194、8 位双向移位寄存器 74198、具有三态输出的 4 位右移-左移双向移位寄存器等。下面以这些移位寄存器为例，介绍基于 VHDL 的移位寄存器的设计。

5.2.1　4 位移位寄存器 74178 的设计

4 位移位寄存器 74178 的元件符号如图 5.6 所示，逻辑功能表如表 5.1 所示。其中 CLK 是时钟输入端，上升沿有效；ST 是移位控制输入端，高电平有效，当 ST 为 1 时允许移位，为 0 时禁止移位；SER 是串行数据输入端；A、B、C 和 D 是并行数据输入端；QA、QB、QC 和 QD 是输出端；LD 是预置控制输入端，高电平有效，当 LD=1 时，QA、QB、QC 和 QD 接收 A、B、C 和 D 的数据。移位时 QA 接收 SER 的数据、QB 接收 QA 的数据、QC 接收 QB 的数据、QD 接收 QC 的数据。

根据 74178 的功能，基于 VHDL 编写的源程序 CT74178.vhd 如下：

```
LIBRARY IEEE;
USE IEEE.STD_LOGIC_1164.ALL;
```

```
USE IEEE.STD_LOGIC_UNSIGNED.ALL;
ENTITY CT74178 IS
  PORT(CLK,LD,ST,SER,A,B,C,D:IN STD_LOGIC;
       QA,QB,QC,QD:BUFFER STD_LOGIC);
END CT74178;
ARCHITECTURE one OF CT74178 IS
  BEGIN
    PROCESS(CLK,LD,ST,SER,A,B,C,D)
      VARIABLE S,H: STD_LOGIC_VECTOR(4 DOWNTO 1);
      BEGIN
        S:=(A&B&C&D);
        IF CLK'EVENT AND CLK='1' THEN
          IF (LD='1')    THEN H:=S;
            ELSIF (ST='1') THEN
              FOR I IN 2 TO 4 LOOP    --实现右移操作
                H(I-1):=H(I);
              END LOOP;
              H(4):=SER;
          ELSE H:=H;
          END IF;
        END IF;
        (QA,QB,QC,QD) <= H;
    END PROCESS;
END one;
```

图 5.6 74178 的元件符号

表 5.1 74178 的功能表

LD	ST	CLK	ABCD	QAQBQCQD
1	0	↑	abcd	abcd
0	1	↑	××××	移位（右移）
0	0	↑	××××	保持

74178 的仿真波形如图 5.7 所示，在波形图中，用 AD 表示 A、B、C 和 D 的组合，用 Q 表示 QA、QB、QC 和 QD 的组合。仿真结果验证了设计的正确性。

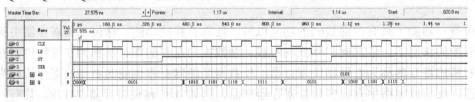

图 5.7 74178 的仿真波形

5.2.2 双向移位寄存器 74194 的设计

双向移位寄存器 74194 的元件符号如图 5.8 所示，逻辑功能表如表 5.2 所示。其中 CLK 是时钟输入端，上升沿有效；QA、QB、QC 和 QD 是寄存器输出端；CLRN 是异步复位控制输入端，低电平有效，当 CLRN=0（有效）时，移位寄存器被复位，QA～QD=0000；SRSI 是右串入输入端；SLSI 是左串入输入端；A、B、C 和 D 是预置数据输入端；S1 和 S0 是功能控制输入端，当 S1S0=00 时，寄存器处在保持功能状态；当 S1S0=01 时寄存器具有右移功能，在右移时，寄存器中的各级触发器在 CLK 的控制下依次向右移一位，而且 QA 接收 SRSI 的右串入信号；当 S1S0=10 时，寄存器具有左移功能，在左移时，寄存器中的各级触发器在 CLK 的控制下依次向左移一位，而且 QD 接收 SLSI 的左串入信号；当 S1S0=11 时，具有预置功能，在 CLK 的上升沿到来时 QA～QD=A～D。功能控制输入端的不同组合，可以使 74194 具有保持、右移、左移和并行输入的功能，构成各种不同的数据输入、输出方式。

根据 74194 的功能，基于 VHDL 编写的源程序 CT74194.vhd 如下：

```
LIBRARY IEEE;
USE IEEE.STD_LOGIC_1164.ALL;
USE IEEE.STD_LOGIC_UNSIGNED.ALL;
ENTITY CT74194 IS
  PORT(CLK,CLRN,S1,S0,A,B,C,D,SRSI,SLSI:IN STD_LOGIC;
       QA,QB,QC,QD:BUFFER STD_LOGIC);
END CT74194;
ARCHITECTURE one OF CT74194 IS
  BEGIN
    PROCESS(CLK,CLRN,S1,S0,A,B,C,D,SRSI,SLSI)
      VARIABLE S,H: STD_LOGIC_VECTOR(4 DOWNTO 1);
      VARIABLE SS: STD_LOGIC_VECTOR(1 DOWNTO 0);
      BEGIN
        S:=(A&B&C&D);
        SS:=(S1&S0);
        IF (CLRN='0') THEN H:="0000";
          ELSIF CLK'EVENT AND CLK='1' THEN
            IF (SS="11")   THEN H:=S;         --预置
              ELSIF (SS="01") THEN
                FOR I IN 2 TO 4 LOOP          --右移
                  H(I-1):=H(I);
                END LOOP;
                H(4):=SRSI;
              ELSIF (SS="10") THEN
                FOR I IN 4 DOWNTO 2 LOOP      --左移
                  H(I):=H(I-1);
                END LOOP;
                H(1):=SLSI;
              ELSE H:=H;                      --保持
            END IF;
         END IF;
         (QA,QB,QC,QD) <= H;
    END PROCESS;
END one;
```

图 5.8 74194 的元件符号

表 5.2 74194 的功能表

CLRN	S1	S0	功能
0	×	×	置零
1	0	0	保持
1	0	1	右移
1	1	0	左移
1	1	1	并行输入

在源程序中，用 FOR 循环语句实现右移和左移操作。74194 的仿真波形如图 5.9 所示，在仿真图中的 0ps 到 360ps 阶段是保持功能（S1S0=00）；在 360ps 到 1.28us 阶段是右移功能（S1S0=01、SRSI=1）；在 1.28us 到 1.5us 阶段是复位功能（CLRN=0）；在 1.92us 到 2.56us 阶段是左移功能（S1S0=10、SLSI=1）；在 2.56us 到 2.88us 阶段是预置功能（S1S0=11、AD=0101）。仿真结果验证了设计的正确性。

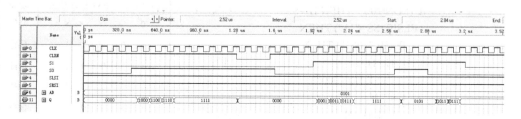

图 5.9 74194 的仿真波形

5.3 计数器的设计

计数器是可以统计输入脉冲个数的器件,在数字系统中,具有实现计时、计数、分频、定时、产生节拍脉冲和序列脉冲等多种用途。计数器的集成电路产品种类很多,例如,有十进制同步计数器(异步复位)CT74160、4 位二进制同步计数器(异步复位)CT74161、4 位二进制同步计数器(同步复位)CT74163 和 4 位二进制同步加/减计数器 CT74191 等。下面以这些器件为例,介绍基于 VHDL 的计数器的设计。

5.3.1 十进制同步计数器(异步复位)74160 的设计

十进制同步计数器(异步复位)74160 的元件符号如图 5.10 所示,逻辑功能表如表 5.3 所示。其中,D、C、B 和 A 是并行数据输入端,其权值依次为 2^3、2^2、2^1 和 2^0;CLK 是时钟输入端,上升沿有效;QD、QC、QB 和 QA 是计数器的状态输出端,其权值依次为 2^3、2^2、2^1 和 2^0;CLRN 是异步复位输入端,低电平有效,当 CLRN=0 时,计数器的状态被复位(清除),QDQCQBQA=0000,这种不考虑时钟 CP 的复位称为异步复位;LDN 是预置控制输入端,低电平有效,当 LDN=0 且 CLK 到来一个上升沿时,计数器被预置为并行数据输入的状态,即 QDQCQBQA=DCBA;ENP 和 ENT 是使能控制输入端,高电平有效,当 ENP 和 ENT 均为高电平时,计数器工作,否则计数器处于保持状态(不计数);ROC 是进位输出端,当 QDQCQBQA=1001 且 ENT=1 时,ROC=1。

根据十进制同步计数器(异步复位)的功能,基于 VHDL 编写的源程序 CT74160.vhd 如下:

```
LIBRARY IEEE;
USE IEEE.STD_LOGIC_1164.ALL;
USE IEEE.STD_LOGIC_UNSIGNED.ALL;
ENTITY CT74160 IS
    PORT(LDN,A,B,C,D,CLK,CLRN,ENP,ENT:IN STD_LOGIC;
        QA,QB,QC,QD,ROC:BUFFER STD_LOGIC);
END CT74160;
ARCHITECTURE one OF CT74160 IS
    BEGIN
        PROCESS(LDN,A,B,C,D,CLK,CLRN,ENP,ENT)
        VARIABLE S,H: STD_LOGIC_VECTOR(3 DOWNTO 0);
        VARIABLE SS: STD_LOGIC_VECTOR(1 DOWNTO 0);
        BEGIN
            S:=(D&C&B&A);
            SS:=ENP&ENT;
            IF (CLRN='0') THEN H:="0000";         --复位
            ELSIF CLK'EVENT AND CLK='1' THEN
                IF (LDN='0')   THEN H:=S;          --预置
                ELSIF (SS="11") THEN
                    IF (H<"1001") THEN
                        H:=H+1;                    --计数
                    ELSE H:="0000";
                    END IF;
                ELSE H:=H;                         --保持
                END IF;
            END IF;
```

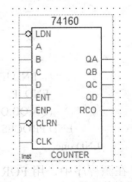

图 5.10 74160 的元件符号

表 5.3 74160 的功能表

CLRN	LDN	ENP	ENT	CLK	功能
0	×	×	×	×	复位
1	0	×	×	↑	预置
1	1	0	0	↑	保持
1	1	0	1	↑	保持
1	1	1	0	↑	保持
1	1	1	1	↑	计数

```
        IF (H="1001" AND ENT='1') THEN
            ROC<='1'; ELSE ROC<='0';
        END IF;
        (QD,QC,QB,QA) <= H;
    END PROCESS;
END one;
```

在源程序中，把复位信号输入端 CLRN 的复位语句放在时钟 CLK 的属性参数"ELSIF CLK'EVENT AND CLK='1' THEN"语句之前即可实现异步复位计数功能。74160 的仿真波形如图 5.11 所示，在仿真图中用 DA 表示 D、C、B 和 A；用 Q 表示 QD、QC、QB 和 QA。由图中可以看见复位（CLRN=0）、预置（LDN=0）、计数和保持功能。仿真结果验证了设计的正确性。

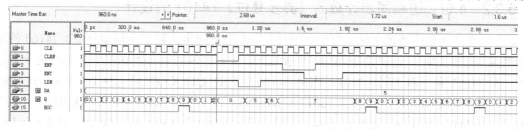

图 5.11 74160 的仿真波形

将源程序 CT74160.vhd 中的 D～A 用数组 D（3 DOWNTO 0）表示，将 QD～QA 用数组 Q（3 DOWNTO 0）表示，以方便编程，其源程序 CT74160_1.vhd 如下：

```
LIBRARY IEEE;
USE IEEE.STD_LOGIC_1164.ALL;
USE IEEE.STD_LOGIC_UNSIGNED.ALL;
ENTITY CT74160_1 IS
    PORT(LDN,CLK,CLRN,ENP,ENT:IN STD_LOGIC;
         D:IN STD_LOGIC_VECTOR(3 DOWNTO 0);
         ROC:BUFFER STD_LOGIC;
         Q:BUFFER STD_LOGIC_VECTOR(3 DOWNTO 0));
END CT74160_1;
ARCHITECTURE one OF CT74160_1 IS
    BEGIN
      PROCESS(LDN,D,CLK,CLRN,ENP,ENT)
      VARIABLE S,H: STD_LOGIC_VECTOR(3 DOWNTO 0);
      VARIABLE SS: STD_LOGIC_VECTOR(1 DOWNTO 0);
        BEGIN
        S:=D;
        SS:=ENP&ENT;
        IF (CLRN='0') THEN H:="0000";          --复位
           ELSIF CLK'EVENT AND CLK='1' THEN
              IF (LDN='0')  THEN H:=S;         --预置
              ELSIF (SS="11") THEN
                  IF (H<"1001") THEN
                      H:=H+1;                  --计数
                      ELSE H:="0000";
                  END IF;
              ELSE H:=H;                       --保持
              END IF;
```

图 5.12 CT74160_1 的元件符号

```
            END IF;
             IF (H="1001" AND ENT='1') THEN
                ROC<='1'; ELSE ROC<='0';
             END IF;
             Q <= H;
          END PROCESS;
        END one;
```

为 CT74160_1 生成的元件符号如图 5.12 所示，它与 74160 生成的元件符号一样可以作为基本元件被调用。

5.3.2 4 位二进制同步计数器（异步复位）74161 的设计

4 位二进制同步计数器（异步复位）74161 与十进制同步计数器（异步复位）74160 的逻辑符号相同（见图 5.10），逻辑功能相同（见表 5.3），端口名称相同，区别在于 74160 是十进制计数器，而 74161 是十六进制计数器。因此 74160 输出在 QDQCQBQA=1001（即 9）且 ENT=1 时产生进位，ROC=1，用 "IF (H="1001" AND ENT='1') THEN ROC<='1'; ELSE ROC<='0';" 语句实现。而 74161 是 4 位二进制计数器，其输出在 QDQCQBQA=1111（即 15）且 ENT=1 时产生进位，ROC=1，用 "IF (H="1111" AND ENT='1') THEN ROC<='1'; ELSE ROC<='0';" 语句实现（H 为源程序内部使用的变量）。

根据 74161 的功能，基于 VHDL 编写的源程序 CT74161.vhd 如下：

```
        LIBRARY IEEE;
        USE IEEE.STD_LOGIC_1164.ALL;
        USE IEEE.STD_LOGIC_UNSIGNED.ALL;
        ENTITY CT74161 IS
           PORT(LDN,A,B,C,D,CLK,CLRN,ENP,ENT:IN STD_LOGIC;
                QA,QB,QC,QD,ROC:BUFFER STD_LOGIC);
        END CT74161;
        ARCHITECTURE one OF CT74161 IS
          BEGIN
            PROCESS(LDN,A,B,C,D,CLK,CLRN,ENP,ENT)
            VARIABLE S,H: STD_LOGIC_VECTOR(3 DOWNTO 0);
            VARIABLE SS: STD_LOGIC_VECTOR(1 DOWNTO 0);
            BEGIN
            S:=(D&C&B&A);
            SS:=ENP&ENT;
            IF (CLRN='0') THEN H:="0000";              --复位
              ELSIF CLK'EVENT AND CLK='1' THEN
                 IF (LDN='0')   THEN H:=S;             --预置
                  ELSIF (SS="11") THEN
                     H:=H+1;                           --计数
                    IF (H="1111") THEN
                       ROC<='1'; ELSE ROC<='0';
                    END IF;
                  ELSE H:=H;                           --保持
                 END IF;
            END IF;
            (QD,QC,QB,QA) <= H;
```

        END PROCESS;
      END one;

74161 的仿真波形如图 5.13 所示，在仿真图中可以见到计数、复位、预置和保持功能。仿真结果验证了设计的正确性。

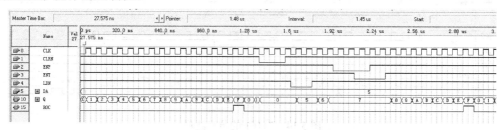

图 5.13　74161 的仿真波形

请读者注意观察图 5.13 所示的进位输出 ROC 的仿真波形，它是很"干净"的，全程没有出现竞争-冒险的"毛刺"，因此 ROC 输出可以作为时钟信号，供其他时序逻辑电路使用。用 VHDL 设计时，如果设计不当，也会使设计电路产生竞争-冒险，给电路与系统设计带来不利的影响。下面仍然以 74161 为例，让读者了解设计不当的结果。

如上所述，74161 的进位输出是在 QDQCQBQA="1111"（即 15）且 ENT=1 时产生进位，ROC=1，否则 ROC=0，即 ROC=QD&QC&QB&QA&ENT，在集成电路产品中就是这样设计输出 ROC。如果用 VHDL 设计，也采用这种方式产生输出，其源程序 CT74161_1.vhd 如下：

```
LIBRARY IEEE;
USE IEEE.STD_LOGIC_1164.ALL;
USE IEEE.STD_LOGIC_UNSIGNED.ALL;
ENTITY CT74161_1 IS
   PORT(LDN,A,B,C,D,CLK,CLRN,ENP,ENT:IN STD_LOGIC;
        QA,QB,QC,QD,ROC:BUFFER STD_LOGIC);
END CT74161_1;
ARCHITECTURE one OF CT74161_1 IS
  BEGIN
    PROCESS(LDN,A,B,C,D,CLK,CLRN,ENP,ENT)
     VARIABLE S,H: STD_LOGIC_VECTOR(3 DOWNTO 0);
     VARIABLE SS: STD_LOGIC_VECTOR(1 DOWNTO 0);
       BEGIN
       S:=(D&C&B&A);
       SS:=ENP&ENT;
       IF (CLRN='0') THEN H:="0000";          --复位
          ELSIF CLK'EVENT AND CLK='1' THEN
             IF (LDN='0')   THEN H:=S;        --预置
               ELSIF (SS="11") THEN
                   H:=H+1;                    --计数
               ELSE H:=H;                     --保持
               END IF;
          END IF;
          (QD,QC,QB,QA) <= H;
          ROC<=QD AND QC AND QB AND QA AND ENT;
       END PROCESS;
    END one;
```

74161 的仿真波形如图 5.14 所示，仿真验证的计数、复位、预置和保持功能都是正确的，但输出 ROC 存在竞争-冒险，其原因是用 "ROC<=QD AND QC AND QB AND QA AND ENT；" 语句产生输出。有 "毛刺" 的输出是不能作为其他电路或系统的时钟的，否则会产生很多误操作。

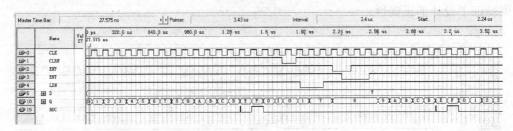

图 5.14 74161 的仿真波形

5.3.3 4 位二进制同步计数器（同步复位）74163 的设计

4 位二进制同步计数器（同步复位）74163 的元件符号与 74161 的元件符号相同（见图 5.10），逻辑功能基本相同（见表 5.2），端口名称相同，区别在于 74161 是异步复位计数器，而 74163 是同步复位。在 74161 的源程序中，把复位信号输入端 CLRN 的复位语句放在时钟 CLK 的属性参数 "ELSIF CLK'EVENT AND CLK='1' THEN" 语句之前是实现异步复位功能，如果把 CLRN 复位语句放在时钟 CLK 的属性参数语句之后则实现同步复位功能。

根据 74163 的功能，基于 VHDL 编写的源程序 CT74163.vhd 如下：

```
LIBRARY IEEE;
USE IEEE.STD_LOGIC_1164.ALL;
USE IEEE.STD_LOGIC_UNSIGNED.ALL;
ENTITY CT74163 IS
    PORT(LDN,A,B,C,D,CLK,CLRN,ENP,ENT:IN STD_LOGIC;
         QA,QB,QC,QD,ROC:BUFFER STD_LOGIC);
END CT74163;
ARCHITECTURE one OF CT74163 IS
  BEGIN
    PROCESS(LDN,A,B,C,D,CLK,CLRN,ENP,ENT)
      VARIABLE S,H: STD_LOGIC_VECTOR(3 DOWNTO 0);
      VARIABLE SS: STD_LOGIC_VECTOR(1 DOWNTO 0);
      BEGIN
        S:=(D&C&B&A);
        SS:=ENP&ENT;
        IF CLK'EVENT AND CLK='1' THEN
          IF (CLRN='0') THEN H:="0000";          --复位
            ELSIF (LDN='0')    THEN H:=S;         --预置
            ELSIF (SS="11") THEN
                H:=H+1;                           --计数
              IF (H="1111") THEN
                ROC<='1'; ELSE ROC<='0';
              END IF;
            ELSE H:=H;                            --保持
          END IF;
        END IF;
        (QD,QC,QB,QA) <= H;
```

```
        END PROCESS;
    END one;
```

请读者认真阅读 74161 和 74163 的 VHDL 源程序，分清异步复位与同步复位在语句使用方面的区别。

74163 的仿真波形如图 5.15 所示。在仿真波形的 1.64us 时刻，时钟 CLK 的上升沿到来，这时复位信号 CLRN=0 才能起作用，这种复位方式称为同步复位。仿真结果验证了设计的正确性。

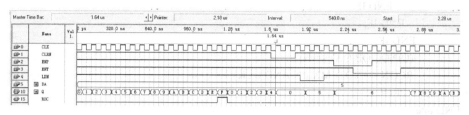

图 5.15　74163 的仿真波形

5.3.4　4 位二进制同步加/减计数器 74191 的设计

4 位二进制同步加/减计数器 74191 的元件符号如图 5.16 所示，其中，D、C、B 和 A 是并行数据输入端，权值依次为 2^3、2^2、2^1 和 2^0；CLK 是时钟输入端，上升沿有效；QD、QC、QB 和 QA 是计数器的状态输出端，权值依次为 2^3、2^2、2^1 和 2^0；DNUP 是加/减控制输入端，当 DNUP=0 时控制计数器进行加计数，当 DNUP=1 时控制计数器进行减计数；LDN 是预置控制输入端，低电平有效，当 LDN=0 且 CLK 上升沿到来时，计数器被预置为并行数据输入状态，即 QDQCQBQA=DCBA；GN 是使能控制输入端，低电平有效，当 GN=0 时，计数器工作，否则计数器处于保持状态；MXMN 是进位/借位输出端，进行加法计数时，当 QDQCQBQA=1111 时，MXMN=1；进行减法计数时，当 QDQCQBQA=0000 时，MXMN=1。RCON 是 MXMN 的反相输出端，而且输出脉冲宽度为半个时钟周期。

根据 74191 的功能，基于 VHDL 编写的源程序 CT74191.vhd 如下：

```
LIBRARY IEEE;
USE IEEE.STD_LOGIC_1164.ALL;
USE IEEE.STD_LOGIC_UNSIGNED.ALL;
ENTITY CT74191 IS
    PORT(LDN,D,C,B,A,CLK,DNUP,GN:IN STD_LOGIC;
         QD,QC,QB,QA,MXMN,RCON:BUFFER STD_LOGIC);
END CT74191;
ARCHITECTURE one OF CT74191 IS
    BEGIN
        PROCESS(LDN,D,C,B,A,CLK)
        VARIABLE S,H: STD_LOGIC_VECTOR(3 DOWNTO 0);
        BEGIN
            S:=(D&C&B&A);
            IF CLK'EVENT AND CLK='1' THEN
                IF (LDN='0')   THEN H:=S;           --预置
                ELSIF (GN='0') THEN
                    IF (DNUP='0')   THEN
                        H:=H+1;                     --加计数
                        IF (H="1111") THEN
                            MXMN<='1'; ELSE MXMN<='0';
```

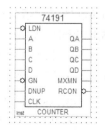

图 5.16　74191 的元件符号

```
            END IF;
          ELSIF (DNUP='1') THEN
            H:=H-1;                          --减计数
            IF (H="0000") THEN
              MXMN<='1'; ELSE MXMN<='0';
            END IF;
          ELSE H:=H;                         --保持
          END IF;
        END IF;
      END IF;
      (QD,QC,QB,QA) <= H;
      RCON <= NOT( MXMN AND CLK);
    END PROCESS;
  END one;
```

74191 的仿真波形如图 5.17 所示，仿真波形揭示了保持、加/减计数和预置等功能。仿真结果验证了设计的正确性。

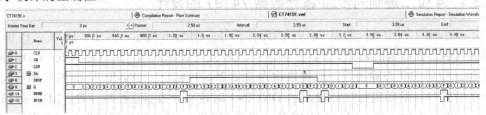

图 5.17　74191 的仿真波形

5.4　专用数字电路的设计

专用数字电路是指为具有特定功能而设计的电路，它们不是常用电路，因此没有集成电路产品。下面以顺序脉冲发生器、序列序号发生器，伪随机信号发生器、序列序号检测器、码转换器和串行数据检测器为例，介绍专用数字电路的设计。

5.4.1　顺序脉冲发生器的设计

顺序脉冲发生器的功能是在时钟脉冲的控制下，若干输出依次出现高电平（脉冲）。下面以 4 位顺序脉冲发生器为例，介绍顺序脉冲发生器的设计。4 位顺序脉冲发生器电路的状态转换图如图 5.18 所示，它由 4 级触发器的 4 个状态构成，每个状态中"1"的个数都是 1 个，表示每个时钟周期内只有 1 个触发器的输出端为高电平，而且轮流出现，因而构成顺序脉冲信号。

根据 4 位顺序脉冲发生器的功能，基于 VHDL 编写的源程序 method4.vhd 如下：

```
LIBRARY IEEE;
USE IEEE.STD_LOGIC_1164.ALL;
USE IEEE.STD_LOGIC_UNSIGNED.ALL;
ENTITY method4 IS
  PORT(CP:IN STD_LOGIC;
       Q3,Q2,Q1,Q0:BUFFER STD_LOGIC);
END method4;
ARCHITECTURE one OF method4 IS
  BEGIN
```

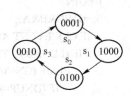

图 5.18　顺序脉冲产生器的状态转换图

```
        PROCESS(CP)
          VARIABLE H: STD_LOGIC_VECTOR(3 DOWNTO 0):="0001";
            BEGIN
              IF CP'EVENT AND CP='1' THEN
                 IF (H="0001")   THEN H:="1000";
                   ELSIF (H="1000") THEN H:="0100";
                     ELSIF (H="0100") THEN H:="0010";
                       ELSIF (H="0010") THEN H:="0001";
                         ELSE H:="0001";
                 END IF;
              END IF;
              (Q3,Q2,Q1,Q0) <= H;
        END PROCESS;
    END one;
```

在源程序中，Q3~Q0 是 4 位顺序脉冲发生器的输出端。程序用 IF 语句来完成图 5.18 所示的状态变化，并用 "ELSE H:="0001";" 语句使设计电路具有自启动功能，即一旦出现有效状态以外的其他状态（无效状态），电路都能回到 "0001" 状态。

4 位顺序脉冲发生器的仿真波形如图 5.19 所示。从仿真波形中可以见到电路的 Q3~Q0 输出端顺序产生脉冲信号。仿真结果验证了设计的正确性。

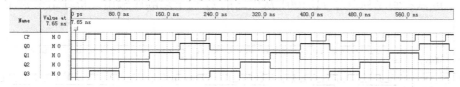

图 5.19 4 位顺序脉冲发生器的仿真波形

电话铃流控制是顺序脉冲发生器应用的一个实例。从图 5.19 所示仿真波形可以看出，如果用 4 位顺序脉冲发生器的某一个输出作为铃流控制信号，而且时钟 CP 周期为 1s，那么电话铃声就会以响 1s 停 3s 的节奏进行。

5.4.2 序列信号发生器的设计

序列信号发生器是指在时钟脉冲的控制下，重复输出一组串行信号，例如海难求救信号 "SOS，SOS，…" 就是一种序列序号。如果用 ASCII 码（一个字符的有 7 位二进制码）表示 "SOS"，那么海难求救信号的序列长度为 21 位。不论序列序号的长度是多少位，都很容易用 VHDL 描述。下面以 "1101001" 序列为例，介绍基于 VHDL 的 7 位序列信号发生器的设计。

序列信号发生器的结构示意图如图 5.20 所示，CP 是时钟输入端；SS 相当于一个 7 位左移（或右移）移位寄存器，SS[6] 是最高位，SS[0] 是最低位。每当一个时钟脉冲到来后，SS 中的数据依次向左移 1 位，在移位的同时把最高位 SS[6] 分别送到最低位 SS[0] 和输出 Q；Q 是电路的串行输出端，在 CP 的控制下，输出序列信号。

根据 7 位序列信号发生器的功能，基于 VHDL 编写的源程序 signal7.vhd 如下：

```
LIBRARY IEEE;
USE IEEE.STD_LOGIC_1164.ALL;
USE IEEE.STD_LOGIC_UNSIGNED.ALL;
ENTITY signal7 IS
   PORT(CP:IN STD_LOGIC;
```

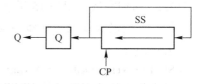

图 5.20 序列信号发生器的结构示意图

```
        Q:BUFFER STD_LOGIC);
END signal7;
ARCHITECTURE one OF signal7 IS
CONSTANT SS:STD_LOGIC_VECTOR(6 DOWNTO 0):="1101001";
  BEGIN
    PROCESS(CP)
      VARIABLE H: STD_LOGIC_VECTOR(6 DOWNTO 0):=SS;
        BEGIN
        IF CP'EVENT AND CP='1' THEN
          Q<=H(6);
           FOR   I IN 6 DOWNTO 1 LOOP
             H(I):=H(I-1);
          END LOOP;
          H(0):=Q;
        END IF;
      END PROCESS;
END one;
```

在源程序中使用了一个常量 SS 作为 7 位序列信号,并初始化为 1101001 值,如果需要产生其他序列,仅需要改变初始化值即可。7 位序列信号发生器的仿真波形如图 5.21 所示。从仿真波形中可以看到序列信号 1101001 从电路的 Q 输出端顺序输出。仿真结果验证了设计的正确性。

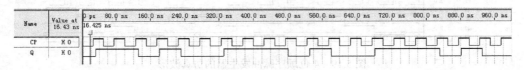

图 5.21　序列信号产生器的仿真波形

5.4.3　伪随机信号发生器的设计

伪随机信号发生器常用于产生数字通信系统中的误码检测仪的信号源。伪随机信号发生器由最长线性序列移存型计数器构成。最长线性序列移存型计数器是一种移存型计数器,其结构如图 5.22 所示。移存型计数器由 N 位(左移或右移)移位寄存器和反馈网络构成,构成移位寄存器的每一位触发器的 Q 输出端,送到反馈网络,由反馈网络形成反馈函数 F 反馈到移位寄存器的串行输入端。最长线性序列移存型计数器的反馈函数如表 5.4 所示,下面以 $N=15$ 为例,介绍基于 VHDL 的伪随机码发生器的设计。

在最长线性序列移存型计数器的反馈函数表中,$N=15$ 的移位寄存器由 $Q_{14} \sim Q_0$ 构成,反馈函数为 $F = Q_1 \oplus Q_0$。

图 5.22　移存型计数器结构图

在 15 位最长线性序列移存型计数器中,当 15 级触发器都为 0 态时,构成死循环。在 VHDL 中,为了打破死循环,反馈函数用 "IF (H="000000000000000") THEN F:='1';ELSE F:=H(1) XOR H(0); END IF;" 语句完成。即当 15 级触发器都为 0 态时,反馈函数 F=1,打破了死循环。基于 VHDL 编写的 15 位最长线性序列移存型计数器的源程序 signal15.vhd 如下:

```
LIBRARY IEEE;
USE IEEE.STD_LOGIC_1164.ALL;
USE IEEE.STD_LOGIC_UNSIGNED.ALL;
```

```vhdl
ENTITY signal15 IS
    PORT(CP:IN STD_LOGIC;
         Q:BUFFER STD_LOGIC);
END signal15;
ARCHITECTURE one OF signal15 IS
  BEGIN
    PROCESS(CP)
      VARIABLE H: STD_LOGIC_VECTOR( 14 DOWNTO 0):="100000000000000";
      VARIABLE F: STD_LOGIC;
      BEGIN
      IF (H="000000000000000") THEN F:='1';
        ELSE F:=H(1) XOR H(0);
      END IF;
      IF CP'EVENT AND CP='1' THEN
        --Q<=H(14);
         FOR  I IN 1 TO 14 LOOP
            H(I-1):=H(I);
          END LOOP;
          H(14):=F;
      END IF;
      Q<=H(14);
    END PROCESS;
END one;
```

表 5.4 最长线性序列反馈函数

N	F	N	F	N	F
1	0	18	17, 16, 15, 12	35	34, 32
2	1, 0	19	18, 17, 16, 13	36	35, 34, 33, 31, 30, 29
3	2, 1	20	19, 16	37	36, 35, 34, 33, 32, 31
4	3, 2	21	20, 18	38	37, 36, 32, 31
5	4, 2	22	21, 20	39	38, 34
6	5, 4	23	22, 17	40	39, 36, 35, 34
7	6, 5	24	23, 22, 20, 19	41	40, 37
8	7, 5, 4, 3	25	24, 21	42	41, 40, 39, 38, 37, 36
9	8, 4	26	25, 24, 23, 19	43	42, 39, 38, 37
10	9, 6	27	26, 25, 24, 21	44	43, 41, 38, 37
11	10, 8	28	27, 24	45	44, 43, 41, 40
12	11, 10, 7, 5	29	28, 26	46	45, 44, 43, 42, 40, 35
13	12, 11, 9, 8	30	29, 28, 25, 23	47	46, 41
14	13, 12, 10, 8	31	30, 27	48	47, 46, 45, 43, 40
15	14, 13	32	31, 30, 29, 28, 26, 24	49	48, 44, 43, 32
16	15, 13, 12, 10	33	32, 31, 28, 26	50	49, 48, 46, 45
17	16, 13	34	33, 32, 31, 28, 27, 26		

在源程序中,H 是一个代表 15 位移位寄存器的变量;CP 是时钟输入端,在 CP 的上升沿到来时,H 中的数据向右移一位,H 的最高位 H[14]同时接收反馈函数 F 的值;Q 是串行输出端,输出序列信号。

伪随机信号发生器的仿真波形如图 5.23 所示,从电路的 Q 端输出的序列信号具有随机信号的特性,但不是真正的随机信号,所以称为伪随机信号。仿真结果验证了设计的正确性。

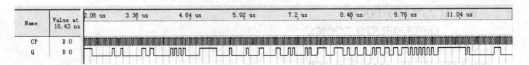

图 5.23　伪随机信号发生器的仿真波形

5.4.4　序列信号检测器的设计

序列信号检测器是指能检测某种特定序列序号的电路，例如检测是否有海难求救"SOS"信号。下面介绍序列信号检测器的设计，该检测器可以检测 7 位序列信号。7 位序列信号检测器的结构图如图 5.24 所示，它由一个数码锁存器 SS0 和一个移位寄存器 SS1 构成，SS0 用于存放正确序列信号（如"1101001"）；SS1 用于接收从输入端 DIN 输入的序列信号，每接收一位输入信号都要将 SS1 与 SS0 中的信号进行比较，当输入完一组信号"1101001"（即正确序列）时，输出 FOUT=1，否则（未检测到正确序列或序列信号未检测结束）FOUT=0。根据序列信号检测器的功能，基于 VHDL 编写的源程序 monitor7.vhd 如下：

```
LIBRARY IEEE;
USE IEEE.STD_LOGIC_1164.ALL;
USE IEEE.STD_LOGIC_UNSIGNED.ALL;
ENTITY monitor7 IS
  PORT(CP,DIN:IN STD_LOGIC;
       FOUT:BUFFER STD_LOGIC);
END monitor7;
ARCHITECTURE one OF monitor7 IS
  BEGIN
    PROCESS(CP)
    VARIABLE SS0: STD_LOGIC_VECTOR( 6 DOWNTO 0):="1101001";
    VARIABLE SS1: STD_LOGIC_VECTOR( 6 DOWNTO 0);
     BEGIN
     IF CP'EVENT AND CP='1' THEN
        FOR  I IN 1 TO 6 LOOP
          SS1(I-1):=SS1(I);
        END LOOP;
        SS1(6):=DIN;
      END IF;
      IF (SS1=SS0) THEN
        FOUT<='1';
      ELSE
        FOUT<='0';
      END IF;
    END PROCESS;
END one;
```

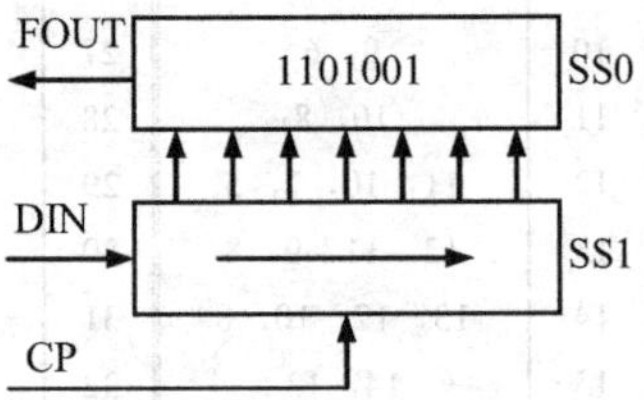

图 5.24　序列信号检测器的结构图

　　7 位序列信号检测器的仿真波形如图 5.25 所示，序列信号从 DIN 端输入，当 DIN 为"1101001"（正确序列）时，输出 FOUT=1，表示检测到一组正确序列信号。请读者注意从 DIN 端输入序列信号的顺序，应该从"1101001"序列信号的最右边（最低位）的数据开始输入，到最左边（最高位）结束，即按"1→0→0→1→0→1→1"顺序输入。仿真结果验证了设计的正确性。

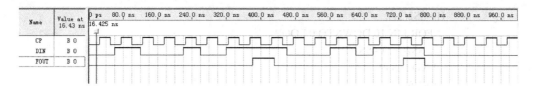

图 5.25　序列信号检测器的仿真波形

5.4.5　流水灯控制器的设计

流水灯控制器常用于广告牌的彩灯控制。下面以一个简单的流水灯控制器为例,介绍基于 VHDL 的设计,其源程序 SLL9.vhd 如下:

```
LIBRARY IEEE;
USE IEEE.STD_LOGIC_1164.ALL;
USE IEEE.STD_LOGIC_UNSIGNED.ALL;
ENTITY SLL9 IS
   PORT(clk:IN STD_LOGIC;
        q:BUFFER STD_LOGIC_VECTOR( 11 DOWNTO 0));
END SLL9;
ARCHITECTURE one OF SLL9 IS
SIGNAL CLK1,S:STD_LOGIC;
  BEGIN
    PROCESS(clk)          --2 百万分频器
    VARIABLE SS0: INTEGER RANGE 0 TO 1999999;
      BEGIN
      IF clk'EVENT AND clk='1' THEN
         IF (SS0<1999999) THEN
            SS0:=SS0+1;
            ELSE SS0:=0; END IF;
              IF (SS0=1999999) THEN
               CLK1<='1';
                ELSE CLK1<='0'; END IF;
         END IF;
      END PROCESS;
      PROCESS(CLK1)       --128 分频器
      VARIABLE SS1: INTEGER RANGE 0 TO 127;
        BEGIN
        IF CLK1'EVENT AND CLK1='1' THEN
           SS1:=SS1+1;
            IF (SS1<63) THEN
              S<='0';
              ELSE S<='1'; END IF;
          END IF;
      END PROCESS;
      PROCESS(CLK1)       --流水灯控制
      VARIABLE SS2: STD_LOGIC_VECTOR( 11 DOWNTO 0):="000000000001";
      VARIABLE H: STD_LOGIC;
         BEGIN
         IF CLK1'EVENT AND CLK1='1' THEN
           IF (S='1') THEN
```

```
            H:=SS2(11);
              FOR I IN 10 DOWNTO 0 LOOP
                SS2(I+1):=SS2(I);
              END LOOP;
              SS2(0):=H;
            ELSE H:=SS2(0);
              FOR I IN 1 TO 11 LOOP
                SS2(I-1):=SS2(I);
              END LOOP;
              SS2(11):=H;
            END IF;
          END IF;
            q<=SS2;
        END PROCESS;
      END one;
```

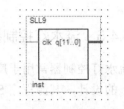

图 5.26 SLL9 的元件符号

在源程序中使用了三个 PROCESS 进程，第 1 个进程是 2 百万分频器（分频比=1/2000000），用于将石英振荡器输出的 20MHz 频率，经 2 百万分频后得到周期为 0.5 秒的时钟 CLK1（分频比应根据实际设备的石英振荡器输出的频率而定）。

第 2 个进程是 128 分频器，将输入周期为 0.5 秒的时钟经过 128 分频后，得到周期为 12.8 秒的时钟信号输出 S，S 信号的占空比为 50%，即 S 有 6.4 秒为 1，控制移位寄存器左移；有 6.4 秒为 0，控制移位寄存器右移。

第 3 个进程块是彩灯控制，根据控制信号 S 让一个 12 位的移位寄存器 SS2 进行左移或右移，每移 1 位的时间是 0.5 秒（由 CLK1 控制）。移位寄存器的输出 SS2 控制 12 盏彩灯的亮和灭。

在源程序中，用变量"VARIABLE SS2:STD_LOGIC_VECTOR(11 DOWNTO 0):="000000000001";"初始化 SS2=000000000001，使每次只有 1 盏流水灯发光，如果将初始化语句改为"VARIABLE SS2:STD_LOGIC_VECTOR(11 DOWNTO 0):="000000000011";"，即 SS2=000000000011，则每次只有 2 盏流水灯发光。

为流水灯 SLL9 源程序生成的元件符号如图 5.26 所示。本例设计已在 EDA 实验开发平台上验证。

5.4.6 抢答器的设计

抢答器常用于知识竞赛的抢答控制，下面以一个简单的抢答器设计为例，其 VHDL 源程序 qiangdaqi.vhd 如下：

```
    LIBRARY IEEE;
    USE IEEE.STD_LOGIC_1164.ALL;
    USE IEEE.STD_LOGIC_UNSIGNED.ALL;
    ENTITY qiangdaqi IS
      PORT(K,S1,S2,S3,S4,S5,S6,S7,S8:IN STD_LOGIC;
           LED7S:BUFFER STD_LOGIC_VECTOR(3 DOWNTO 0));
    END qiangdaqi;
    ARCHITECTURE one OF qiangdaqi IS
    SIGNAL Q:STD_LOGIC_VECTOR(8 DOWNTO 1):="00000000";
    SIGNAL ena,H: STD_LOGIC;
      BEGIN
        ena<=NOT((NOT K) OR Q(1)OR Q(2)OR Q(3)OR Q(4)OR Q(5)OR Q(6)OR Q(7)OR Q(8));
```

```
    PROCESS(K,S1)           --1号选手抢答进程
       BEGIN
        IF K='0' THEN Q(1)<='0';
           ELSIF (ena='1' AND S1='0') THEN Q(1)<='1';
         END IF;
   END PROCESS;
    PROCESS(K,S2)           --2号选手抢答进程
       BEGIN
        IF K='0' THEN Q(2)<='0';
           ELSIF (ena='1'AND S2='0') THEN Q(2)<='1';
          END IF;
   END PROCESS;
    PROCESS(K,S3)           --3号选手抢答进程
       BEGIN
        IF K='0' THEN Q(3)<='0';
           ELSIF (ena='1'AND S3='0') THEN Q(3)<='1';
          END IF;
   END PROCESS;
    PROCESS(K,S4)           --4号选手抢答进程
       BEGIN
        IF K='0' THEN Q(4)<='0';
           ELSIF (ena='1'AND S4='0') THEN Q(4)<='1';
          END IF;
   END PROCESS;
    PROCESS(K,S5)           --5号选手抢答进程
       BEGIN
        IF K='0' THEN Q(5)<='0';
           ELSIF (ena='1'AND S5='0') THEN Q(5)<='1';
          END IF;
   END PROCESS;
    PROCESS(K,S6)           --6号选手抢答进程
       BEGIN
        IF K='0' THEN Q(6)<='0';
           ELSIF (ena='1'AND S6='0') THEN Q(6)<='1';
          END IF;
   END PROCESS;
    PROCESS(K,S7)           --7号选手抢答进程
       BEGIN
        IF K='0' THEN Q(7)<='0';
           ELSIF (ena='1'AND S7='0') THEN Q(7)<='1';
          END IF;
   END PROCESS;
    PROCESS(K,S8)           --8号选手抢答进程
       BEGIN
        IF K='0' THEN Q(8)<='0';
           ELSIF (ena='1'AND S8='0') THEN Q(8)<='1';
          END IF;
   END PROCESS;
    PROCESS(Q)              --显示抢答成功选手号进程
       BEGIN
```

```
            CASE Q IS
               WHEN "00000000"=> LED7S<="0000";
               WHEN "00000001"=> LED7S<="0001";
               WHEN "00000010"=> LED7S<="0010";
               WHEN "00000100"=> LED7S<="0011";
               WHEN "00001000"=> LED7S<="0100";
               WHEN "00010000"=> LED7S<="0101";
               WHEN "00100000"=> LED7S<="0110";
               WHEN "01000000"=> LED7S<="0111";
               WHEN "10000000"=> LED7S<="1000";
               WHEN OTHERS => LED7S<="0000";
            END CASE;
        END PROCESS;
    END one;
```

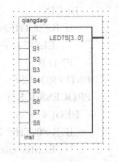

图 5.27 抢答器的元件符号

在源程序中，K 是主持人的按钮开关，在开关按下的瞬间开始抢答；S1～S8 是 8 位选手抢答的按钮开关，开关按下瞬间表示抢答；LED7S 是七段数码显示器，用于显示抢答成功选手的序号；ena 是源程序内部的使能控制信号，当主持人的开关按下（K=0）且所有选手没有开始抢答（S1～S8 均为 0）时 ena=1，表示可以抢答，当有任何一位选手按下抢答按钮时，ena=0，禁止其他选手抢答。在源程序中用了 8 个 PROCESS 进程描述 8 个选手的抢答处理。由于 PROCESS 进程是并行语句，所以所有选手都是平等的，没有优先权的高低。读者可以根据以上源程序进行修改，增加抢答选手的人数和显示器的位数。

为抢答器 qiangdaqi 源程序生成的元件符号如图 5.27 所示。本例设计已在 EDA 实验开发平台上验证。

5.4.7 串行数据检测器的设计

串行数据是一位一位地依次传送的信号，每一位数据占据一个固定的时间长度，是串行通信、计算机与计算机之间、计算机与外设之间的数据传输信号。串行数据检测器完成串行数据在传输过程中的检测，如误码、鉴别等。下面以串行奇偶检测器、串行信号判别器和比例检测器为例，介绍基于 VHDL 的串行数据检测器的设计。

1．9 位串行奇偶检测器的设计

9 位串行奇偶检测器用于检测一组（9 位）串行码中"1"的个数的奇偶性。其元件符号如图 5.28 所示，clk1 是时钟输入端，上升沿有效；clk2 是同步时钟输入端，上升沿有效，clk2 的周期是 clk1 的 9 倍，用于判断一组（9 位）串行码的结束；d 是串行码输入端；fodd 是判奇输出端，fev 是判偶输出端；当同步时钟 clk2 的上升沿到来时，如果 9 位串行码中的"1"的个数是奇数，fodd=1，fev=0，是偶数，fodd=0，fev=1。

根据 9 位串行奇偶检测器的功能，基于 VHDL 编写的源程序 oe_detector.vhd 如下：

```
    LIBRARY IEEE;
    USE IEEE.STD_LOGIC_1164.ALL;
    USE IEEE.STD_LOGIC_UNSIGNED.ALL;
    ENTITY oe_detector IS
        PORT(clk1,clk2:IN STD_LOGIC;
             D:IN STD_LOGIC;
             fodd,fev:BUFFER STD_LOGIC);
```

```
END oe_detector;
ARCHITECTURE one OF oe_detector IS
SIGNAL Q: STD_LOGIC_VECTOR(9 DOWNTO 1);
  BEGIN
    PROCESS(clk1,D)
      BEGIN
        IF clk1'EVENT AND clk1='1' THEN
        FOR I IN 1 TO 8 LOOP
          Q(I)<=Q(I+1);
          END LOOP;
            Q(9)<=D;
        END IF;
    END PROCESS;
    PROCESS(clk2,Q)
      VARIABLE H:STD_LOGIC;
      BEGIN
        IF clk2'EVENT AND clk2='1' THEN
        H:='0';
        FOR I IN 1 TO 9 LOOP
         H:=H XOR Q(I);
          END LOOP;
        END IF;
        IF (H='1') THEN
        fodd<='1';fev<='0';
          ELSE fodd<='0';fev<='1';
        END IF;
    END PROCESS;
  END one;
```

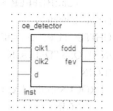

图 5.28　串行奇偶检测器的元件符号

在源程序中，用了一个 9 位移位寄存器 Q(9 DOWNTO 1)来存放串行码，当 clk1 的上升沿到来时，Q 右移 1 位，最高位 Q(9)接收串行码 d 的输入。当 clk2 的上升沿到来时（表示接收了一组串行码），则用语句"H:=H XOR Q(I);"判断串行码中"1"的个数的奇偶性，为奇数个"1"，fodd=1，fev=0；为偶数个"1"，fodd=0，fev=1。

9 位串行奇偶检测器的仿真波形如图 5.29 所示，图中的 0ps～680ns 是接收第 1 组串行码时段，9 位串行码中有 5 个"1"（奇数），因此 fodd=1，fev=0；680ns～1.36us 是接收第 2 组串行码阶段，9 位串行码中有 4 个"1"（偶数），因此 fodd=0，fev=1。仿真结果验证了设计的正确性。

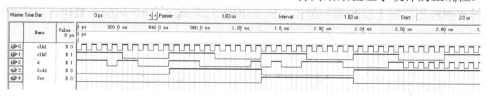

图 5.29　9 位串行奇偶检测器的仿真波形

2. 串行信号判别器的设计

串行信号判别器用于判别在连续两个或两个以上时钟周期内，两个串行输入信号一致时（同为 0 或同为 1），输出信号为 1，其余情况输出为 0。串行信号判别器的元件符号如图 5.30 所示，其中 clk 是时钟输入端，x1 和 x2 是两个串行信号输入端，cout 是输出端。

根据串行信号判别器的功能，基于 VHDL 编写的源程序 two_detector.vhd 如下：

```
LIBRARY IEEE;
USE IEEE.STD_LOGIC_1164.ALL;
USE IEEE.STD_LOGIC_UNSIGNED.ALL;
ENTITY two_detector IS
   PORT(clk,x1,x2:IN STD_LOGIC;
        cout:BUFFER STD_LOGIC);
END two_detector;
ARCHITECTURE one OF two_detector IS
SIGNAL Q: STD_LOGIC:='0';
  BEGIN
    PROCESS(clk,x1,x2)
      BEGIN
        IF clk'EVENT AND clk='1' THEN
         IF (x1=x2 AND Q='0') THEN
           Q<='1';cout<='0';
           ELSIF (x1=x2 AND Q='1') THEN
           Q<='1';cout<='1';
             ELSE Q<='0';cout<='0';END IF;
        END IF;
      END PROCESS;
END one;
```

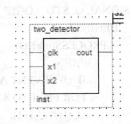

图 5.30　串行信号判别器的元件符号

在源程序中用信号 Q 表示接收输入的状态，Q=0 表示没有接收到两个串行信号相同的状态；Q=1 表示接收到一个时钟周期内，两个串行信号相同的状态。当 Q=1 时，如果时钟的上升沿到来，且两个串行信号相同，则表示两个时钟周期内两个串行信号相同，输出 cout=1，且 Q 保持为 1 态。如果时钟的上升沿到来，且两个串行信号不同，则 Q=0，输出 cout=0。

串行信号判别器的仿真波形如图 5.31 所示，从图中可以看到，如果 x1 和 x2 在两个时钟周期内同为"1"或同为"0"，则输出 cout=1，否则 cout=0。仿真结果验证了设计的正确性。

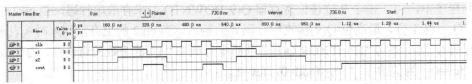

图 5.31　串行信号判别器的仿真波形

3. 比例检测器的设计

串行比例检测器用于检测到一组 5 个码元中的"1"码与"0"码的个数比，当个数比为 2:3 时，表示这组电码正确，输出 Z=1，其他情况下 Z=0。

比例检测器的元件符号如图 5.32 所示，CP 是时钟输入端，上降沿有效；X1 是串行码输入端；X2 是同步信号输入端，当 X2=1（上升沿）时表示电路检测完毕一组电码，其周期是 CP 的 5 倍；Z 是输出端。

根据比例检测器的功能要求，基于 VHDL 编写的源程序 ratio_detector.vhd 如下：

```
LIBRARY IEEE;
USE IEEE.STD_LOGIC_1164.ALL;
USE IEEE.STD_LOGIC_UNSIGNED.ALL;
ENTITY ratio_detector IS
   PORT(CP,X1,X2:IN STD_LOGIC;
        Z:BUFFER STD_LOGIC);
```

```
END ratio_detector;
ARCHITECTURE one OF ratio_detector IS
SIGNAL Z1,CLK1: STD_LOGIC;
SIGNAL H:STD_LOGIC_VECTOR(4 DOWNTO 0);
  BEGIN
    PROCESS(CP)
      BEGIN
        IF CP'EVENT AND CP='1' THEN
          FOR I IN 1 TO 4 LOOP
            H(I-1)<=H(I);
          END LOOP;
          H(4)<=X1;
        END IF;
    END PROCESS;
    PROCESS(X2)
      BEGIN
        CLK1<=NOT(NOT X2);
    END PROCESS;
    PROCESS(CLK1)
    VARIABLE S:INTEGER RANGE 0 TO 5;
      BEGIN
        IF CLK1'EVENT AND CLK1='1' THEN
          S:=0;
          FOR I IN 0 TO 4 LOOP
           IF (H(I)='1') THEN S:=S+1;END IF;
           END LOOP;
           IF (S=2) THEN
            Z<='1';
              ELSE Z<='0';END IF;
        END IF;
    END PROCESS;
END one;
```

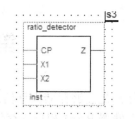

图 5.32 比例检测器的元件符号

在源程序中，用一个 5 位移位寄存器 H 来存放 5 位串行码；用整型变量 S 来统计串行码中的 "1" 的个数；用 CLK1 来代替同步时钟 X2，并有一定的延迟，以保证 5 个输入脉冲（CP）的上升沿到来以后，才判断比例是否正确。源程序中有 3 个 PROCESS 进程，第 1 个进程完成串行码的接收；第 2 个进程完成同步时钟的延迟；第 3 个完成比例的判断。由源程序生成的元件符号见图 5.32。

比例检测器的仿真波形如图 5.33 所示，图中的 0ps～400ns 是第 1 组串行码的输入时段，1 与 0 的比为 2:3，为正确码，输出 Z=1；400ns～800ns 是第 2 组串行码的输入时段，1 与 0 的比为 3:2，为错误码，输出 Z=0；800ns～1.2us 是第 3 组串行码的输入时段，1 与 0 的比为 2:3，为正确码，输出 Z=1。仿真波形验证了设计的正确性。

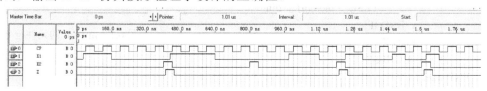

图 5.33 比例检测器的仿真波形

第6章 存储器的设计

存储器是能够存储大量信息的器件，在数字电路和计算机中有广泛的用途。存储器主要分为随机存储器 RAM 和只读存储器 ROM 两类，下面介绍基于 VHDL 的 RAM 和 ROM 的设计。

6.1 RAM 的设计

在 VHDL 中，采用数组类型数据可以构成 RAM 存储器的数据类型，RAM 存储器的数据类型定义语句如下：

TYPE ram_type IS ARRAY (0 TO 15) OF std_logic_vector(7 DOWNTO 0);

语句定义了一个 16 个字的存储器变量 ram_type，每个字的字长为 8 位。若 mem 是 ram_type 数据类型的变量，则可以用下面的语句对存储器单元进行写入或读出操作：

mem(7)<= din; //存储器写操作
dout<=mem(7); //存储器读操作

因此 ram_type 型的变量相当于一个 RAM。

在存储器设计时，存储容量越大，占用可编程逻辑器件的资源越多。下面以 16×8 位 RAM 的设计为例，介绍基于 VHDL 的 RAM 设计，具体的源程序 myram.vhd 如下：

```
LIBRARY ieee;
USE ieee.std_logic_1164.ALL;
ENTITY myram IS
    PORT(a   : IN integer RANGE 0 TO 15;            --地址线
         din : IN std_logic_vector(7 DOWNTO 0);     --输入数据线
         dout: OUT std_logic_vector(7 DOWNTO 0);    --输出数据线
         clk, cs, we : IN std_logic );              --时钟、片选、写使能
END ENTITY myram;
ARCHITECTURE one OF myram IS
    TYPE ram_type IS ARRAY (0 TO 15) OF std_logic_vector(7 DOWNTO 0);
BEGIN
    PROCESS(clk, a, din, cs, we) IS
        VARIABLE mem : ram_type;
    BEGIN
        IF clk'event AND clk = '1' THEN
            IF cs='1' THEN dout<="ZZZZZZZZ";
            ELSIF we = '1' THEN
                dout <= mem(a);
            ELSE    mem(a) := din;
            END IF;
        END IF;
    END PROCESS;
END one;
```

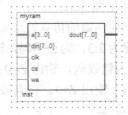

图 6.1 myram 的元件符号

myram 源程序生成的元件符号如图 6.1 所示，其中 a[3..0]是 4 位地址线，可以实现 16 个存

储单元（字）的寻址；cs 是片选控制输入端，低电平有效，当 cs＝0 时，存储器处于工作状态（可以读或写），当 cs＝1 时，存储器处于禁止状态，输出为高阻态（Z）；we 是写控制输入端，低电平有效，当 we＝0（cs＝0）时，存储器处于写操作状态，当 we＝1（cs＝0）时，存储器处于读操作状态；din[7..0]是 8 位数据输入端，在存储器处于写操作状态时，根据地址线提供的地址，把其数据写入相应的存储单元；dout[7..0]是 8 位数据输出端，当存储器处于读操作状态时，根据地址线提供的地址，把相应存储单元的数据送至输出端 dout。

在源程序中，如果把地址定义语句"IN integer RANGE 0 TO 15;"更改为"IN integer RANGE 0 TO 1024;"（即定义地址为 10 位），则是一个为 1024×8 位的 RAM 电路设计的源程序。

16×8 位的 myram 电路的仿真波形如图 6.2 所示，在波形图的 0ps 到 320ns，是禁止工作阶段（cs=1），输出 dout 为高阻态（ZZ）；在 320ns 到 1.6us 是存储器写操作阶段，从 3 号地址开始依次写入数据 0C、0D、0E…；在 1.6us 到 3.2us 是存储器读阶段，从 3 号地址开始依次读出 0C、0D、0E…数据。仿真结果验证了设计的正确性。

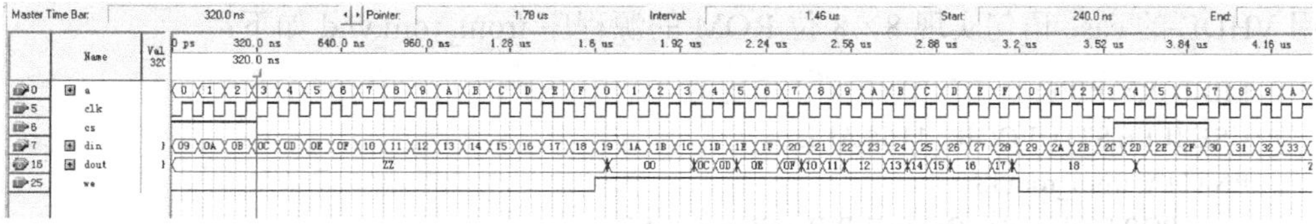

图 6.2 myram 电路的仿真波形

6.2 ROM 的设计

在数字系统中，由于 ROM 中的数据掉电后不会丢失，因此得到更广泛的应用。下面介绍基于 VHDL 的 ROM 设计。对于容量不大的 ROM，可以用 VHDL 的数组或 case 语句来实现。用 VHDL 的数组语句实现 8×8 位 ROM 的源程序 from_rom.vhd 如下：

```
LIBRARY ieee;
USE ieee.std_logic_1164.ALL;
ENTITY from_rom IS
    PORT(   clk,cs: IN std_logic;              --时钟、片选
            addr: IN integer RANGE 0 TO 7;    --地址线
            q: OUT std_logic_vector(7 DOWNTO 0)); --输出数据线
END ENTITY from_rom;
ARCHITECTURE one OF from_rom IS
TYPE rom_type IS ARRAY (0 TO 7) OF std_logic_vector(7 DOWNTO 0);
BEGIN
    PROCESS(clk, addr,cs) IS
        VARIABLE mem : rom_type;
    BEGIN
    mem(0):="01000001"; mem(1):="01000010";
    mem(2):="01000011"; mem(3):="01000100";
    mem(4):="01000101"; mem(5):="01000110";
    mem(6):="01000111"; mem(7):="01001000";
        IF clk'event AND clk = '1' THEN
            IF cs = '1' THEN q<="ZZZZZZZZ";
            ELSE    q <= mem(addr);
            END IF;
```

```
            END IF;
        END PROCESS;
    END one;
```

在源程序中，addr 是 3 位地址线，可以实现 8 个存储单元（字）的寻址；cs 是使能控制（即片选）输入端，低电平有效，当 cs=0 时，存储器处于工作状态（读出），当 cs=1 时，存储器处于禁止状态，输出 q 为高阻态（Z）。

8×8 位 ROM 的仿真波形如图 6.3 所示，仿真结果验证了设计的正确性。

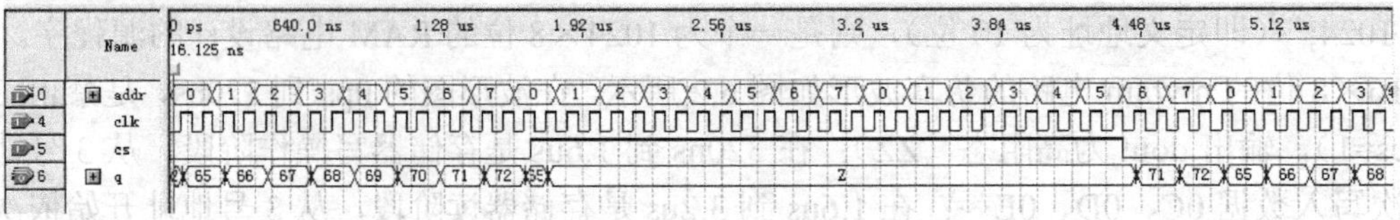

图 6.3 8×8 位 ROM 的仿真波形

用 VHDL 的 case 语句实现 8×8 位 ROM 的源程序 from_rom.vhd 如下：

```
    LIBRARY IEEE;
    USE IEEE.STD_LOGIC_1164.ALL;
    ENTITY from_rom IS
        PORT(addr: IN    INTEGER RANGE 0 TO 7;
             cs       : IN STD_LOGIC;
             q        : OUT STD_LOGIC_VECTOR(7 DOWNTO 0));
    END from_rom;
    ARCHITECTURE a OF from_rom IS
      BEGIN
        PROCESS (cs,addr)
        BEGIN
            IF (cs='1') THEN q<="ZZZZZZZZ";ELSE
            CASE addr IS
                WHEN 0 =>   q<="01000001";
                WHEN 1 =>   q<="01000010";
                WHEN 2 =>   q<="01000011";
                WHEN 3 =>   q<="01000100";
                WHEN 4 =>   q<="01000101";
                WHEN 5 =>   q<="01000110";
                WHEN 6 =>   q<="01000111";
                WHEN 7 =>   q<="01001000";
            END CASE;
            END IF;
        END PROCESS ;
    END a;
```

在源程序中，case 语句中的数据可以根据实际需要更改。

为了使对 ROM 的操作与系统同步，一些 ROM 需要增加时钟控制，基于 VHDL 的设计，增加时钟端很方便，只要在 CASE 语句前写入时钟 clk 的属性参数 "IF clk'EVENT AND clk='1' THEN"，即可实现时钟的上升沿控制 ROM，具体源程序如下：

```
    LIBRARY IEEE;
    USE IEEE.STD_LOGIC_1164.ALL;
    ENTITY from_rom IS
```

```vhdl
        PORT(addr: IN  INTEGER RANGE 0 TO 7;
             cs,clk: IN STD_LOGIC;
             q       : OUT STD_LOGIC_VECTOR(7 DOWNTO 0));
END from_rom;
ARCHITECTURE a OF from_rom IS
  BEGIN
    PROCESS (cs,clk,addr)
      BEGIN
        IF (cs='1') THEN q<="ZZZZZZZZ";ELSE
          IF clk'EVENT AND clk='1' THEN
            CASE addr IS
              WHEN 0 =>    q<="01000001";
              WHEN 1 =>    q<="01000010";
              WHEN 2 =>    q<="01000011";
              WHEN 3 =>    q<="01000100";
              WHEN 4 =>    q<="01000101";
              WHEN 5 =>    q<="01000110";
              WHEN 6 =>    q<="01000111";
              WHEN 7 =>    q<="01001000";
            END CASE;
          END IF;
        END IF;
      END PROCESS ;
END a;
```

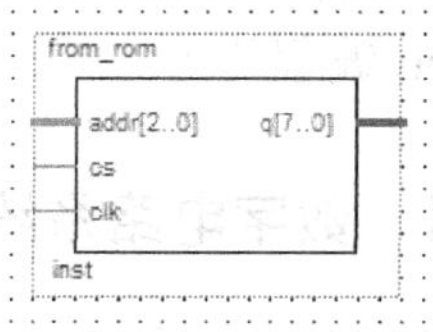

图 6.4 8×8 位 ROM 的元件符号

由源程序生成的 8×8 位 ROM 的元件符号如图 6.4 所示,其中 addr[2..0]是 3 位地址输入端,cs 是片选控制输入端,当 cs=1 时,ROM 不能工作,输出 q[7..0]为高阻态,cs=0 时,ROM 工作,其输出的数据由输入地址决定。该元件符号保存在工程文件夹中,在原理图设计方式下,可以作为共享元件被其他数字电路与系统设计时调用。时钟控制 8×8 位 ROM 的仿真波形如图 6.5 所示,仿真结果验证了设计的正确性。

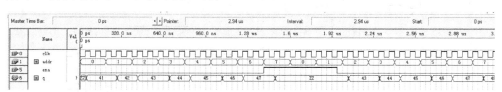

图 6.5 时钟控制 8×8 位 ROM 的仿真波形

第 7 章 数字电路系统的设计

本章首先介绍基于 VHDL 的数字电路系统的设计方法，然后介绍一些通俗易懂的数字电路系统的设计，包括串行加法器、24 小时计时器、万年历、倒计时器、交通灯控制器、出租车计费器、波形发生器、数字电压表、数字频率计等。

7.1 数字电路系统的设计方法

基于 VHDL 的数字电路系统的设计方法有两种，一种是利用 EDA 工具的图形编辑方式实现系统设计，另一种是用元件例化方式实现系统设计。图形编辑方式具有直观的优点，但需要有 EDA 工具的图形编辑软件支持；元件例化方式不够直观，但它不需要图形编辑软件的支持，只用 VHDL 编程即可。

7.1.1 数字电路系统设计的图形编辑方式

图形编辑方式需要有 EDA 工具的图形编辑软件支持，例如美国 Altera 公司的 Quartus II 软件就支持图形编辑。下面以计数译码系统电路为例，介绍数字电路系统的图形编辑方式。

计数译码系统电路的顶层结构如图 7.1 所示，它由两片 4 位二进制计数器 cnt4e 和两片七段译码电路 BCD_Dec7 构成。两片 4 位二进制计数器组成 16×16（=256）分频；两片七段译码电路将分频的状态经译码后送到七段数码管显示。

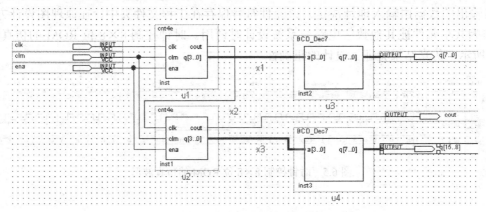

图 7.1 计数译码系统电路的顶层结构图

计数译码系统电路的设计首先要分别设计 4 位二进制计数器 cnt4e 模块和七段译码电路 BCD_Dec7。

1．4 位二进制计数器 cnt4e 的设计

4 位二进制计数器 cnt4e 的元件符号如图 7.2 所示，clk 是时钟输入端；clrn 是复位控制输入端，当 clrn=0 时计数器被复位，输出 q[3..0]="0000"（0）；ena 是使能控制输入端，当 ena=1 时，计数器才能工作；cout 是进位输出端，当输出 q[3..0]="1111"（15）时，cout=1。

根据 4 位二进制计数器的功能，基于 VHDL 编写的源程序 cnt4e.vhd 如下：

```vhdl
LIBRARY IEEE;
USE IEEE.STD_LOGIC_1164.ALL;
USE IEEE.STD_LOGIC_UNSIGNED.ALL;
ENTITY cnt4e IS
  PORT(clk,clrn,ena:IN STD_LOGIC;
       cout:OUT STD_LOGIC;
       q:BUFFER STD_LOGIC_VECTOR(3 DOWNTO 0 ));
END cnt4e;
ARCHITECTURE one OF cnt4e IS
  BEGIN
    PROCESS(clk,clrn,ena)
      BEGIN
        IF clrn='0' THEN Q<="0000";
          ELSIF clk'EVENT AND clk='1' THEN
            IF (ena='1') THEN
              q<=q+1;
                IF (q="1111") THEN cout<='1';
                  ELSE cout<='0'; END IF;
              END IF;
          END IF;
      END PROCESS;
END one;
```

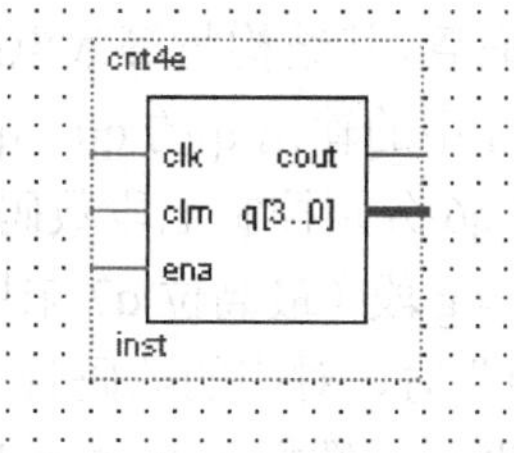

图 7.2 cnt4e 的元件符号

完成 cnt4e 的设计后，为它生成一个元件符号，并保存在程序包中，生成的元件符号见图 7.2。

2. 七段数码显示器的译码器 BCD_Dec7s 的设计

七段数码显示器的译码器 BCD_Dec7s 的元件符号如图 7.3 所示，a[3..0]是 4 数据输入端，用于接收 cnt4e 的输出 q[3..0]的信号；q[7..0]是译码器的输出端，提供七段数码显示数据。

根据七段数码显示器的译码器的功能，基于 VHDL 编写的源程序 BCD_Dec7s.vhd 如下：

```vhdl
LIBRARY IEEE;
USE IEEE.STD_LOGIC_1164.ALL;
USE IEEE.STD_LOGIC_UNSIGNED.ALL;
ENTITY BCD_Dec7s IS
  PORT(a:IN STD_LOGIC_VECTOR(3 DOWNTO 0);
       q:BUFFER STD_LOGIC_VECTOR(7 DOWNTO 0));
END BCD_Dec7s;
ARCHITECTURE example OF BCD_Dec7s IS
  BEGIN
    PROCESS(a)
      BEGIN
        CASE  a IS
          WHEN "0000"=>q<=("00111111"); WHEN "0001"=>q<=("00000110");
          WHEN "0010"=>q<=("01011011"); WHEN "0011"=>q<=("01001111");
          WHEN "0100"=>q<=("01100110"); WHEN "0101"=>q<=("01101101");
          WHEN "0110"=>q<=("01111101"); WHEN "0111"=>q<=("00000111");
          WHEN "1000"=>q<=("01111111"); WHEN "1001"=>q<=("01101111");
          WHEN "1010"=>q<=("01110111"); WHEN "1011"=>q<=("01111100");
          WHEN "1100"=>q<=("00111001"); WHEN "1101"=>q<=("01011110");
```

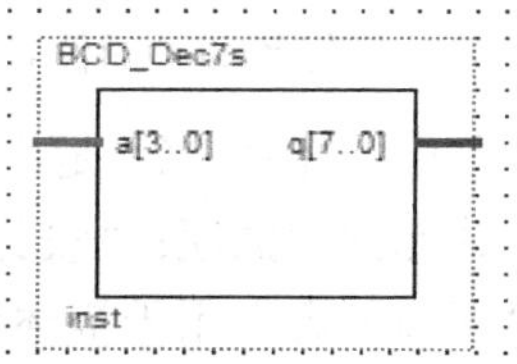

图 7.3 BCD_Dec7s 的元件符号

```
                WHEN "1110"=>q<=("01111001"); WHEN "1111"=>q<=("01110001");
                WHEN OTHERS=>q<=("00000000");
        END CASE;
    END PROCESS;
END example;
```

源程序中译码部分的编写是根据选用的七段数码管而定的,本设计选用共阴结构的数码管,其结构与等效电路如图 7.4 所示。源程序中的输出 q 的 q0、q1、q2、q3、q4、q5 和 q6 分别控制七段数码管的 a、b、c、d、e、f 和 g 段(最高位 q7 未用)。当某位数据为"1"时,对应的数码管段亮,为"0"则灭。例如,当数据 q=0 时,a、b、c、d、e、f 段亮,g 段灭,则用语句"WHEN "0000"=>q<=("00111111");"实现;当数据 q=1 时,b、c 段亮,a、d、e、f、g 段灭,则用语句"WHEN "0001"=>q<=("00000110");"实现;以此类推。

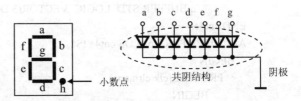

图 7.4 半导体数码显示器外形图及等效电路

完成 BCD_Dec7s 的设计后为它生成一个元件符号,并保存在程序包中,生成的元件符号见图 7.3。

3. 计数译码系统电路的设计

完成 4 位二进制计数器 cnt4e 和七段译码电路 BCD_Dec7 两个基本元件的设计后,打开 EDA (如 Quartus II)软件的图形编辑窗口,将两片 cnt4e 和两片 BCD_Dec7 元件符号以及电路需要的输入(input)、输出(output)端口元件,根据图 7.1 所示的电路,完成连线,实现计数译码系统电路的顶层设计。

7.1.2 用元件例化方式实现系统设计

任何用 VHDL 描述的电路设计实体(ENTITY),均可作为一个元件,用元件例化语句调用,构成数字电路系统中的一个部件,完成系统设计。

元件用例化语句调用的格式如下:

    例化名:设计元件名 PORT MAP (端口列表);

其中,"例化名"是用户为系统设计定义的标识符,为不可缺少项,相当于系统电路板上插入设计元件的插座;"设计元件名"是用户设计的电路实体名,相当于设计电路中的一个元件;而"端口列表"用于描述设计模块元件上的引脚与插座上引脚的连接关系,端口列表中每个名称(标识符),对应插座上的一个引脚名称,它必须与元件的引脚名称关联。端口列表的关联方法有两种,一种是位置映射法,另一种是名称映射法。

位置映射法要求端口列表中的引脚名称应与设计模块的输入/输出端口一一对应。例如,设计模块名为 cnt4e 的输入/输出端口为"clk,clrn,ena,cout,q",而以 u1 为例化名的引脚名是"clk,clrn,ena,x2,x1"(元件引脚名和插座引脚名可以同名),那么位置映射法的模块例化语句格式为:

    u1: cnt4e PORT MAP (clk,clrn,ena,x2,x1);

表示 cnt4e 元件引脚 clk,clrn,ena,cout 和 q 分别与插座引脚 clk,clrn,ena,x2 和 x1 关联(即连接)。位置关联的名称有排序的要求,不能错乱,例如用语句"u1:cnt4e PORT MAP(clk,clrn,ena,x2,x1);"

关联时，插座上引脚的第 1 个标识符（名称）必须与 clk 关联；第 2 个标识符必须与 clrn 关联；以此类推。

名称映射法的格式如下：

(设计模块端口名 1=>插座引脚名 1,设计模块端口名 2=>插座引脚名 2,…);

例如，用名称映射法完成 cnt4e 的元件例化语句格式为：

u1: cnt4e PORT MAP (clk=>clk,clrn=>clrn,ena=>ena,cout=>x1,q=>x2);

名称映射法没有排序要求，而且直观（清楚谁跟谁连接），但没有位置关联法简单。

用元件例化方式设计系统时，需要设计图纸（手工绘制的也可以）的支持，要用标识符注明系统电路的内部连接。例如，在计数译码系统电路的顶层设计图中（见图 7.1），用 u1 和 u2 表示两块 cnt4e 元件的插座名；用 u3 和 u4 表示两块 BCD_Dec7s 元件的插座名；用 x1 表示 u1 插座上输出 q[3..0]的连线；用 x2 表示 u1 插座上输出 cout 的连线；用 x3 表示 u2 插座上输出 q[3..0]的连线。在源程序中，连线要用 SIGNAL（信号）定义。

用元件例化方式采用位置关联法设计的计数译码系统电路的源程序 cnt_dec7s.vhd 如下：

```
LIBRARY IEEE;
USE IEEE.STD_LOGIC_1164.ALL;
ENTITY cnt_dec7s IS
PORT (clk,clrn,ena: IN STD_LOGIC;
      cout:OUT STD_LOGIC;
      q: OUT STD_LOGIC_VECTOR(15 DOWNTO 0));
END cnt_dec7s;
ARCHITECTURE one OF cnt_dec7s IS
  SIGNAL x1,x3: STD_LOGIC_VECTOR(3 DOWNTO 0);
  SIGNAL x2: STD_LOGIC;
  Component cnt4e               --cnt4e 元件声明
    PORT(clk,clrn,ena:IN STD_LOGIC;
       cout:OUT STD_LOGIC;
       q:BUFFER STD_LOGIC_VECTOR(3 DOWNTO 0 ));
  END Component;
  Component BCD_Dec7s        -- BCD_Dec7s 元件声明
    PORT(a:IN STD_LOGIC_VECTOR(3 DOWNTO 0);
       q:BUFFER STD_LOGIC_VECTOR(7 DOWNTO 0));
  END Component;
    BEGIN                    --元件例化
      u1:cnt4e PORT MAP(clk,clrn,ena,x2,x1);    --位置关联
      u2:cnt4e PORT MAP(x2,clrn,ena,cout,x3);
      u3:BCD_Dec7s PORT MAP(x1,q(7 DOWNTO 0));
      u4:BCD_Dec7s PORT MAP(x3,q(15 DOWNTO 8));
    END one;
```

图 7.5　为顶层设计生成的元件符号

完成计数译码系统电路的顶层设计后，也可以生成一个元件符号，如图 7.5 所示。该元件符号可以被其他数字电路与系统设计时调用。

注意：用 VHDL 的元件例化方法设计系统电路时，要保持系统内部连线（如本例的 x1、x2 和 x3）两边端口的数据类型一致，要么都是 STD_LOGIC 型，要么都是 INTEGER 型，不能一端是 STD_LOGIC 型，另一端是 INTEGER 型。用图形编辑方式实现系统设计不存在这个问题。

7.2 8位串行加法器的设计

8位串行加法器的顶层设计如图7.6所示,它由1位全加器adder、D触发器dff1、8位右移移位寄存器shift8和八进制计数器cnt8构成。图中的A是串行被加数输入端,B是串行加数输入端,CLK是时钟输入端,q[8]是两个8位数相加的进位,权值为2^8,q[7..0]是8位和输出端,q[7]~q[0]的权值依次为2^7~2^0。

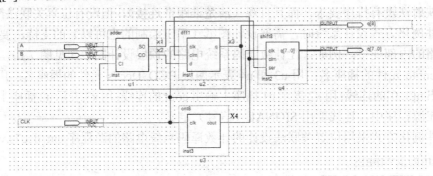

图7.6 串行加法器的顶层设计图

7.2.1 基本元件的设计

下面分别介绍8位串行加法器设计所需要的全加器adder、D触发器dff1、8位右移移位寄存器shift8和8进制计数器cnt8的设计。

1. 全加器adder的设计

根据1位全加器的工作原理,基于VHDL编写的源程序adder.vhd如下:

```
LIBRARY IEEE;
USE IEEE.STD_LOGIC_1164.ALL;
USE IEEE.STD_LOGIC_UNSIGNED.ALL;
ENTITY adder IS
  PORT(A,B,CI: IN STD_LOGIC;
       SO,CO:OUT STD_LOGIC);
END adder;
ARCHITECTURE example OF adder IS
BEGIN
  PROCESS(A,B,CI)
  VARIABLE  H:STD_LOGIC_VECTOR(1 DOWNTO 0);
  BEGIN
    H := ('0' & A)+('0' & B)+('0' & CI);
    SO <= H(0);
    CO <= H(1);
  END PROCESS;
END example;
```

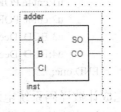

图7.7 全加器的元件符号

由源程序生成的全加器的元件符号如图7.7所示,其中A是被加数输入端,B是加数输入端,CI是低位进位输入端,SO是和输出端,CO是向高位的进位输出端。

全加器的仿真波形如图7.8所示,仿真结果验证了设计的正确性。

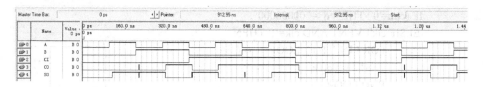

图 7.8 全加器的仿真波形

2. D 触发器的设计

根据 D 触发器的工作原理,基于 VHDL 编写的源程序 dff1.vhd 如下:

```
LIBRARY IEEE;
USE IEEE.STD_LOGIC_1164.ALL;
USE IEEE.STD_LOGIC_UNSIGNED.ALL;
ENTITY dff1 IS
   PORT(clk,clrn,d:IN STD_LOGIC;
        q:BUFFER STD_LOGIC);
END dff1;
ARCHITECTURE example OF dff1 IS
  BEGIN
    PROCESS(clk,clrn,d)
      BEGIN
        IF (clrn='0') THEN q<='0';
          ELSIF clk'EVENT AND clk='1' THEN
            q<=d; END IF;
      END PROCESS;
END example;
```

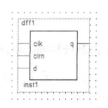

图 7.9 D 触发器的元件符号

由源程序生成的 D 触发器的元件符号如图 7.9 所示,其中 clk 是时钟输入端,上升沿有效;clrn 是复位输入端,低电平有效;q 是触发器的输出端。

D 触发器的仿真波形如图 7.10 所示,仿真结果验证了设计的正确性。

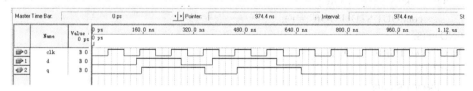

图 7.10 D 触发器的仿真波形

3. 右移移位寄存器的设计

根据右移移位寄存器的工作原理,基于 VHDL 编写的源程序 shift8.vhd 如下:

```
LIBRARY IEEE;
USE IEEE.STD_LOGIC_1164.ALL;
USE IEEE.STD_LOGIC_UNSIGNED.ALL;
ENTITY shift8 IS
   PORT(clk,clrn,ser:IN STD_LOGIC;
        q:BUFFER STD_LOGIC_VECTOR(7 DOWNTO 0));
END shift8;
ARCHITECTURE one OF shift8 IS
  BEGIN
    PROCESS(clk,clrn,ser)
      BEGIN
```

```
            IF (clrn='0') THEN q<="00000000";
            ELSIF clk'EVENT AND clk='1' THEN
                FOR I IN 1 TO 7 LOOP    --右移
                    q(I-1)<=q(I);
                END LOOP;
                    q(7)<=ser;
            END IF;
        END PROCESS;
    END one;
```

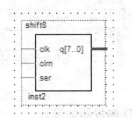

图7.11 shift8的元件符号

由源程序生成的右移移位寄存器 shift8 的元件符号如图7.11所示，其中clk是时钟输入端，上升沿有效；clrn是复位输入端，低电平有效；ser是右串入输入端；q[7..0]是8位输出端。

右移移位寄存器的仿真波形如图7.12所示，仿真结果验证了设计的正确性。

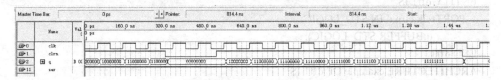

图7.12 右移移位寄存器的仿真波形

4．8进制计数器的设计

8进制计数器的工作原理是将输入时钟进行8分频，结束时其输出cout产生一个下降沿（负脉冲），用于对串行加法器系统的复位。根据八进制计数器的工作原理，基于VHDL编写的源程序cnt8.vhd如下：

```
LIBRARY IEEE;
USE IEEE.STD_LOGIC_1164.ALL;
USE IEEE.STD_LOGIC_UNSIGNED.ALL;
ENTITY cnt8 IS
    PORT(clk:IN STD_LOGIC;
         cout:OUT STD_LOGIC:='1');
END cnt8;
ARCHITECTURE one OF cnt8 IS
    BEGIN
        PROCESS(clk)
            VARIABLE q:STD_LOGIC_VECTOR(2 DOWNTO 0):="111";
            BEGIN
                IF clk'EVENT AND clk='1' THEN
                    q:=q+1;
                    IF (q="111") THEN cout<='0';
                        ELSE cout<='1';
                    END IF;
                END IF;
            END PROCESS;
    END one;
```

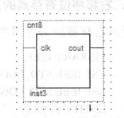

图7.13 cnt8的元件符号

在源程序中用变量q表示一个3位计数器，并使初始化进位输出cout=1，计数器状态q=7(111)，是为了程序执行的开始阶段，就经历了8个时钟脉冲才产生复位信号cout=0（否则只经历7个时钟脉冲）。为源程序生成的八进制计数器cnt8的元件符号如图7.13所示，其中clk是时钟输入端，下降沿有效；cout是复位输出端八进制计数器的仿真波形如图 7.14 所示，波形图中的 0ps 到 640ns 是仿真开始阶段，经历了 8 个时钟周期，才产生 cout=0；如果源程序中没有初始化语句，则经历 7 个时钟周期就产生 cout=0，这是编程时的细节问题。仿真结果验证了设计的正确性。

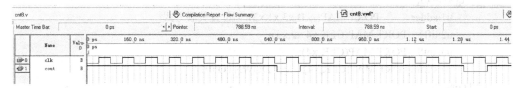

图 7.14　8 位计数器的仿真波形

7.2.2　8 位串行加法器的顶层设计

8 位串行加法器的顶层设计可以采用图形设计法和元件例化法。

1. 图形设计法

在 EDA 软件的图形编辑界面，将 8 位串行加法器设计所需要的全加器 adder、D 触发器 dff1、8 位右移移位寄存器 shift8 和八进制计数器 cnt8 调入，并调入相应的输入（input）和输出（output）元件，按照图 7.6 所示的顶层设计，完成连线，即可实现 8 位串行加法器的顶层设计。

2. 元件例化法

在图 7.6 所示的顶层设计图中，标注好模块的插座名与内部连线名，即用 u1、u2、u3 和 u4 分别表示全加器 adder、D 触发器 dff1、8 位右移移位寄存器 shift8 和八进制计数器 cnt8 的插座名，用 x1 表示 adder 输出 SO 的连线，用 x2 表示 adder 输出 CO 的连线，用 x3 表示 dff1 输出 q 的连线，用 x4 表示 cnt8 输出 cout 的连线。

参照图 7.6 所示的顶层设计，用元件例化法设计的 8 位串行加法器的源程序 add8_sv.vhd 如下：

```
LIBRARY IEEE;
USE IEEE.STD_LOGIC_1164.ALL;
ENTITY add8_sv IS
PORT (CLK,A,B: IN STD_LOGIC;
      q: OUT STD_LOGIC_VECTOR(8 DOWNTO 0));
END add8_sv;
ARCHITECTURE one OF add8_sv IS
  SIGNAL x1,x2,x3,x4: STD_LOGIC;
  Component adder
    PORT(A,B,CI: IN STD_LOGIC;
         SO,CO:OUT STD_LOGIC);
  END Component;
  Component dff1
    PORT(clk,clrn,d:IN STD_LOGIC;
         q:BUFFER STD_LOGIC);
  END Component;
  Component shift8
    PORT(clk,clrn,ser:IN STD_LOGIC;
         q:BUFFER STD_LOGIC_VECTOR(7 DOWNTO 0));
  END Component;
  Component cnt8
    PORT(clk:IN STD_LOGIC;
```

```
            cout:OUT STD_LOGIC:='1');
     END Component;
        BEGIN
         q(8)<=x3;
            u1:adder      PORT MAP(A,B,x3,x1,x2);  --位置关联方式
            u2:dff1    PORT MAP(CLK,x4,x2,x3);
            u3:cnt8    PORT MAP(CLK,x4);
            u4:shift8 PORT MAP(CLK,x4,x1,q(7 DOWNTO 0));
     END one;
```

3．用一个完整的源程序设计

8 位串行加法器也可以用一个完整的源程序设计，设计时把全加器 adder、D 触发器 dff1、8 位右移移位寄存器 shift8 和八进制计数器 cnt8 模块分别放在源程序的 PROCESS 进程语句中描述，具体的源程序 add8_sy.vhd 如下：

```
     LIBRARY IEEE;
     USE IEEE.STD_LOGIC_1164.ALL;
     USE IEEE.STD_LOGIC_UNSIGNED.ALL;
     ENTITY add8_sy IS
     PORT (CLK,A,B: IN STD_LOGIC;
            q: BUFFER STD_LOGIC_VECTOR(8 DOWNTO 0));
     END add8_sy;
     ARCHITECTURE one OF add8_sy IS
     SIGNAL SO,CO,Q1:STD_LOGIC;
     SIGNAL clrn: STD_LOGIC:='1';
        BEGIN
     PROCESS(A,B,Q1)       --实现全加器的描述
      VARIABLE   H:STD_LOGIC_VECTOR(1 DOWNTO 0);
        BEGIN
        H := ('0' & A)+('0' & B)+('0' & Q1);
        SO <= H(0);
        CO <= H(1);
     END PROCESS;
     PROCESS(clk,clrn,CO)   --实现 D 触发器的描述
          BEGIN
            IF (clrn='0') THEN Q1<='0';
             ELSIF clk'EVENT AND clk='1' THEN
                Q1<=CO; END IF;
        END PROCESS;
     PROCESS(clk,clrn,SO)    --实现寄存器的描述
          BEGIN
            IF (clrn='0') THEN q<="000000000";
             ELSIF clk'EVENT AND clk='0' THEN
                  FOR I IN 1 TO 8 LOOP     --右移
                      q(I-1)<=q(I);
                    END LOOP;
                      q(8)<=SO;
              END IF;
     END PROCESS;
        PROCESS(clk)          --实现计数器的描述
```

```
         VARIABLE qs:STD_LOGIC_VECTOR(2 DOWNTO 0):="111";
       BEGIN
         IF clk'EVENT AND clk='1' THEN
             qs:=qs+1;
            IF (qs="111") THEN clrn<='0';
               ELSE clrn<='1';
            END IF;
         END IF;
       END PROCESS;
     END one;
```

在源程序中，D 触发器是时钟 clk 的上升沿触发的，而移位寄存器是时钟的下降沿触发的，将时序错开，以保证设计正确。8 位串行加法器的仿真波形如图 7.15 所示，在仿真波形的初始阶段（0ps～640ns），完成 A（=01010101）加 B（=11111111）的运算，和为 101010100（包含进位共 9 位）是正确的结果。仿真波形验证了设计的正确性。

图 7.15 8 位串行加法器的仿真波形

7.3 24 小时计时器的设计

24 小时计时器的顶层设计如图 7.16 所示，它由一片分频器 gen_1s、两片 60 进制分频器 cnt60 和一片 24 进制分频器 cnt24 构成。分频器 gen_1s 完成系统时钟的分频，本设计的系统时钟为 20MHz，分频比为 1/20000000，产生周期为 1 秒的输出时钟。第 1 片 60 进制分频器完成 1 秒时钟的 60 分频，产生周期为 1 分钟的输出时钟；第 2 片 60 进制分频器完成 1 分钟时钟的 60 分频，产生周期为 1 小时的输出时钟。24 进制分频器完成 1 小时时钟的 24 分频，产生周期为 1 天（24 小时）的输出时钟。

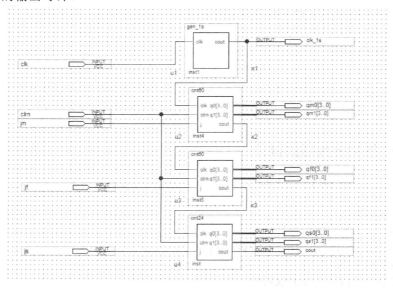

图 7.16 24 小时计时器的顶层设计图

在顶层设计图中,clk 是 20MHz 的系统时钟输入端;clrn 是复位输入端,低电平有效;jm、jf 和 js 分别是校秒、校分和校时的按钮,下降沿有效;qm0[3..0]和 qm1[3..0]是秒钟的个位和十位数据输出,qf0[3..0]和 qf1[3..0]是分钟的个位和十位数据输出,qs0[3..0]和 qs1[3..0]是小时的个位和十位数据输出,它们分别被送到 6 只七段数码管,显示计时器的秒、分和小时的时间。另外,为了万年历的设计,引出了一个秒脉冲输出 clk_1s。

为了完成 24 小时计时器的顶层设计,需要首先完成分频器 gen_1s、60 进制分频器 cnt60 和 24 进制分频器 cnt24 的设计。

7.3.1 分频器 gen_1s 的设计

分频器 gen_1s 完成系统时钟的 2 千万分频,产生计时器电路需要的周期为 1 秒的时钟。基于 VHDL 编写的分频器的源程序 gen_1s.vhd 如下:

```
LIBRARY IEEE;                    --2 千万分频器
USE IEEE.STD_LOGIC_1164.ALL;
USE IEEE.STD_LOGIC_UNSIGNED.ALL;
ENTITY gen_1s IS
  PORT(clk:IN STD_LOGIC;
       cout:OUT STD_LOGIC);
END gen_1s;
ARCHITECTURE one OF gen_1s IS
  BEGIN
    PROCESS(clk)
     VARIABLE SS0: INTEGER RANGE 0 TO 19999999;
      BEGIN
       IF clk'EVENT AND clk='1' THEN
         IF (SS0<19999999) THEN
           SS0:=SS0+1;
         ELSE SS0:=0; END IF;
          IF (SS0=19999999) THEN
            cout<='1';
           ELSE cout<='0'; END IF;
        END IF;
      END PROCESS;
END one;
```

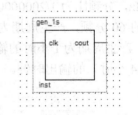

图 7.17 gen_1s 的元件符号

完成 2 千万分频器 gen_1s 的设计后,为它生成一个元件符号,生成的元件符号如图 7.17 所示。

7.3.2 60 进制分频器的设计

基于 VHDL 编写的 60 进制分频器的源程序 cnt60.vhd 如下:

```
LIBRARY IEEE;
USE IEEE.STD_LOGIC_1164.ALL;
USE IEEE.STD_LOGIC_UNSIGNED.ALL;
ENTITY cnt60 IS
  PORT(clk,clrn,j:IN STD_LOGIC;
       q0,q1:BUFFER INTEGER RANGE 0 TO 15;
```

```
         cout:BUFFER STD_LOGIC);
    END cnt60;
    ARCHITECTURE one OF cnt60 IS
    SIGNAL clk1: STD_LOGIC;
      BEGIN
        PROCESS(clk,clrn,j)
         VARIABLE S,H:INTEGER RANGE 0 TO 255;
          BEGIN
          clk1<=clk XOR j;
          IF (clrn='0') THEN q0<=0;q1<=0;S:=0;H:=0;
          ELSIF clk1'EVENT AND clk1='0' THEN
            if H<59 then H:=H+1;cout<='0';
              else H:=0;cout<='1'; end if;
          END IF;
          S:=H;
          q0<=S REM 10;S:=S/10;  --将二进制数转换为十进制数
          q1<=S REM 10;
        END PROCESS;
    END one;
```

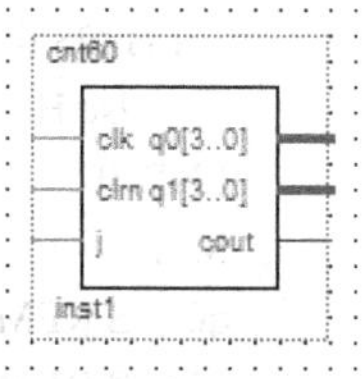

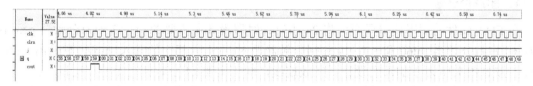

图 7.18 cnt60 的元件符号

在源程序中，j 是校时输入端，下降沿有效，它的下降沿与时钟输入 clk 的上升沿到来都产生进位时钟。用 VHDL 的语句 "CLK1<=clk XOR j；" 就能实现这个功能。

按正常的规律，计数器都是二进制计数，逢二进一，但计时器不能用二进制数来显示时间，必须是十进制数。在 60 进制分频器的源程序中，用 H 完成二进制计数，然后用 "S:=H;q0<=S REM 10;S:=S/10;q1<=S REM 10；" 等语句，将二进制数转换为十进制数。完成 60 进制分频器 cnt60 的设计后，为它生成一个元件符号，如图 7.18 所示。

60 进制分频器的仿真波形如图 7.19 所示，q 是 q0 和 q1 的组合。从图中进位 cout 的波形可以看出，它不存在竞争-冒险，因此可以作为其他电路的时钟输入。仿真结果验证了设计的正确性。

图 7.19 60 进制计数器的仿真波形

7.3.3 24 进制分频器的设计

基于 VHDL 编写的 24 进制分频器的源程序 cnt24.vhd 如下：

```
    LIBRARY IEEE;
    USE IEEE.STD_LOGIC_1164.ALL;
    USE IEEE.STD_LOGIC_UNSIGNED.ALL;
    ENTITY cnt24 IS
      PORT(clk,clrn,j:IN STD_LOGIC;
          q0,q1:BUFFER INTEGER RANGE 0 TO 15;
          cout:BUFFER STD_LOGIC);
    END cnt24;
    ARCHITECTURE one OF cnt24 IS
    SIGNAL clk1: STD_LOGIC;
```

```
            BEGIN
              PROCESS(clk,clrn,j)
                VARIABLE S,H:INTEGER RANGE 0 TO 255;
                  BEGIN
                    clk1<=clk XOR j;
                    IF (clrn='0') THEN q0<=0;q1<=0;S:=0;H:=0;
                    ELSIF clk1'EVENT AND clk1='0' THEN
                      if H<23 then H:=H+1;cout<='0';
                        else H:=0;cout<='1'; end if;
                    END IF;
                    S:=H;
                    q0<=S REM 10;S:=S/10;
                    q1<=S REM 10;
              END PROCESS;
            END one;
```

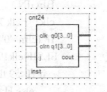

图 7.20 cnt24 的元件符号

24 进制分频器 cnt24 与 60 进制分频器 cnt60 的源程序相同，只是进制不同。完成 cnt24 的设计后，为其生成一个元件符号，如图 7.20 所示。

cnt24 的仿真波形如图 7.21 所示，q 是 q0 和 q1 的组合。仿真结果验证了设计的正确性。

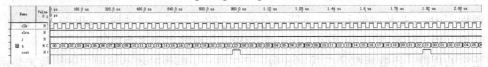

图 7.21 cnt24 的仿真波形

7.3.4 24 小时计时器的顶层设计

24 小时计时器的顶层设计可以采用图形设计法和元件例化法。

1．图形设计法

在 EDA 软件的图形编辑界面，将 24 小时计时器设计所需要的一片 2 千万分频器 gen_1s、两片 60 进制分频器 cnt60 和一片 24 进制分频器调入，并调入相应的输入（input）和输出（output）元件，按照图 7.16 所示的顶层设计，完成连线，即可实现 24 小时计时器的顶层设计。

完成 24 小时计时器的顶层设计后，也可以生成一个元件符号，如图 7.22 所示。这个元件符号也可以被其他数字电路与系统设计（如万年历）调用。

2．元件例化法

在图 7.16 所示的顶层设计图中，标注好模块的插座名与内部连线名，用 u1 表示 2 千万分频器 gen_1s 的插座名，用 u2 和 u3 分别表示两片 60 进制分频器 cnt60 的插座名，用 u4 表示 24 进制分频器 cnt24 的插座名，用 x1 表示 gen_1s 输出 cout 的连线，用 x2 表示第 1 片 cnt60 输出 cout 的连线，用 x3 表示第 2 片 cnt60 输出 cout 的连线。

参照图 7.16 所示的顶层设计，用元件例化法设计的 24 小时计时器的源程序 jishiqi24_v.vhd 如下：

```
LIBRARY IEEE;
USE IEEE.STD_LOGIC_1164.ALL;
ENTITY jishiqi24_v IS
PORT (clk,clrn,jm,jf,js: IN STD_LOGIC;
      qm0,qm1,qf0,qf1,qs0,qs1: BUFFER INTEGER RANGE 0 TO 15;
```

```
    clk_1s,cout:OUT STD_LOGIC);
END jishiqi24_v;
ARCHITECTURE one OF jishiqi24_v IS
    SIGNAL x1,x2,x3: STD_LOGIC;
    Component gen_1s
     PORT(clk:IN STD_LOGIC;
          cout:OUT STD_LOGIC);
    END Component;
    Component cnt60
       PORT(clk,clrn,j:IN STD_LOGIC;
           q0,q1:BUFFER INTEGER RANGE 0 TO 15;
           cout:BUFFER STD_LOGIC);
    END Component;
    Component cnt24
       PORT(clk,clrn,j:IN STD_LOGIC;
           q0,q1:BUFFER INTEGER RANGE 0 TO 15;
           cout:BUFFER STD_LOGIC);
    END Component;
      BEGIN
      clk_1s<=x3;
         u1:gen_1s PORT MAP(clk,x1);  --位置关联方式
         u2:cnt60    PORT MAP(x1,clrn,jm,qm0,qm1,x2);
         u3:cnt60    PORT MAP(x2,clrn,jf,qf0,qf1,x3);
         u4:cnt24    PORT MAP(x3,clrn,js,qs0,qs1,cout);
END one;
```

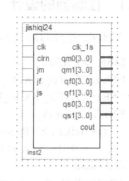

图 7.22　计时器的元件符号

24 小时计时器系统设计已通过 EDA 实验开发平台验证。

7.4　万年历的设计

万年历的顶层设计如图 7.23 所示，它由控制器 contr、数据选择器 mux_4、年月日计时器 nyr2009、24 小时计时器 jishiqi24 和数据选择器 mux_16 构成。

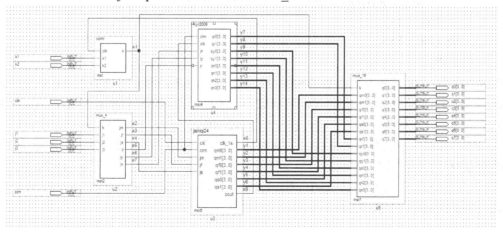

图 7.23　万年历顶层设计图

万年历的输出需要显示年、月、日、时、分和秒，要用 14 个七段数码管，考虑到一些设备或 EDA 实验开发平台的显示设备有限，因此本设计采用分屏显示方式，即年、月、日和时、分、

秒分两屏显示。控制器 contr、数据选择器 mux_4 和选择器 mux_16 就是用于分屏控制的器件。

24 小时计时器 jishiqi24 的设计已完成（见图 7.22），下面还要完成控制器 contr、数据选择器 mux_4、年月日计时器 nyr2009 和数据选择器 mux_16 的设计。

7.4.1 控制器的设计

基于 VHDL 编写的控制器的源程序 contr.vhd 如下：

```
LIBRARY IEEE;
USE IEEE.STD_LOGIC_1164.ALL;
USE IEEE.STD_LOGIC_UNSIGNED.ALL;
ENTITY contr IS
   PORT(clk,k1,k2: IN STD_LOGIC;
        k:BUFFER STD_LOGIC);
END contr;
ARCHITECTURE one OF contr IS
 SIGNAL qc: INTEGER RANGE 0 TO 15;
 SIGNAL rc: STD_LOGIC;
 BEGIN
   PROCESS(clk,k1,k2)
   VARIABLE H:STD_LOGIC_VECTOR(1 DOWNTO 0);
    BEGIN
    H:=k1&k2;
    IF clk'EVENT AND clk='1' THEN
        qc<=qc+1;
      IF qc<8 THEN rc<='0';
         ELSE rc<='1';
       END IF;
     END IF;
    CASE H IS
       WHEN "00"=>k<=rc; WHEN "01"=>k<='0';
       WHEN "10"=>k<='1';WHEN "11"=>k<=rc;
       WHEN OTHERS=>k<='1';
     END CASE;
    END PROCESS;
 END one;
```

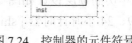

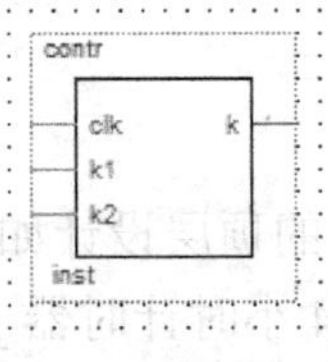

图 7.24 控制器的元件符号

在源程序中，clk 是周期为 1 秒的输入时钟端；k1 和 k2 是两个控制输入端；k 是控制输出端。k1 和 k2 有 4 种组合，当 k1k2=00 或 k1k2=11 时 k=rc，为自动控制；当 k1k2=01 时 k=0，为控制显示时、分、秒并校准时、分、秒；当 k1k2=10 时 k=1，为控制显示年、月、日并校准年、月、日。源程序中还有一个 4 位二进制加法计数器 qc，将输入的 1 秒脉冲进行 16 分频，得到周期为 16 秒、占空比为 50%的进位脉冲 rc。rc 作为自动控制信号，有 8（16/2）秒钟 rc=0，控制显示时、分、秒；有 8 秒钟 rc=1，控制显示年、月、日。完成控制器 contr 的设计后，为其生成一个元件符号，如图 7.24 所示。

7.4.2 数据选择器 mux_4 的设计

基于 VHDL 编写的数据选择器的源程序 mux_4.vhd 如下：

```
LIBRARY IEEE;
USE IEEE.STD_LOGIC_1164.ALL;
USE IEEE.STD_LOGIC_UNSIGNED.ALL;
ENTITY mux_4 IS
   PORT(k,j1,j2,j3: IN STD_LOGIC;
        jm,jf,js,jr,jy,jn:BUFFER STD_LOGIC);
END mux_4;
ARCHITECTURE one OF mux_4 IS
 BEGIN
   PROCESS(k,j1,j2,j3)
    BEGIN
    IF k='0' THEN
        jm<=j1;jf<=j2;js<=j3;
        ELSE
        jr<=j1;jy<=j2;jn<=j3;
       END IF;
     END PROCESS;
END one;
```

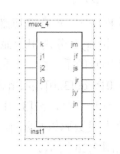

图 7.25 mux_4 的元件符号

在源程序中，k 是控制器 contr 送来的输入信号，j1、j2 和 j3 是 3 个按键输入信号；jm、jf、js、jr、jy 和 jn 分别是校秒、分、时、日、月和年的输出信号。当 k=0 时，j1、j2 和 j3 按键的信息由 jm、jf 和 js 输出去校秒、分和时；当 k=1 时，j1、j2 和 j3 按键的信息由 jr、jy 和 jn 输出去校日、月和年。完成 4 选 1 数据选择器的设计后，为其生成一个元件符号，如图 7.25 所示。

7.4.3 数据选择器 mux_16 的设计

基于 VHDL 编写的数据选择器的源程序 mux_16.vhd 如下：

```
LIBRARY IEEE;
USE IEEE.STD_LOGIC_1164.ALL;
USE IEEE.STD_LOGIC_UNSIGNED.ALL;
ENTITY mux_16 IS
   PORT(k: IN STD_LOGIC;
   qm0,qm1,qf0,qf1,qs0,qs1,qr0,qr1,qy0,qy1:IN INTEGER RANGE 0 TO 15;
   qn0,qn1,qn2,qn3:IN INTEGER RANGE 0 TO 15;
   q0,q1,q2,q3,q4,q5,q6,q7:BUFFER INTEGER RANGE 0 TO 15);
END mux_16;
ARCHITECTURE one OF mux_16 IS
 BEGIN
   PROCESS(k)
    BEGIN
    IF k='0' THEN
        q7<=0;q6<=0;
        q5<=qs1;q4<=qs0;
        q3<=qf1;q2<=qf0;
        q1<=qm1;q0<=qm0;
      ELSE
        q7<=qn3;q6<=qn2;
        q5<=qn1;q4<=qn0;
        q3<=qy1;q2<=qy0;
```

图 7.26 数据选择器的元件符号

```
            q1<=qr1;q0<=qr0;
        END IF;
    END PROCESS;
END one;
```

在源程序中，k 是控制器 contr 送来的输入控制信号，qm0、qm1、qf0、qf1、qs0、qs1、qr0、qr1、qy0 和 qy1 分别用于显示秒、分、时、日和月的输入信号的个位和十位，qn3、qn2、qn2 和 qn0 是年号的千、百、十和个位；q7[3..0]～q0[3..0]是 32 位（8 位 BCD 码）输出信号。当 k=0 时，q7[3..0]～q0[3..0]接收 qs1、qs0、qf1、qf0、qm1 和 qm0 信号，送到 8 个七段数码管显示时、分和秒；当 k=1 时，q7[3..0]～q0[3..0]接收 qn3、qn2、qn2、qn0、qy1、qy0、qr1 和 qr0 信号，送到 8 个七段数码管显示年、月和日。完成数据选择器 mux_16 的设计后，为其生成一个元件符号，如图 7.26 所示。

7.4.4 年月日计时器的设计

基于 VHDL 编写的年月日计时器的源程序 nyr2009.vhd 如下：

```
LIBRARY IEEE;
USE IEEE.STD_LOGIC_1164.ALL;
USE IEEE.STD_LOGIC_UNSIGNED.ALL;
ENTITY nyr2009 IS
    PORT(clrn,clk,jn,jy,jr: IN STD_LOGIC;
         qr0:BUFFER INTEGER RANGE 0 TO 15:=1;
         qr1:BUFFER INTEGER RANGE 0 TO 15:=0;
         qy0:BUFFER INTEGER RANGE 0 TO 15:=1;
         qy1:BUFFER INTEGER RANGE 0 TO 15:=0;
         qn0,qn1,qn2:BUFFER INTEGER RANGE 0 TO 15:=0;
         qn3:BUFFER INTEGER RANGE 0 TO 15:=2);
END nyr2009;
ARCHITECTURE example OF nyr2009 IS
    SIGNAL clkn,clky: STD_LOGIC;              --年和月时钟
    SIGNAL data: INTEGER RANGE 0 TO 255:=0;   --用于存放每月的天数
    SIGNAL CLK1,CLK2,CLK3: STD_LOGIC;         --代替天、月和年时钟
    SIGNAL CN1,CN2,CN3: STD_LOGIC;            --代替年时钟
    SIGNAL qn:INTEGER RANGE 65535 DOWNTO 0:=2000;--存放年的变量，并初始化
    SIGNAL qy,qr:INTEGER RANGE 0 TO 255:=1;
BEGIN
    CLK1<=clk XOR jr;
    CLK2<=clky XOR jy;
    CLK3<=clkn XOR jn;
    qn<=qn3*1000+qn2*100+qn1*10+qn0;
    qy<=qy1*10+qy0;
    PROCESS(qy)          --确定每个月的天数
      BEGIN
        CASE qy IS
            WHEN 1=>data<=31;
            WHEN 2=>
                IF (((qn REM 4)=0) AND ((qn REM 100)/=0)) OR ((qn REM 400)=0)
                    THEN  data<=29; ELSE data<=28;END IF;
            WHEN 3=>data<=31;
```

```
              WHEN 4=>data<=30;
              WHEN 5=>data<=31;
              WHEN 6=>data<=30;
              WHEN 7=>data<=31;
              WHEN 8=>data<=31;
              WHEN 9=>data<=30;
              WHEN 10=>data<=31;
              WHEN 11=>data<=30;
              WHEN 12=>data<=31;
              WHEN OTHERS=>data<=30;
          END CASE;
      END PROCESS;
    PROCESS(CLK1,clrn)         --天计数器
   VARIABLE H,S:INTEGER RANGE 0 TO 255:=1;
    BEGIN
    IF clrn='0' THEN H:=1;qr0<=1;qr1<=0;
        ELSIF CLK1'EVENT AND CLK1='0' THEN
          IF H=data THEN
              H:=1;clky<='0';ELSE
              H:=H+1;clky<='1';
          END IF;
      END IF;
      S:=H;
     qr0<=S REM 10;S:=S/10;
     qr1<=S REM 10;
   END PROCESS;
    PROCESS(CLK2,clrn)         --月计数器
   VARIABLE H,S:INTEGER RANGE 0 TO 255:=1;
    BEGIN
    IF clrn='0' THEN H:=1;qy0<=1;qy1<=0;
        ELSIF CLK2'EVENT AND CLK2='1' THEN
          IF H=12 THEN
              H:=1;clkn<='0';ELSE
              H:=H+1;clkn<='1';
          END IF;
      END IF;
      S:=H;
     qy0<=S REM 10;S:=S/10;
     qy1<=S REM 10;
   END PROCESS;
    PROCESS(CLK3,clrn)         --年计数器
     BEGIN
    IF clrn='0' THEN qn0<=0;
        ELSIF CLK3'EVENT AND CLK3='1' THEN       --年份的个位
          IF qn0<9 THEN qn0<=qn0+1;CN1<='0'; ELSE
              qn0<=0;CN1<='1';END IF;
      END IF;
     END PROCESS;
     PROCESS(CN1,clrn)
    BEGIN
```

```
         IF clrn='0' THEN qn1<=0;
           ELSIF CN1'EVENT AND CN1='1' THEN    --年份的十位
             IF qn1<9 THEN qn1<=qn1+1;CN2<='0'; ELSE
               qn1<=0;CN2<='1';END IF;
           END IF;
         END PROCESS;
         PROCESS(CN2,clrn)
       BEGIN
         IF clrn='0' THEN qn2<=0;
           ELSIF CN2'EVENT AND CN2='1' THEN    --年份的百位
             IF qn2<9 THEN qn2<=qn1+1;CN3<='0'; ELSE
               qn2<=0;CN3<='1';END IF;
           END IF;
         END PROCESS;
         PROCESS(CN3,clrn)
       BEGIN
         IF clrn='0' THEN qn3<=2;
           ELSIF CN3'EVENT AND CN3='1' THEN    --年份的千位
             IF qn3<9 THEN qn3<=qn3+1; ELSE
               qn3<=0;END IF;
           END IF;
         END PROCESS;
       END example;
```

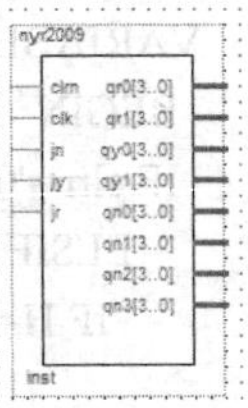

图 7.27 年月日计时器的元件符号

在源程序中，部分语句或 PROCESS 进程的功能已注释。在确定每年每个月的天数的 PROCESS 进程语句中，除了 2 月份，其他月份的天数是固定的，只有 2 月份的天数要单独处理。当年是平年，2 月份为 28 天，闰年为 29 天。判断闰年的条件是：年份能被 4 整除但不能被 100 整除或者能被 400 整除，因此用语句"IF (((qn REM 4)=0) AND ((qn REM 100)/=0)) OR ((qn REM 400)=0) THEN data<=29;ELSE data<=28;END IF;"判断是否是闰年，是则 2 月份为 29 天，否则（为平年）为 28 天。

完成年月日计时器设计后，为其生成一个元件符号，如图 7.27 所示。其中，clrn 是复位信号，低电平有效；clk 是时钟信号，上升沿有效；jn、jy 和 jr 是校年、月和日的输入信号；qy1[3..0] 和 qy0[3..0]是 8 位（2 位 BCD 码）月份输出数据；qr1[3..0]和 qr0[3..0]是 8 位（2 位 BCD 码）日期输出数据；qn3、qn2、qn1 和 qn0 是年份的千位、百位、十位和个位输出数据。

7.4.5 万年历的顶层设计

万年历的顶层设计可以采用图形设计法和元件例化法。

1．图形设计法

完成万年历设计需要的各模块后，在 EDA 软件的图形编辑窗口，调入控制器 contr、4 选 1 数据选择器 mux_4、24 小时计时器 jishiqi24、年月日计时器 nyr2009、16 选 1 数据选择器 mux_16，以及输入和输出元件，按照图 7.23 所示的顶层设计，完成各元件之间的连线，即可完成万年历的设计。

2．元件例化法

在图 7.23 所示的顶层设计图中，标注好模块的插座名与内部连线名，用 u1 表示控制器 contr

的插座名，用 u2 表示数据选择器 mux_4 的插座名，用 u3 表示 24 小时计时器 jishiqi24 的插座名，用 u4 表示年月日计时器 nyr2009 的插座名，用 u5 表示数据选择器 mux_16 的插座名。用 x1 表示 contr 输出 k 的连线，用 x2、x3、x4、x5、x6 和 x7 分别表示 mux_4 输出 jm、jf、js、jr、jy 和 jn 的连线，用 x8、y1、y2、y3、y4、y5、y6 和 x9 分别表示 jishiqi24 输出 clk_1s、qm0、qm1、qf0、qf1、qs0、qs1 和 cout 的连线，并在源程序中定义。元件例化方法设计倒计时顶层文件的源程序 rili_v.vhd 如下：

```vhdl
LIBRARY IEEE;
USE IEEE.STD_LOGIC_1164.ALL;
ENTITY rili_v IS
PORT (clk,clrn,j1,j2,j3,k1,k2: IN STD_LOGIC;
      q0,q1,q2,q3,q4,q5,q6,q7: BUFFER INTEGER RANGE 0 TO 15);
END rili_v;
ARCHITECTURE one OF rili_v IS
   SIGNAL x1,x2,x3,x4,x5,x6,x7,x8,x9: STD_LOGIC;
   SIGNAL y1,y2,y3,y4,y5,y6,y7,y8,y9,y10,y11,y12,y13,y14:INTEGER RANGE 0 TO 15;
   Component contr
    PORT(clk,k1,k2: IN STD_LOGIC;
         k:BUFFER STD_LOGIC);
   END Component;
   Component mux_4
      PORT(k,j1,j2,j3: IN STD_LOGIC;
           jm,jf,js,jr,jy,jn:BUFFER STD_LOGIC);
   END Component;
   Component mux_16
      PORT(k: IN STD_LOGIC;
           qm0,qm1,qf0,qf1,qs0,qs1,qr0,qr1,qy0,qy1:IN INTEGER RANGE 0 TO 15;
           qn0,qn1,qn2,qn3:IN INTEGER RANGE 0 TO 15;
           q0,q1,q2,q3,q4,q5,q6,q7:BUFFER INTEGER RANGE 0 TO 15);
   END Component;
   Component jishiqi24
      PORT (clk,clrn,jm,jf,js: IN STD_LOGIC;
        clk_1s:OUT STD_LOGIC;
        qm0,qm1,qf0,qf1,qs0,qs1: BUFFER INTEGER RANGE 0 TO 15;
        cout:OUT STD_LOGIC);
   END Component;
   Component nyr2009
      PORT(clrn,clk,jn,jy,jr: IN STD_LOGIC;
         qr0:BUFFER INTEGER RANGE 0 TO 15:=1;
         qr1:BUFFER INTEGER RANGE 0 TO 15:=0;
         qy0:BUFFER INTEGER RANGE 0 TO 15:=1;
         qy1:BUFFER INTEGER RANGE 0 TO 15:=0;
         qn0,qn1,qn2:BUFFER INTEGER RANGE 0 TO 15:=0;
         qn3:BUFFER INTEGER RANGE 0 TO 15:=2);
   END Component;
     BEGIN
      u1:contr        PORT MAP(x8,k1,k2,x1);   --位置关联方式
      u2:mux_4        PORT MAP(x1,j1,j2,j3,x2,x3,x4,x5,x6,x7);
      u3:jishiqi24    PORT MAP(clk,clrn,x2,x3,x4,x8,y1,y2,y3,y4,y5,y6,x9);
```

```
u4:nyr2009    PORT MAP(clrn,x9,x7,x6,x5,y7,y8,y9,y10,y11,y12,y13,y14);
u5:mux_16     PORT MAP(x1,y1,y2,y3,y4,y5,y6,y7,y8,y9,y10,
   y11,y12,y13,y14,q0,q1,q2,q3,q4,q5,q6,q7);
END one;
```

万年历系统设计已通过 EDA 实验开发平台的验证。

7.5 倒计时器的设计

倒计时器的用途广泛，例如在香港回归、澳门回归、2008 年北京奥运会等重大活动之前都进行了倒计时。倒计时器顶层设计如图 7.28 所示。它由分频器 gen_1s、控制器 contr100_s、60 进制减法计时器（两片）、24 进制减法计时器和 100 进制减法计时器构成。倒计时的最大时间为 100 天，但可以扩展。

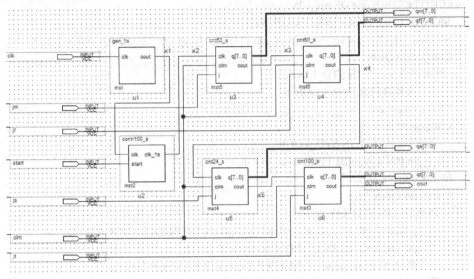

图 7.28 倒计时器顶层设计图

分频器 gen_1s 完成将 20MHz 的系统时钟进行 1/20000000 分频，得到周期为 1 秒的基准时钟；控制器 contr100_s 完成倒计时器的启动和校时控制；60 进制减法计数器 cnt60_s 完成 60 秒和 60 分的倒计时；24 进制减法计数器 cnt24_s 完成 24 小时的倒计时；100 进制减法计数器 cnt100_s 完成 100 天的倒计时。

分频器 gen_1s 已在 24 小时计时器的设计中完成（见图 7.17），下面要完成控制器 contr100_s、60 进制减法计数器 cnt60_s、24 进制减法计数器 cnt24_s 和 100 进制减法计数器 cnt100_s 的设计。

7.5.1 控制器 contr100_s 的设计

基于 VHDL 编写的控制器的源程序 contr100_s.vhd 如下：

```
LIBRARY IEEE;
USE IEEE.STD_LOGIC_1164.ALL;
USE IEEE.STD_LOGIC_UNSIGNED.ALL;
ENTITY contr100_s IS
  PORT(clk,start: IN STD_LOGIC;
       clk_1s:OUT STD_LOGIC);
END contr100_s;
```

```
ARCHITECTURE one OF contr100_s IS
 SIGNAL qs: INTEGER RANGE 1 DOWNTO 0:=0;
  BEGIN
   PROCESS(start)
    BEGIN
    IF start'EVENT AND start='0' THEN
     qs<=qs+1;
    END IF;
    CASE qs IS
     WHEN 0=>clk_1s<='1';
     WHEN 1=>clk_1s<=clk;
     WHEN OTHERS=>clk_1s<='1';
    END CASE;
   END PROCESS;
 END one;
```

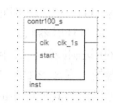

图 7.29　控制器的元件符号

在源程序中，clk 是分频器 gen_1s 送来的周期为 1 秒的时钟输入；start 为开始倒计时的按钮开关输入，低电平有效；clk_1s 是周期为 1 秒的时钟输出；qs 是模块内部的 1 位计数器，有 0 和 1 两个状态，当 start 按钮按一次，qs 由 0 变为 1，再按一次，由 1 变为 0；当 qs=0 时，clk_1s 没有输出，可以对倒计时器进行校时，即设置倒计时时间；当 qs=1 时开始倒计时。完成控制器 contr100_s 的设计后，为其生成元件符号，如图 7.29 所示。

7.5.2　60 进制减法计数器的设计

基于 VHDL 编写的 60 进制减法计数器的源程序 cnt60_s.vhd 如下：

```
LIBRARY IEEE;
USE IEEE.STD_LOGIC_1164.ALL;
USE IEEE.STD_LOGIC_UNSIGNED.ALL;
ENTITY cnt60_s IS
  PORT(clk,clrn,j: IN STD_LOGIC;
       q:BUFFER STD_LOGIC_VECTOR(7 DOWNTO 0);
       cout:OUT STD_LOGIC);
END cnt60_s;
ARCHITECTURE one OF cnt60_s IS
 SIGNAL clk1: STD_LOGIC;
  BEGIN
   clk1<=clk XOR j;
   PROCESS(clk,clrn,j)
    BEGIN
    IF clrn='0' THEN q<="00000000";
      ELSIF clk1'EVENT AND clk1='1' THEN
     IF q=x"00" THEN q<=x"59";
       ELSE q<=q-1;
        IF q(3 downto 0)=x"0" THEN
          q(3 downto 0)<=x"9";END IF;
       END IF;
       IF (q=x"01") THEN
          cout<='1'; ELSE cout<='0'; END IF;
     END IF;
```

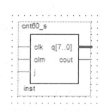

图 7.30　cnt60_s 的元件符号

END PROCESS;
END one;

在源程序中，j 是校时输入端，下降沿有效，它的下降沿与时钟输入 clk 的上升沿到来都产生借位时钟。在 VHDL 中用语句"clk1<=clk XOR j;"就能实现这个功能。

按正常的规律，计数器都是二进制计数，逢二进一，但倒计时器不能用二进制来显示时间，必须是十进制。在 60 进制减法计数器的源程序中，当计时器计到 0000（x"0"）状态时，下一个状态应为 1111（x"f"），但它不是十进制数，应改为十进制数，因此用"q(3 downto 0)<=x"9";"语句处理，即当计时器状态为 x"f"时，让个位 q(3 downto 0)=9，十位不变。

完成 60 进制减法计数器 cnt60_s 的设计后，为它生成一个元件符号，如图 7.30 所示。60 进制分频器的仿真波形如图 7.31 所示，从图中的借位 cout 的波形可以看出，它不存在竞争-冒险，因此可以作为其他电路的时钟输入。

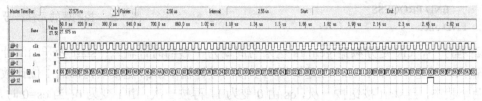

图 7.31 60 进制减法计数器的仿真波形

7.5.3 24 进制减法计数器的设计

基于 VHDL 编写的 24 进制减法计数器的源程序 cnt24_s.vhd 如下：

```
LIBRARY IEEE;
USE IEEE.STD_LOGIC_1164.ALL;
USE IEEE.STD_LOGIC_UNSIGNED.ALL;
ENTITY cnt24_s IS
   PORT(clk,clrn,j: IN STD_LOGIC;
        q:BUFFER STD_LOGIC_VECTOR(7 DOWNTO 0);
        cout:OUT STD_LOGIC);
END cnt24_s;
ARCHITECTURE one OF cnt24_s IS
SIGNAL clk1: STD_LOGIC;
 BEGIN
   clk1<=clk XOR j;
    PROCESS(clk,clrn,j)
     BEGIN
     IF clrn='0' THEN q<="00000000";
       ELSIF clk1'EVENT AND clk1='1' THEN
        IF q=x"00" THEN q<=x"23";
         ELSE q<=q-1;
          IF q(3 downto 0)=x"0" THEN
             q(3 downto 0)<=x"9";END IF;
        END IF;
         IF (q=x"01") THEN
            cout<='1'; ELSE cout<='0'; END IF;
       END IF;
    END PROCESS;
END one;
```

图 7.32 cnt24_s 的元件符号

24 进制减法计数器的源程序与 60 进制减法计数器基本相同，区别在于计数进制值不同，一个是 60 进制，一个是 24 进制，因此在源程序中修改进制值即可。完成 24 进制减法计数器设计后，为其生成元件符号，如图 7.32 所示。

24 进制减法计数器的仿真参见图 7.31 所示的 60 进制减法计数器的仿真波形，但它是经历了 24 个时钟周期就产生借位的。

7.5.4 100 进制减法计数器的设计

基于 VHDL 编写的 100 进制减法计数器的源程序 cnt100_s.vhd 如下：

```
LIBRARY IEEE;
USE IEEE.STD_LOGIC_1164.ALL;
USE IEEE.STD_LOGIC_UNSIGNED.ALL;
ENTITY cnt100_s IS
    PORT(clk,clrn,j: IN STD_LOGIC;
         q:BUFFER STD_LOGIC_VECTOR(7 DOWNTO 0);
         cout:OUT STD_LOGIC);
END cnt100_s;
ARCHITECTURE one OF cnt100_s IS
SIGNAL clk1: STD_LOGIC;
 BEGIN
  clk1<=clk XOR j;
   PROCESS(clk,clrn,j)
    BEGIN
    IF clrn='0' THEN q<="00000000";
      ELSIF clk1'EVENT AND clk1='1' THEN
       IF q=x"00" THEN q<=x"99";
         ELSE q<=q-1;
          IF q(3 downto 0)=x"0" THEN
             q(3 downto 0)<=x"9";END IF;
       END IF;
        IF (q=x"01") THEN
            cout<='1'; ELSE cout<='0'; END IF;
     END IF;
    END PROCESS;
  END one;
```

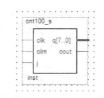

图 7.33　cnt100_s 的元件符号

100 进制减法计数器的源程序与 60 进制减法计数器基本相同，区别在于计数进制值不同，一个是 100 进制，一个是 60 进制，因此在源程序中修改进制值即可。完成 100 进制减法计数器设计后，为其生成元件符号，如图 7.33 所示。

100 进制减法计数器的仿真参见图 7.31 所示的 60 进制减法计数器的仿真波形，但它是经历了 100 个时钟周期后才产生借位的。

7.5.5 倒计时器的顶层设计

倒计时器的顶层设计可以采用图形设计法和元件例化法。

1. 图形设计法

在 EDA 软件的图形编辑界面，将倒计时器设计所需要的分频器 gen_1s、控制器 contr100_s、

60 进制减法计数器（两片）、24 进制减法计数器和 100 进制减法计数器，以及输入和输出元件，按照图 7.28 所示的顶层设计，完成各元件之间的连线，即可完成倒计时器的设计。

2. 元件例化法

在图 7.28 所示的顶层设计图中，标注好模块的插座名与内部连线名，用 u1 表示 2 千万分频器 gen_1s 的插座名，用 u2 表示控制器 contr100_s 的插座名，用 u3 表示第 1 片 60 进制减法计数器 cnt60_s 的插座名，用 u4 表示第 2 片 cnt60_s 的插座名，用 u5 表示 24 进制减法计数器 cnt24_s 的插座名，用 u6 表示 100 进制减法计数器 cnt100_s 的插座名，用 x1 表示 gen_1s 输出 cout 的连线，用 x2 表示 contr100_s 输出 clk_1s 的连线，用 x3 表示第 1 片 cnt60_s 输出 cout 的连线，用 x4 表示第 2 片 cnt60_s 输出 cout 的连线，用 x5 表示 cnt24_s 输出 cout 的连线，并在源程序中定义。用元件例化方法设计倒计时顶层文件的源程序 djs100_v.vhd 如下：

```
LIBRARY IEEE;
USE IEEE.STD_LOGIC_1164.ALL;
ENTITY djs100_v IS
PORT (clk,clrn,start,jm,jf,js,jt: IN STD_LOGIC;
      qm,qf,qs,qt: OUT STD_LOGIC_VECTOR(7 DOWNTO 0);
      cout:OUT STD_LOGIC);
END djs100_v;
ARCHITECTURE one OF djs100_v IS
  SIGNAL x1,x2,x3,x4,x5: STD_LOGIC;      --定义连线的类型
  Component gen_1s
   PORT(clk:IN STD_LOGIC;
      cout:OUT STD_LOGIC);
  END Component;
  Component contr100_s
    PORT(clk,start: IN STD_LOGIC;
      clk_1s:OUT STD_LOGIC);
  END Component;
  Component cnt60_s
    PORT(clk,clrn,j: IN STD_LOGIC;
      q:BUFFER STD_LOGIC_VECTOR(7 DOWNTO 0);
      cout:OUT STD_LOGIC);
  END Component;
  Component cnt100_s
    PORT(clk,clrn,j: IN STD_LOGIC;
      q:BUFFER STD_LOGIC_VECTOR(7 DOWNTO 0);
      cout:OUT STD_LOGIC);
  END Component;
  Component cnt24_s
    PORT(clk,clrn,j: IN STD_LOGIC;
      q:BUFFER STD_LOGIC_VECTOR(7 DOWNTO 0);
      cout:OUT STD_LOGIC);
  END Component;
    BEGIN
      u1:gen_1s        PORT MAP(clk,x1);            --例化 gen_1s 模块
      u2:contr100_s    PORT MAP(x1,start,x2);       --例化 contr100_s 模块
      u3:cnt60_s       PORT MAP(x2,clrn,jm,qm,x3);  --例化 cnt60_s 模块
      u4:cnt60_s       PORT MAP(x3,clrn,jf,qf,x4);
```

```
    u5:cnt24_s      PORT MAP(x4,clrn,js,qs,x5);     --例化 cnt24_s 模块
    u6:cnt100_s     PORT MAP(x5,clrn,jt,qt,cout);   --例化 cnt100_s 模块
END one;
```

倒计时系统设计已通过 EDA 实验开发平台的验证。

7.6 交通灯控制器的设计

交通灯控制器的顶层设计如图 7.34 所示,它由 gen_1s、contr_1 和 cnt100de 三个模块组成。

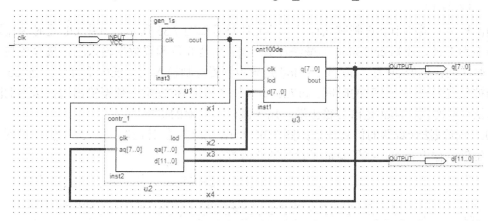

图 7.34 交通灯控制器的顶层设计图

gen_1s 是分频器,将系统提供的 20MHz 的主频经 2 千万分频后,得到 1Hz(秒)时钟。cnt100de 是 100 进制减法计数器,产生道路东西和南北通行和禁止的倒计时时间。contr_1 是控制电路,控制整个系统的工作。控制器接收倒计时的结果,当倒计时归 0 时,改变电路的控制模式,输出倒计时的初始时间和红、绿、黄灯的亮、灭控制信号。分频器 gen_1s 在 24 小时计时器的设计中已完成(见图 7.17),下面还需要设计 100 进制减法计数器 cnt100de 和控制电路 contr_1。

7.6.1 100 进制减法计数器的设计

基于 VHDL 编写的 100 进制减法计数器 cnt100de.vhd 如下:

```
LIBRARY IEEE;
USE IEEE.STD_LOGIC_1164.ALL;
USE IEEE.STD_LOGIC_UNSIGNED.ALL;
ENTITY cnt100de IS
    PORT(clk,lod: IN STD_LOGIC;
        d:IN STD_LOGIC_VECTOR(7 DOWNTO 0);
        q:BUFFER STD_LOGIC_VECTOR(7 DOWNTO 0);
        bout:OUT STD_LOGIC);
END cnt100de;
ARCHITECTURE one OF cnt100de IS
SIGNAL clk1: STD_LOGIC;
    BEGIN
        PROCESS(clk,lod)
        BEGIN
        IF lod='0' THEN q<=d;
            ELSIF clk'EVENT AND clk='1' THEN
```

```
            IF q=x"00" THEN q<=x"99";
              ELSE q<=q-1;
                IF q(3 downto 0)=x"0" THEN
                    q(3 downto 0)<=x"9";END IF;
              END IF;
              IF (q=x"01") THEN
                  bout<='1'; ELSE bout<='0'; END IF;
            END IF;
        END PROCESS;
    END one;
```

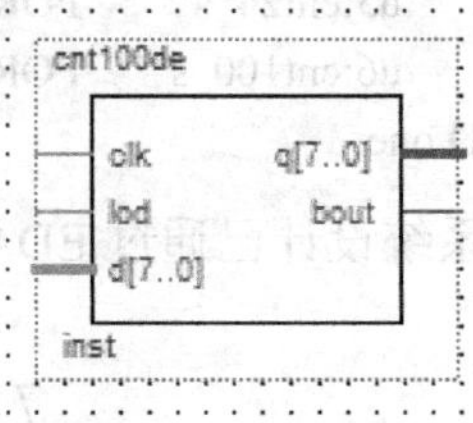

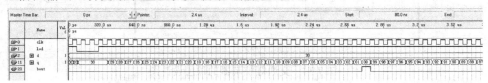

图 7.35 减法计数器的元件符号

由源程序生成的 100 进制减法计数器的元件符号如图 7.35 所示，其中 clk 是时钟输入端，时钟周期为 1 秒，控制 cnt100de 的减法计数；d[7..0]是 8 位预置数据输入端，接收控制器送来的倒计时时间，例如 30 秒、60 秒等；lod 是异步预置控制输入端，低电平有效，当 lod=0 时，计数器被预置为开始倒计时的时间；q[7..0]是 8 位（两位 BCD 数）数据输出端，送到七段数码管显示倒计时时间；bout 是借位输出端，用于减法计数器的扩展。

100 进制减法计数器的仿真波形如图 7.36 所示，预置的倒计时时间是 30（秒），计时到（归零）产生借位输出。仿真结果验证了设计的正确性。

图 7.36 100 进制减法计数器的仿真波形

7.6.2 控制器的设计

基于 VHDL 编写的控制器源程序 contr_1.vhd 如下：

```
LIBRARY IEEE;
USE IEEE.STD_LOGIC_1164.ALL;
USE IEEE.STD_LOGIC_UNSIGNED.ALL;
ENTITY contr_1 IS
  PORT(lod:BUFFER STD_LOGIC;
       clk: IN STD_LOGIC;
       aq:IN STD_LOGIC_VECTOR(7 DOWNTO 0);
       qa:OUT STD_LOGIC_VECTOR(7 DOWNTO 0):=x"19";
       d:OUT STD_LOGIC_VECTOR(11 DOWNTO 0):="001100001100");
END contr_1;
ARCHITECTURE one OF contr_1 IS
SIGNAL qc: INTEGER RANGE 3 DOWNTO 0:=0;
 BEGIN
   PROCESS(clk,aq)
     BEGIN
     IF clk'EVENT AND clk='1' THEN
        IF aq=x"00" THEN lod<='0';
        ELSE lod<='1';END IF;
     END IF;
   END PROCESS;
   PROCESS(lod)
```

```
            BEGIN
             IF lod'EVENT AND lod='0' THEN
                qc<=qc+1;END IF;
             CASE qc IS
              WHEN 0=>qa<=x"60";d<="001100001100";
              WHEN 1=>qa<=x"03";d<="010100010100";
              WHEN 2=>qa<=x"40";d<="100001100001";
              WHEN 3=>qa<=x"03";d<="100010100010";
               WHEN OTHERS=>qa<=x"60";d<="001100001100";
             END CASE;
           END PROCESS;
         END one;
```

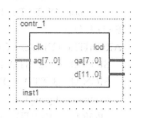

图 7.37 控制器的元件符号

为源程序生成的元件符号如图 7.37 所示,其中,clk 是时钟输入端,周期为 1 秒;aq[7..0]是 8 位输入端,接收 100 进制减法计数器送来的归零信号,当归零信号到来后,送出下一组控制信号,改变交通灯的通行信号;lod 是预置控制输出端,送到 cnt100de 进行预置控制;qa[7..0]是 8 位预置数据输出端,是送到 cnt100de 的倒计时数据;d[11..0]是 12 位输出端,是送到 4 组红、绿、黄灯的控制数据,控制灯的亮灭。

控制器源程序用 case 语句设置了 4 种工作模式:

第 1 种模式(语句为"WHEN 0=>qa<=x"60";d<="001100001100";")设置了交通灯的东西方向的红灯亮,绿灯和黄灯灭,南北方向的绿灯亮,红灯和黄灯灭,倒计时 60(秒)。

第 2 种模式(语句为"WHEN 1=>qa<=x"03";d<="010100010100";")设置了交通灯的东西方向的红灯亮,绿灯和黄灯灭,南北方向的黄灯亮,绿灯和红灯灭,倒计时 03(秒)。

第 3 种模式(语句为"WHEN 2=>qa<=x"40";d<="100001100001";")设置了交通灯的东西方向的绿灯亮,红灯和黄灯灭,南北方向的红灯亮,绿灯和黄灯灭,倒计时 40(秒)。

第 4 种模式(语句为"WHEN 3=>qa<=x"03";d<="100010100010";")设置了交通灯的东西方向的黄灯亮,绿灯和红灯灭,南北方向的红灯亮,绿灯和黄灯灭,倒计时 03(秒)。

7.6.3 交通灯控制器的顶层设计

交通灯控制器的顶层设计可以用图形编辑方法和元件例化方法。

1. 用图形编辑方法设计

打开 EDA 软件的图形编辑方式,将已完成设计的分频器 gen_1s、控制器 contr_1、100 进制减法计数器 cnt100de 三个模块,以及相应的输入、输出元件,调入顶层设计图中,参见图 7.34 所示的电路,完成内部连线,即可实现交通灯控制系统的设计。

2. 用元件例化方法设计

在图 7.34 所示的顶层设计图中,用 u1、u2 和 u3 分别表示分频器 gen_1s、控制器 contr_1 和 100 进制减法计数器 cnt100de 元件的插座名;用 x1 表示分频器 gen_1s 输出 cout 的连线;用 x2 表示 contr_1 输出 lod 的连线;用 x3 表示 contr_1 输出 qa[7..0]的连线。在源程序中连线要用 SIGNAL(信号)定义。

用元件例化方法设计交通灯控制器的源程序 JTD_V.vhd 如下:

```
       LIBRARY IEEE;
       USE IEEE.STD_LOGIC_1164.ALL;
       ENTITY JTD_V IS
```

```
      PORT (clk: IN STD_LOGIC;
           q: BUFFER STD_LOGIC_VECTOR(7 DOWNTO 0);
           d:OUT STD_LOGIC_VECTOR(11 DOWNTO 0);
           bout:OUT STD_LOGIC);
   END JTD_V;
   ARCHITECTURE one OF JTD_V IS
     SIGNAL x1,x2: STD_LOGIC;  --定义连线的类型
     SIGNAL x3: STD_LOGIC_VECTOR(7 DOWNTO 0);
     Component gen_1s
      PORT(clk:IN STD_LOGIC;
           cout:OUT STD_LOGIC);
     END Component;
     Component contr_1
       PORT(lod:BUFFER STD_LOGIC;
            clk: IN STD_LOGIC;
            aq:IN STD_LOGIC_VECTOR(7 DOWNTO 0);
            qa:OUT STD_LOGIC_VECTOR(7 DOWNTO 0):=x"19";
            d:OUT STD_LOGIC_VECTOR(11 DOWNTO 0):="001100001100");
     END Component;
     Component cnt100de
        PORT(clk,lod: IN STD_LOGIC;
             d:IN STD_LOGIC_VECTOR(7 DOWNTO 0);
             q:BUFFER STD_LOGIC_VECTOR(7 DOWNTO 0);
             bout:OUT STD_LOGIC);
     END Component;
        BEGIN
           u1:gen_1s     PORT MAP(clk,x1);              --例化 gen_1s 模块
           u2:contr_1    PORT MAP(x2,x1,q,x3,d);        --例化 contr_1 模块
           u3:cnt100de   PORT MAP(x1,x2,x3,q,bout);     --例化 cnt100de 模块
   END one;
```

交通灯控制器的设计已通过 EDA 实验开发平台的验证。

7.7 出租车计费器的设计

出租车计费器的顶层设计如图 3.38 所示,它由一片计时器 jishiqi 和一片计费器 jifeiqi 构成,计时器用于记录出租车载客运行的时间,计费器用于记录运行的里程和费用。

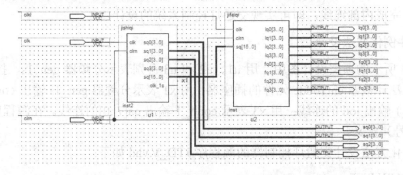

图 7.38 出租车计费器的顶层设计图

在顶层设计图中,clkl 是出租车系统送来的车轮运转圈数脉冲输入端,表示行车的路程;clk

是系统送来的时钟脉冲输入端，用于产生计时器的基准时间；clrn 是复位输入端（控制开关），当运行开始时 clrn=1，允许计时器和计费器工作，运行结束后（拨动开关）clrn=0，停止计时器和计费器工作；sq0[3..0]、sq1[3..0]、sq2[3..0]和 sq3[3..0]是计时器的分钟显示数据的个位、十位、百位和千位输出端（BCD 码）；sq[15..0]是计时器记录的载客运行时间（二进制数据），供计费器进行核算；lq0[3..0]、lq1[3..0]、lq2[3..0]和 lq3[3..0]（4 位十进制数）是计费器的里程显示数据输出端，fq0[3..0]、fq1[3..0]、fq2[3..0]和 fq3[3..0]（4 位十进制数）是费用显示数据输出端。

下面分别介绍计时器 jishiqi 和计费器 jifeiqi 的设计。

7.7.1 计时器的设计

计时器用于完成载客运行时间的记录。根据计时器的工作原理和要求，基于 VHDL 编写的源程序 jishiqi.vhd 如下：

```vhdl
    LIBRARY IEEE;
    USE IEEE.STD_LOGIC_1164.ALL;
    USE IEEE.STD_LOGIC_UNSIGNED.ALL;
    ENTITY jishiqi IS
      PORT(clk,clrn:IN STD_LOGIC;
            sq0,sq1,sq2,sq3:BUFFER INTEGER RANGE 0 TO 15;
            sq:BUFFER INTEGER RANGE 0 TO 65535;
            clk_1s:BUFFER STD_LOGIC);
    END jishiqi;
    ARCHITECTURE one OF jishiqi IS
     SIGNAL clk0,clk1,clk2,clk3: STD_LOGIC;
     SIGNAL q60: INTEGER RANGE 0 TO 255;
       BEGIN
         PROCESS(clk)                    --2 千万分频器
          VARIABLE SS0: INTEGER RANGE 0 TO 19999999;
            BEGIN
            IF clk'EVENT AND clk='1' THEN
             IF (SS0<19999999) THEN
               SS0:=SS0+1;
              ELSE SS0:=0; END IF;
               IF (SS0=19999999) THEN
                 clk_1s<='1';
                ELSE clk_1s<='0'; END IF;
            END IF;
          END PROCESS;
        PROCESS(clk_1S)                 --60
          BEGIN
           IF clk_1s'EVENT AND clk_1s='1' THEN
               IF q60=59 THEN q60<=0; clk0<='1';ELSE
                   q60<=q60+1;clk0<='0';
               END IF;
             END IF;
         END PROCESS;
      PROCESS(clk0,clrn)
        BEGIN
         IF (clrn='0') THEN sq0<=0;sq<=0;
```

```
        ELSIF clk0'EVENT AND clk0='1' THEN
            sq<=sq+1;
            if sq0<9 then sq0<=sq0+1;clk1<='0';else sq0<=0;clk1<='1'; end if;
        END IF;
    END PROCESS;
    PROCESS(clk1,clrn)
    BEGIN
        IF (clrn='0') THEN sq1<=0;
        ELSIF clk1'EVENT AND clk1='1' THEN
            if sq1<9 then sq1<=sq1+1;clk2<='0';else sq1<=0;clk2<='1'; end if;
        END IF;
    END PROCESS;
    PROCESS(clk2,clrn)
    BEGIN
        IF (clrn='0') THEN sq2<=0;
        ELSIF clk2'EVENT AND clk2='1' THEN
            if sq2<9 then sq2<=sq2+1;clk3<='0';else sq2<=0;clk3<='1'; end if;
        END IF;
    END PROCESS;
    PROCESS(clk3,clrn)
    BEGIN
        IF (clrn='0') THEN sq3<=0;
        ELSIF clk3'EVENT AND clk3='1' THEN
            if sq3<9 then sq3<=sq3+1;else sq3<=0; end if;
        END IF;
    END PROCESS;
END one;
```

在源程序中，用了 6 个 PROCESS 进程分别完成 2 千万分频器、60 进制分频器和载客时间的描述。在第 1 个 PROCESS 进程中，将系统提供的 20MHz 的时钟进行 2 千万分频，得到周期为 1 秒的时钟 clk_1s 输出。在第 2 个 PROCESS 进程中，将 clk_1s（1 秒）时钟进行 60 分频，得到周期为 1 分钟的 clk0 输出。在第 3 到第 6 个 PROCESS 进程中，对 clk0（1 分钟）进行 4 次十进制计数，分别产生载客运行时间（分钟）的个位、十位、百位和千位输出，即 sq0、sq1、sq2 和 sq3。完成计时器 jishiqi 的设计后，为其生成一个元件符号，见图 7.38 中的 u1 模块。

7.7.2 计费器的设计

计费器用于完成出租车运行时的里程和费用，但里程和费用都是十进制的，因此在编写源程序时需要考虑按照十进制计数。另外，全国各地出租车的计费方法是不同的，本设计的思路是：
① 车程在 2 公里以内按 9.0 元（起步价）计算；
② 大于 2 公里而小于 10 公里，按每公里 2.0 元增加；
③ 超过 10 公里以后，按每公里 4.0 元增加。
④ 行车时间按每分钟 0.4 元计算。
根据计费器的工作原理和要求，基于 VHDL 编写的源程序 jifeiqi.vhd 如下：

```
LIBRARY IEEE;
USE IEEE.STD_LOGIC_1164.ALL;
USE IEEE.STD_LOGIC_UNSIGNED.ALL;
```

```vhdl
ENTITY jifeiqi IS
   PORT(clk,clrn: IN STD_LOGIC;
         sq:IN INTEGER RANGE 0 TO 65535;
         lq0,lq1,lq2,lq3:BUFFER INTEGER RANGE 15 DOWNTO 0:=0;
         fq0,fq1,fq2,fq3:BUFFER INTEGER RANGE 15 DOWNTO 0:=0);
END jifeiqi;
ARCHITECTURE example OF jifeiqi IS
BEGIN
   PROCESS(clk,clrn)
     VARIABLE H,S,L:INTEGER RANGE 9999 DOWNTO 0:=0;
    BEGIN
     IF clrn='0' THEN L:=0;H:=0;
            fq0<=0;fq1<=0;fq2<=0;fq3<=0;
            lq0<=0;lq1<=0;lq2<=0;lq3<=0;
     ELSIF clk'EVENT AND clk='1' THEN
        L:=L+1;
        S:=L;
     lq0<=S REM 10;S:=S/10;
       lq1<=S REM 10;S:=S/10;
         lq2<=S REM 10;S:=S/10;
           lq3<=S REM 10;S:=S/10;
     IF L<20 THEN H:=90;                          --小于 2km 的费用
       ELSIF L<100 THEN H:=90+2*(L-20);           --大于 2km 而小于 10km 的费用
         ELSE H:=90+100*2+4*(L-100);END IF;       --大于 10km 的费用
     END IF;
        S:=H+sq*4;                                --加入里程费用
        fq0<=S REM 10;S:=S/10;
        fq1<=S REM 10;S:=S/10;
        fq2<=S REM 10;S:=S/10;
        fq3<=S REM 10;S:=S/10;
   END PROCESS;
END example;
```

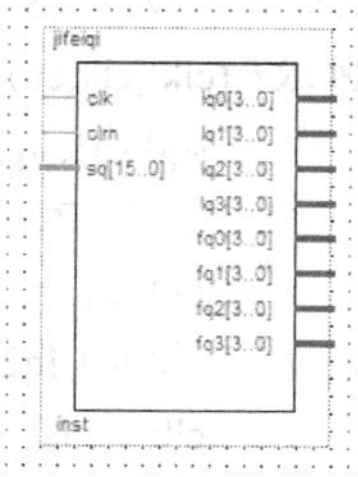

图 7.39 计费器的元件符号

计费器源程序实际上是统计出租车码表送来的车轮运行圈数脉冲的个数，因为车轮的周长是常量，将圈数乘以周长得到运行的里程，然后根据费用的计算方法，得到运行的费用。

完成了计费器的设计后，为它生成一个元件符号，如图 7.39 所示。在元件符号中，clk 是出租车码表送来的脉冲数，以每 0.1km 送一个脉冲；clrn 是清除控制输入端，低电平有效，当 clrn=0 时，清除里程和费用记录，当 clrn=1 时，开始计费；lq0[3..0]、lq1[3..0]、lq2[3..0] 和 lq3[3..0] 分别是行车的公里数的十分之一位、个位、十位和百位输出端，显示范围为 000.0 到 999.9km；fq0[3..0]、fq1[3..0]、fq2[3..0] 和 fq3[3..0]分别为行车费用数据的十分之一位、个位、十位和百位输出端，显示范围为 000.0 到 999.9 元。

7.7.3 出租车计费器的顶层设计

出租车计费器的顶层设计可以用图形编辑方法和元件例化方法。

1. 用图形编辑方法设计

打开 EDA 软件的图形编辑方式，将已完成设计的计时器 jishiqi 和计费器 jifeiqi 模块，以及相应的输入、输出元件，调入顶层设计图中，参见图 7.38 所示的电路，完成内部连线，即可实现出租车计费器的设计。

2. 用元件例化方法设计

在图 7.38 所示的顶层设计图中，用 u1 和 u2 分别表示计时器 jishiqi 和计费器 jifeiqi 元件的插座名，用 x1 表示计时器输出 sq [15..0]的连线。用元件例化方法设计出租车计费器的源程序 czc_2.vhd 如下：

```vhdl
LIBRARY IEEE;
USE IEEE.STD_LOGIC_1164.ALL;
ENTITY czc_v IS
PORT (clkl,clk,clrn: IN STD_LOGIC;
      sq0,sq1,sq2,sq3:BUFFER INTEGER RANGE 0 TO 15;
      sq: IN INTEGER RANGE 0 TO 65535;
      lq0,lq1,lq2,lq3:BUFFER INTEGER RANGE 15 DOWNTO 0;
      fq0,fq1,fq2,fq3:BUFFER INTEGER RANGE 15 DOWNTO 0;
      clk_1s:BUFFER STD_LOGIC);
END czc_v;
ARCHITECTURE one OF czc_v IS
  SIGNAL x1: INTEGER RANGE 0 TO 65535;
  Component jishiqi                    --计时器元件声明
    PORT(clk,clrn:IN STD_LOGIC;
      sq0,sq1,sq2,sq3:BUFFER INTEGER RANGE 0 TO 15;
      sq:BUFFER INTEGER RANGE 0 TO 65535;
      clk_1s:BUFFER STD_LOGIC);
  END Component;
  Component jifeiqi                    --计费器元件声明
    PORT(clk,clrn: IN STD_LOGIC;
      sq:IN INTEGER RANGE 0 TO 65535;
      lq0,lq1,lq2,lq3:BUFFER INTEGER RANGE 15 DOWNTO 0;
      fq0,fq1,fq2,fq3:BUFFER INTEGER RANGE 15 DOWNTO 0:=0);
  END Component;
  BEGIN
    u1:jishiqi PORT MAP(clk,clrn,sq0,sq1,sq2,sq3,x1,clk_1s);          --例化计时器
    u2:jifeiqi PORT MAP(clkl,clrn,x1,lq0,lq1,lq2,lq3,fq0,fq1,fq2,fq3); --例化计费器
END one;
```

以上用 2 种方法设计的出租车计费器已通过 EDA 实验开发平台的验证。

7.8 波形发生器的设计

波形发生器的顶层设计如图 7.40 所示，它能够输出正弦波、锯齿波、三角波和方波 4 种波形。波形发生器由计数器 cnt256、存储器 rom0 和多路选择器 mux_1 构成。计数器 cnt256 将输入时钟进行 256 分频，为存储器 rom0 提供一个周期的 8 位地址信息；存储器 rom0 存放一个周期正弦波数据，用于输出正弦波信号；多路选择器 mux_1 完成某一路波形输出的选择（每次只有一个波形输出）。下面分别完成这 3 个基本元件的设计。

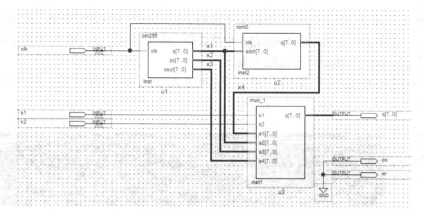

图 7.40 波形发生器的顶层设计图

7.8.1 计数器 cnt256 的设计

计数器 cnt256 的主要功能有 3 个,其一为对输入时钟进行 256 分频,为 rom0 提供一个周期的 8 位地址信息 q[7..0];其二为生成三角波信号 qs[7..0];其三为生成矩形波信号 cout[7..0]。实际上 q[7..0]也是一种锯齿波信号,它从 0 上升到 255 后,又回到 0 重新上升,形成锯齿波。

根据计数器的功能和要求,基于 VHDL 编写的源程序 cnt256.vhd 如下:

```
LIBRARY IEEE;
USE IEEE.STD_LOGIC_1164.ALL;
USE IEEE.STD_LOGIC_UNSIGNED.ALL;
ENTITY cnt256 IS
   PORT(clk:IN STD_LOGIC;
        q,qs,cout:BUFFER STD_LOGIC_VECTOR(7 DOWNTO 0):=x"00");
END cnt256;
ARCHITECTURE one OF cnt256 IS
SIGNAL ab: STD_LOGIC:='0';    --设置三角波的控制信号
  BEGIN
    PROCESS(clk)
      BEGIN
      IF clk'EVENT AND clk='1' THEN
        IF ab='0' THEN
           qs<=qs+1;
           IF qs=x"fe" THEN ab<='1';END IF;
           q<=q+1;         --生成矩形波
           IF q<=x"7f" THEN cout<=x"00";
              ELSE cout<=x"FF"; END IF;
        ELSE
           qs<=qs-1;       --生成三角波的上升边
           IF qs=x"01" THEN ab<='0';END IF;
           q<=q+1;
           IF q<=x"7f" THEN cout<=x"00";
              ELSE cout<=x"FF"; END IF;
        END IF;
      END IF;
    END PROCESS;
END one;
```

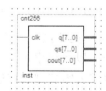

图 7.41 计数器的元件符号

在源程序中，对每一段程序的功能都加了注释。由源程序生成的计数器 cnt256 的元件符号如图 7.41 所示，其中 clk 是时钟输入端；q[7..0]是 8 位地址输出端，也是锯齿波输出信号；qs[7..0]是三角波输出端；cout[7..0]是矩形波输出端。

由于各种波形都是属于模拟信号，为让读者看清楚仿真结果，本例设计采用了 ModelSim-Altera 仿真，其波形如图 7.42 所示。仿真结果验证了设计的正确性。

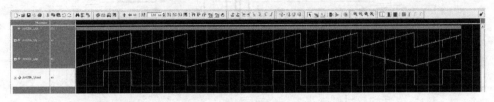

图 7.42 计数器 cnt256 的仿真波形

7.8.2 存储器 rom0 的设计

存储器 rom0 用于存放一个周期的正弦波的数据，存储容量为 256×8，即有 256 个字，字长为 8 位。对于复杂的正弦波数据，如果在源程序中一个一个地输入，将是非常烦琐的事情。利用 C 语言程序可以一次性生成存储器 rom0 中的数据。能生成正弦波数据的 C 语言源程序 myrom.c 如下：

```
#include <stdio.h>
#include "math.h"
main()
{int i,k;float s;
for(i=0;i<256;i++)
    {k=int(128+128*sin(360*i/256*3.1415926/180));
    printf("mem(%d):=%d;",i,k);
    if(i%5==0) printf("\n");       }
return 0;}
```

在源程序中，i 表示 8 位计数器提供的地址（从 0 到 255 变化），由于正弦波的一个周期是 0°到 359°，因此 i 对应的角度是"360*i/ 256"。另外，存储器中的数据是 8 位无符号数，因此在正弦函数前增加了 128 的倍数和 128 的增量，使 0°对应的 8 位无符号数的值为 128（表示正弦值 0），90°对应的值为 255（表示正弦值 1），270°对应的值为 0（表示正弦值-1），以此类推。最后用语句"printf("mem(%d):=%d;",i,k);"规定打印输出格式，即"mem(0):=128;"，并用语句"if(i%5==0) printf("\n");"控制换行，以满足基于 VHDL 编程的需要。

把 myrom.c 文件编译成可执行文件后，在 DOS（Windows 的命令提示符）环境下执行命令：

    myrom > myrom_1.mif

则将 myrom 文件执行的结果保存在 myrom_1.mif 文件（该文件可以任意命名，也可以不加文件属性）中。以"记事本"（或"写字板"）方式打开 myrom_1.mif 文件，将其内容复制到存储器 rom0 源程序的 PROCESS 进程中。

具体的源程序 rom0.vhd 如下：

```
LIBRARY ieee;
USE ieee.std_logic_1164.ALL;
ENTITY rom0 IS
```

图 7.43 rom0 的元件符号

```vhdl
        PORT(   clk: IN std_logic;
                addr: IN integer RANGE 255 DOWNTO 0;
                q: OUT integer RANGE 255 DOWNTO 0);
END ENTITY rom0;
ARCHITECTURE one OF rom0 IS
TYPE rom_type IS ARRAY (255 DOWNTO 0) OF integer RANGE 255 DOWNTO 0;
BEGIN
     PROCESS(clk, addr) IS
           VARIABLE mem : rom_type;
     BEGIN
     mem(0):=128;
mem(1):=130;mem(2):=132;mem(3):=136;mem(4):=139;mem(5):=143;
mem(6):=145;mem(7):=148;mem(8):=152;mem(9):=154;mem(10):=158;
mem(11):=161;mem(12):=163;mem(13):=167;mem(14):=169;mem(15):=173;
mem(16):=175;mem(17):=178;mem(18):=182;mem(19):=184;mem(20):=188;
mem(21):=190;mem(22):=191;mem(23):=195;mem(24):=197;mem(25):=201;
mem(26):=203;mem(27):=205;mem(28):=208;mem(29):=210;mem(30):=213;
mem(31):=215;mem(32):=218;mem(33):=220;mem(34):=221;mem(35):=224;
mem(36):=226;mem(37):=228;mem(38):=230;mem(39):=231;mem(40):=234;
mem(41):=235;mem(42):=237;mem(43):=238;mem(44):=239;mem(45):=242;
mem(46):=243;mem(47):=244;mem(48):=245;mem(49):=246;mem(50):=248;
mem(51):=249;mem(52):=250;mem(53):=251;mem(54):=251;mem(55):=252;
mem(56):=253;mem(57):=254;mem(58):=254;mem(59):=254;mem(60):=255;
mem(61):=255;mem(62):=255;mem(63):=255;mem(64):=255;mem(65):=255;
mem(66):=255;mem(67):=255;mem(68):=255;mem(69):=255;mem(70):=254;
mem(71):=254;mem(72):=253;mem(73):=253;mem(74):=252;mem(75):=251;
mem(76):=251;mem(77):=249;mem(78):=249;mem(79):=247;mem(80):=246;
mem(81):=245;mem(82):=244;mem(83):=243;mem(84):=241;mem(85):=239;
mem(86):=238;mem(87):=236;mem(88):=235;mem(89):=232;mem(90):=231;
mem(91):=230;mem(92):=227;mem(93):=226;mem(94):=223;mem(95):=221;
mem(96):=218;mem(97):=216;mem(98):=215;mem(99):=211;mem(100):=210;
mem(101):=206;mem(102):=205;mem(103):=203;mem(104):=199;mem(105):=197;
mem(106):=193;mem(107):=192;mem(108):=190;mem(109):=186;mem(110):=184;
mem(111):=180;mem(112):=178;mem(113):=175;mem(114):=171;mem(115):=169;
mem(116):=165;mem(117):=163;mem(118):=161;mem(119):=156;mem(120):=154;
mem(121):=150;mem(122):=148;mem(123):=145;mem(124):=141;mem(125):=139;
mem(126):=134;mem(127):=132;mem(128):=128;mem(129):=125;mem(130):=123;
mem(131):=119;mem(132):=116;mem(133):=112;mem(134):=110;mem(135):=107;
mem(136):=103;mem(137):=101;mem(138):=97;mem(139):=94;mem(140):=92;
mem(141):=88;mem(142):=86;mem(143):=82;mem(144):=80;mem(145):=77;
mem(146):=73;mem(147):=71;mem(148):=67;mem(149):=65;mem(150):=64;
mem(151):=60;mem(152):=58;mem(153):=54;mem(154):=52;mem(155):=50;
mem(156):=47;mem(157):=45;mem(158):=42;mem(159):=40;mem(160):=37;
mem(161):=35;mem(162):=34;mem(163):=31;mem(164):=29;mem(165):=27;
mem(166):=25;mem(167):=24;mem(168):=21;mem(169):=20;mem(170):=18;
mem(171):=17;mem(172):=16;mem(173):=13;mem(174):=12;mem(175):=11;
mem(176):=10;mem(177):=9;mem(178):=7;mem(179):=6;mem(180):=5;
mem(181):=4;mem(182):=4;mem(183):=3;mem(184):=2;mem(185):=1;
mem(186):=1;mem(187):=1;mem(188):=0;mem(189):=0;mem(190):=0;
mem(191):=0;mem(192):=0;mem(193):=0;mem(194):=0;mem(195):=0;
```

```
mem(196):=0;mem(197):=0;mem(198):=1;mem(199):=1;mem(200):=2;
mem(201):=2;mem(202):=3;mem(203):=4;mem(204):=4;mem(205):=6;
mem(206):=6;mem(207):=8;mem(208):=9;mem(209):=10;mem(210):=11;
mem(211):=12;mem(212):=14;mem(213):=16;mem(214):=17;mem(215):=19;
mem(216):=20;mem(217):=23;mem(218):=24;mem(219):=25;mem(220):=28;
mem(221):=29;mem(222):=32;mem(223):=34;mem(224):=37;mem(225):=39;
mem(226):=40;mem(227):=44;mem(228):=45;mem(229):=49;mem(230):=50;
mem(231):=52;mem(232):=56;mem(233):=58;mem(234):=62;mem(235):=63;
mem(236):=65;mem(237):=69;mem(238):=71;mem(239):=75;mem(240):=77;
mem(241):=80;mem(242):=84;mem(243):=86;mem(244):=90;mem(245):=92;
mem(246):=94;mem(247):=99;mem(248):=101;mem(249):=105;mem(250):=107;
mem(251):=110;mem(252):=114;mem(253):=116;mem(254):=121;mem(255):=123;
    IF clk'event AND clk = '1' THEN
        q <= mem(addr);
    END IF;
END PROCESS;
END one;
```

完成存储器 rom0 的源程序编写后，为其生成一个元件符号，如图 7.43 所示。其中，clk 是时钟输入端，addr[7..0]是 8 位地址输入端，q[7..0]是正弦波的 8 位数据输出端。

存储器 rom0 的仿真波形如图 7.44 所示，仿真结果验证了设计的正确性。

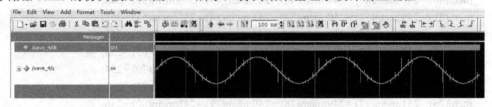

图 7.44　存储器 rom0 的仿真波形

7.8.3　多路选择器 mux_1 的设计

多路选择器 mux_1 用于选择正弦波、锯齿波、三角波和矩形波 4 种波形之一，送到输出端。mux_1 的元件符号如图 7.45 所示，a1[7..0]、a2[7..0]、a3[7..0]和 a4[7..0]是 4 路 8 位输入端，接收 4 种波形的数据；k1 和 k2 是开关控制输入端，两个开关共有 4 种组合，即"00"、"01"、"10"和"11"，每一种组合选择一路波形至输出；q[7..0]是 8 位数据输出端。

根据多路选择器的功能，基于 VHDL 编写的源程序 mux_1.vhd 如下：

```
LIBRARY IEEE;
USE IEEE.STD_LOGIC_1164.ALL;
USE IEEE.STD_LOGIC_UNSIGNED.ALL;
ENTITY mux_1 IS
    PORT(k1,k2: IN STD_LOGIC;
        a1,a2,a3,a4:IN INTEGER RANGE 255 DOWNTO 0;
        q:BUFFER INTEGER RANGE 255 DOWNTO 0);
END mux_1;
ARCHITECTURE one OF mux_1 IS
  BEGIN
    PROCESS(k1,k2)
     VARIABLE k:STD_LOGIC_VECTOR(1 DOWNTO 0);
     BEGIN
```

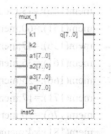

图 7.45　mux_1 的元件符号

```
            k:=(k1&k2);
        CASE k IS
            WHEN "00"=>q<=a1;
            WHEN "01"=>q<=a2;
            WHEN "10"=>q<=a3;
            WHEN "11"=>q<=a4;
                WHEN OTHERS=>q<=a1;
        END CASE;
        END PROCESS;
    END one;
```

由源程序生成的元件符号见图 7.45。

7.8.4 波形发生器的顶层设计

波形发生器的顶层设计可以用图形编辑方法和元件例化方法。

1. 用图形编辑方法设计

打开 EDA 软件的图形编辑方式，将已完成设计的计数器 cnt256、存储器 rom0 和多路选择器 mux_1 模块，以及相应的输入、输出元件，调入顶层设计图中，参见图 7.40 所示的电路，完成内部连线，即可实现波形发生器的设计。另外，由于波形发生器需要一片数/模转换器 DAC0832 的支持，因此图形中设置了 DAC0832 需要的片选 cs 和写控制 wr 两个输出端，并让它们为低电平（接地）。

2. 用元件例化方法设计

在图 7.40 所示的顶层设计图中，用 u1、u2 和 u3 分别表示计数器 cnt256、存储器 rom0 和多路选择器 mux_1 元件的插座名；用 x1、x2 和 x3 分别表示 u1 插座上输出 q[7..0]、qs[7..0]和 cout[7..0]的连线；用 x4 表示 u2 插座上输出 q[7..0]的连线。用元件例化方法设计波形发生器的源程序 wave_v.vhd 如下

```
        LIBRARY IEEE;
        USE IEEE.STD_LOGIC_1164.ALL;
        ENTITY wave_v IS
        PORT (clk,k1,k2: IN STD_LOGIC;
                q: BUFFER INTEGER RANGE 255 DOWNTO 0);
        END wave_v;
        ARCHITECTURE one OF wave_v IS
            SIGNAL x1,x2,x3,x4: INTEGER RANGE 255 DOWNTO 0;
            Component cnt256
                PORT(clk:IN STD_LOGIC;
                    q,qs,cout:BUFFER INTEGER RANGE 255 DOWNTO 0);
            END Component;
            Component rom0
                PORT(   clk: IN std_logic;
                        addr: IN integer RANGE 255 DOWNTO 0;
                        q: OUT integer RANGE 255 DOWNTO 0);
            END Component;
            Component mux_1
                PORT(k1,k2: IN STD_LOGIC;
```

```
        a1,a2,a3,a4:IN INTEGER RANGE 255 DOWNTO 0;
        q:BUFFER INTEGER RANGE 255 DOWNTO 0);
    END Component;
    BEGIN
      u1:cnt256      PORT MAP(clk,x1,x2,x3);
      u2:rom0        PORT MAP(clk,x1,x4);
      u3:mux_1       PORT MAP(k1,k2,x1,x2,x3,x4,q);
    END one;
```

波形发生器的仿真波形如图 7.46 所示，在仿真波形中，当开关 k1k2=00 时，输出正弦波，当 k1k2=01 时，输出锯齿波，当 k1k2=10 时，输出三角波，当 k1k2=11 时，输出矩形波。仿真结果验证了设计的正确性。

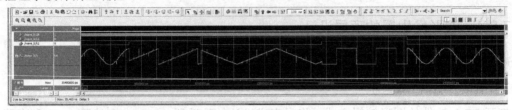

图 7.46　波形发生器的仿真波形

7.9　数字电压表的设计

数字电压表是用于测量模拟电压的设备，其顶层设计如图 7.47 所示。数字电压表由分频器 clkgen、控制器 contr_2 和存储器 myrom_dyb 构成。分频器 clkgen 完成对系统时钟的分频，得到模/数转换所需要的时钟；控制器 contr_2 完成模/数转换的控制；存储器 myrom_dyb 完成模拟电压对应的数字结果的输出。下面分别完成分频器 clkgen、控制器 contr_2 和存储器 myrom_dyb 的设计。

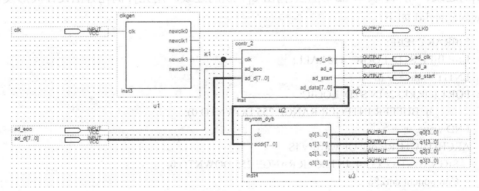

图 7.47　数字电压表的顶层设计图

7.9.1　分频器 clkgen 的设计

分频器 clkgen 的元件符号如图 7.48 所示，clk 是时钟输入端，newclk1、newclk1、newclk2、newclk3 和 newclk4 是频率不同的时钟输出端。基于 VHDL 编写的分频器源程序 clkgen.vhd 如下：

```
LIBRARY IEEE;                    --分频器
USE IEEE.STD_LOGIC_1164.ALL;
USE IEEE.STD_LOGIC_UNSIGNED.ALL;
```

```
ENTITY clkgen IS
   PORT(clk:IN STD_LOGIC;
        newclk0,newclk1,newclk2,newclk3,newclk4:BUFFER STD_LOGIC);
END clkgen;
ARCHITECTURE one OF clkgen IS
SIGNAL clk0:STD_LOGIC;
SIGNAL SS1: STD_LOGIC_VECTOR (4 DOWNTO 0);
   BEGIN
     PROCESS(clk)              --2万分频器
       VARIABLE SS0: INTEGER RANGE 0 TO 20000;
       BEGIN
       IF clk'EVENT AND clk='1' THEN
         IF (SS0<20000) THEN
           SS0:=SS0+1;
         ELSE SS0:=0; END IF;
           IF (SS0=19999) THEN
             clk0 <= '1';
               ELSE   clk0 <= '0'; END IF;
       END IF;
     END PROCESS;
     PROCESS(clk0)
      BEGIN
      IF clk0'EVENT AND clk0='1' THEN
        SS1<=SS1+'1';
        END IF;
         newclk0<=SS1(0);    --2分频输出，以下同
         newclk1<=SS1(1);
         newclk2<=SS1(2);
         newclk3<=SS1(3);
         newclk4<=SS1(4);
      END PROCESS;
   END one;
```

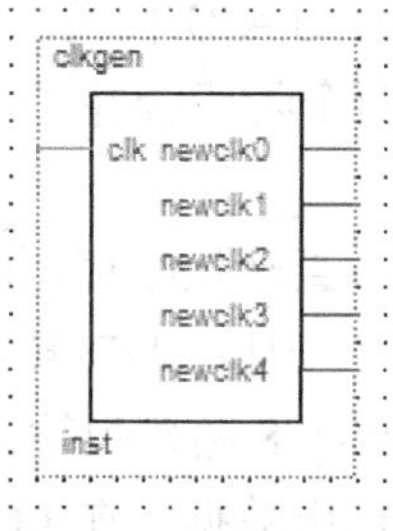

图 7.48　分频器的元件符号

在源程序中，首先对 2MHz（此频率由设备提供）的时钟进行 2 万分频，然后再经过 4 次 2 分频，得到不同频率的时钟输出，满足模/数转换的需要。由源程序生成的元件符号见图 7.48。

7.9.2　控制器 contr_2 的设计

数字电压表需要一片模/数转换器 ADC0809 的支持，ADC0809 是 8 路模拟输入逐次逼近型 A/D 转换器，其内部结构如图 7.49 所示。

芯片内部包括通道选择开关、通道地址锁存与译码、8 位逐次逼近型 A/D 转换器、定时与控制、输出控制等电路。其中，通道选择开关用于选择 IN0～IN7 这 8 路模拟输入中的某一个输入完成 A/D 转换；通道地址锁存与译码用于锁存 3 位地址 ADDC、ADDB 和 ADDA，锁存信号为 ALE。当 ADDC、ADDB 和 ADDA 为"000"时，译码输出控制通道选择开关选中模拟输入 IN0；当 ADDC、ADDB 和 ADDA 为"001"时，选中 IN1；以此类推。8 位逐次逼近型 A/D 转换器用于完成选中的模拟输入的 A/D 转换；定时与控制用于完成整个转换电路的时序脉冲的产生与控制，CLOCK 是时钟输入端；START 是启动 A/D 开始控制输入端，当 START 的上升

沿到来时，转换器开始转换；输出端
EOC 用于反映 A/D 转换的进程，当
EOC 的下降沿到来时，表示 A/D 转换
开始，当 EOC 的上升沿到来时，表示
A/D 转换结束；输出控制用于控制 A/D
转换结束后的数据输出，其控制输入端
为 OE，当 OE 为高电平时，数据输出
D7～D0 有效，当 OE 为低电平时，输
出为高阻态。

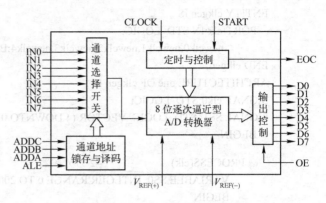

图 7.49　ADC0809 的内部结构

ADC0809 的工作分为 4 个阶段。

（1）锁存地址。根据所选通道的编号，输入 ADDA、ADDB 和 ADDC 的值，并使 ALE＝1（正脉冲），锁存通道地址。

（2）启动 A/D 转换。使 START＝1（正脉冲）启动 A/D 转换。一般可以将锁存地址和启动 A/D 转换两个阶段合并，即将 ALE 和 STAET 两个输入端并接在一起，统一受一个正脉冲信号控制。

（3）检查转换结束。转换开始时，EOC 产生一个下降沿，当 EOC 出现上升沿时，表示一次转换结束。因为 A/D 转换是 8 位逐次逼近型的，每路模拟输入需要（8+1）个输入时钟完成，因此完成一次 8 路模拟输入的转换需要 8×9＝72 个时钟周期。

（4）输出数据。在 EOC＝1 时，使 OE＝1，将 A/D 转换后的数据取出。

控制器 contr_2 是根据 ADC0809 的工作原理而设计的，其元件符号如图 7.50 所示，其中 clk 是时钟输入端；ad_eoc 是输入端，接收 ADC0809 送来的转换进程信号 EOC；ad_d 是 8 位数据输入端，接收 ADC0809 送来的转换数据信号；ad_a 是地址输出端，送到 ADC0809 的地址 ADDA（ADDB 和 ADDC 不用）端；ad_clk 是送到 ADC0809 的时钟；ad_data[7..0]是送到存储器的 8 位转换后的数据。

根据控制器的工作原理，基于 VHDL 编写的源程序 contr_2.vhd 如下：

图 7.50　控制器的元件符号

```
        LIBRARY IEEE;
        USE IEEE.STD_LOGIC_1164.ALL;
        USE IEEE.STD_LOGIC_UNSIGNED.ALL;
        ENTITY contr_2 IS
          PORT(clk,ad_eoc: IN STD_LOGIC;
               ad_d:IN INTEGER RANGE 255 DOWNTO 0;
               ad_clk,ad_a,ad_start:OUT STD_LOGIC;
               ad_data:BUFFER INTEGER RANGE 255 DOWNTO 0);
        END contr_2;
        ARCHITECTURE one OF contr_2 IS
        SIGNAL current_s,next_s: INTEGER RANGE 4 DOWNTO 0:=0;
        SIGNAL lock: STD_LOGIC;
        CONSTANT st0:INTEGER RANGE 4 DOWNTO 0:=0;
        CONSTANT st1:INTEGER RANGE 4 DOWNTO 0:=1;
        CONSTANT st2:INTEGER RANGE 4 DOWNTO 0:=2;
        CONSTANT st3:INTEGER RANGE 4 DOWNTO 0:=3;
        CONSTANT st4:INTEGER RANGE 4 DOWNTO 0:=4;
        BEGIN
```

```
         ad_clk<=clk;
         ad_a<='0';
          PROCESS(clk)
           BEGIN
           IF clk'EVENT AND clk='1' THEN
               current_s<=next_s;
               END IF;
           END PROCESS;
            PROCESS(lock)
           BEGIN
               IF lock'EVENT AND lock='1' THEN
                 ad_data <= ad_d;END IF;
           END PROCESS;
            PROCESS(current_s)
             BEGIN
             CASE current_s IS
           WHEN st0=>ad_start<='0';lock<='0';next_s<=st1;
           WHEN st1=>ad_start<='1';lock<='0';next_s<=st2;
             WHEN st2=>ad_start<='0';lock<='0';
                IF (ad_eoc='1') THEN next_s<=st3;
                    ELSE next_s<=st2;END IF;
           WHEN st3=>ad_start<='0';lock<='0';next_s<=st4;
           WHEN st4=>ad_start<='0';lock<='1';next_s<=st0;
           WHEN OTHERS=>ad_start<='0';lock<='0';next_s<=st0;
           END CASE;
           END PROCESS;
         END one;
```

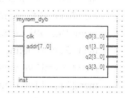

图 7.51 存储器的元件符号

在源程序中设置了 st0、st1、st2、st3 和 st4 共 5 个状态, st0 是初态, 语句为"WHEN st0=>ad_start<='0';lock<='0';next_s<=st1;", 表示还没有开始转换; st1 是开始转换状态, 语句为 "WHEN st1=>ad_start<='1';lock<='0';next_s<=st2;", 控制 ADC0809 开始转换(START=1); st2 是等待状态, 语句为"WHEN st2=>ad_start<='0';lock<='0';IF (ad_eoc='1') THEN next_s<=st3;ELSE next_s<=st2;END IF;", 表示等待 ADC0809 转换的结束, 即 EOC 的上升沿到来, 没来就等待, 来了就进入下一个状态; st3 和 st4 是转换结束状态, 输出 lock 和转换后的数据到存储器。

由源程序生成的元件符号见图 7.50。

7.9.3 存储器 myrom_dyb 的设计

存储器 myrom_dyb 用于将控制器送来的 8 位模/数转换数据改变为 4 位 BCD 数(十进制数), 其中整数占 1 位, 小数占 3 位, 显示范围为 0.000V～5.000V, 显示精度为 0.001V。

存储器 myrom_dyb 的元件符号如图 7.51 所示, clk 是时钟输入端; addr[7..0]是 8 位数据输入端, 接收控制器送来的数据; q0[3..0]、q1[3..0]、q2[3..0]和 q0[3..0]是 4 个 4 位数据输出端, 提供 4 位十进制数据输出。

根据存储器的工作原理, 基于 VHDL 编写的源程序 myrom_dyb.vhd 如下:

```
         LIBRARY ieee;
         USE ieee.std_logic_1164.ALL;
         ENTITY myrom_dyb IS
```

```vhdl
PORT(   clk: IN std_logic;
        addr: IN integer RANGE 255 DOWNTO 0;
        q0,q1,q2,q3: OUT integer RANGE 15 DOWNTO 0);
END ENTITY myrom_dyb;
ARCHITECTURE one OF myrom_dyb IS
TYPE rom_type IS ARRAY (255 DOWNTO 0) OF integer RANGE 5000 DOWNTO 0;
BEGIN
    PROCESS(clk, addr) IS
    VARIABLE S,q:integer RANGE 5000 DOWNTO 0;
        VARIABLE mem : rom_type;
    BEGIN
mem(0):=0;
mem(1):=19;mem(2):=39;mem(3):=58;mem(4):=78;mem(5):=98;
mem(6):=117;mem(7):=137;mem(8):=156;mem(9):=176;mem(10):=196;
mem(11):=215;mem(12):=235;mem(13):=254;mem(14):=274;mem(15):=294;
mem(16):=313;mem(17):=333;mem(18):=352;mem(19):=372;mem(20):=392;
mem(21):=411;mem(22):=431;mem(23):=450;mem(24):=470;mem(25):=490;
mem(26):=509;mem(27):=529;mem(28):=549;mem(29):=568;mem(30):=588;
mem(31):=607;mem(32):=627;mem(33):=647;mem(34):=666;mem(35):=686;
mem(36):=705;mem(37):=725;mem(38):=745;mem(39):=764;mem(40):=784;
mem(41):=803;mem(42):=823;mem(43):=843;mem(44):=862;mem(45):=882;
mem(46):=901;mem(47):=921;mem(48):=941;mem(49):=960;mem(50):=980;
mem(51):=1000;mem(52):=1019;mem(53):=1039;mem(54):=1058;mem(55):=1078;
mem(56):=1098;mem(57):=1117;mem(58):=1137;mem(59):=1156;mem(60):=1176;
mem(61):=1196;mem(62):=1215;mem(63):=1235;mem(64):=1254;mem(65):=1274;
mem(66):=1294;mem(67):=1313;mem(68):=1333;mem(69):=1352;mem(70):=1372;
mem(71):=1392;mem(72):=1411;mem(73):=1431;mem(74):=1450;mem(75):=1470;
mem(76):=1490;mem(77):=1509;mem(78):=1529;mem(79):=1549;mem(80):=1568;
mem(81):=1588;mem(82):=1607;mem(83):=1627;mem(84):=1647;mem(85):=1666;
mem(86):=1686;mem(87):=1705;mem(88):=1725;mem(89):=1745;mem(90):=1764;
mem(91):=1784;mem(92):=1803;mem(93):=1823;mem(94):=1843;mem(95):=1862;
mem(96):=1882;mem(97):=1901;mem(98):=1921;mem(99):=1941;mem(100):=1960;
mem(101):=1980;mem(102):=2000;mem(103):=2019;mem(104):=2039;mem(105):=2058;
mem(106):=2078;mem(107):=2098;mem(108):=2117;mem(109):=2137;mem(110):=2156;
mem(111):=2176;mem(112):=2196;mem(113):=2215;mem(114):=2235;mem(115):=2254;
mem(116):=2274;mem(117):=2294;mem(118):=2313;mem(119):=2333;mem(120):=2352;
mem(121):=2372;mem(122):=2392;mem(123):=2411;mem(124):=2431;mem(125):=2450;
mem(126):=2470;mem(127):=2490;mem(128):=2509;mem(129):=2529;mem(130):=2549;
mem(131):=2568;mem(132):=2588;mem(133):=2607;mem(134):=2627;mem(135):=2647;
mem(136):=2666;mem(137):=2686;mem(138):=2705;mem(139):=2725;mem(140):=2745;
mem(141):=2764;mem(142):=2784;mem(143):=2803;mem(144):=2823;mem(145):=2843;
mem(146):=2862;mem(147):=2882;mem(148):=2901;mem(149):=2921;mem(150):=2941;
mem(151):=2960;mem(152):=2980;mem(153):=3000;mem(154):=3019;mem(155):=3039;
mem(156):=3058;mem(157):=3078;mem(158):=3098;mem(159):=3117;mem(160):=3137;
mem(161):=3156;mem(162):=3176;mem(163):=3196;mem(164):=3215;mem(165):=3235;
mem(166):=3254;mem(167):=3274;mem(168):=3294;mem(169):=3313;mem(170):=3333;
mem(171):=3352;mem(172):=3372;mem(173):=3392;mem(174):=3411;mem(175):=3431;
mem(176):=3451;mem(177):=3470;mem(178):=3490;mem(179):=3509;mem(180):=3529;
mem(181):=3549;mem(182):=3568;mem(183):=3588;mem(184):=3607;mem(185):=3627;
mem(186):=3647;mem(187):=3666;mem(188):=3686;mem(189):=3705;mem(190):=3725;
```

```
    mem(191):=3745;mem(192):=3764;mem(193):=3784;mem(194):=3803;mem(195):=3823;
    mem(196):=3843;mem(197):=3862;mem(198):=3882;mem(199):=3901;mem(200):=3921;
    mem(201):=3941;mem(202):=3960;mem(203):=3980;mem(204):=4000;mem(205):=4019;
    mem(206):=4039;mem(207):=4058;mem(208):=4078;mem(209):=4098;mem(210):=4117;
    mem(211):=4137;mem(212):=4156;mem(213):=4176;mem(214):=4196;mem(215):=4215;
    mem(216):=4235;mem(217):=4254;mem(218):=4274;mem(219):=4294;mem(220):=4313;
    mem(221):=4333;mem(222):=4352;mem(223):=4372;mem(224):=4392;mem(225):=4411;
    mem(226):=4431;mem(227):=4451;mem(228):=4470;mem(229):=4490;mem(230):=4509;
    mem(231):=4529;mem(232):=4549;mem(233):=4568;mem(234):=4588;mem(235):=4607;
    mem(236):=4627;mem(237):=4647;mem(238):=4666;mem(239):=4686;mem(240):=4705;
    mem(241):=4725;mem(242):=4745;mem(243):=4764;mem(244):=4784;mem(245):=4803;
    mem(246):=4823;mem(247):=4843;mem(248):=4862;mem(249):=4882;mem(250):=4901;
    mem(251):=4921;mem(252):=4941;mem(253):=4960;mem(254):=4980;mem(255):=5000;
            IF clk'event AND clk = '1' THEN
                q := mem(addr);
            END IF;
            S:=q;
            q0<=S REM 10;S:=S/10;
            q1<=S REM 10;S:=S/10;
            q2<=S REM 10;S:=S/10;
            q3<=S REM 10;S:=S/10;
        END PROCESS;
    END one;
```

源程序中的存储器数据是利用 C 语言程序可以一次性生成的，生成电压表数据的 C 语言源程序（myrom_2.c）如下：

```c
#include <stdio.h>
#include "math.h"
main()
{int i,k;float s;
for(i=0;i<256;i++)
    {k=int(i*(255.0*19.608)/255.0);
    printf("mem(%d):=%d;",i,k);
    if(i%5==0)printf("\n"); }
    return 0; }
```

由源程序生成的存储器 myrom_dyb 元件符号见图 7.51。

7.9.4 数字电压表的顶层设计

数字电压表的顶层设计可以用图形编辑方法和元件例化方法。

1. 用图形编辑方法设计

打开 EDA 软件的图形编辑方式，将已完成设计的分频器 clkgen、控制器 contr_2 和存储器 myrom_dyb 模块，以及相应的输入、输出元件，调入顶层设计图中，参见图 7.47 所示的电路，完成内部连线，即可实现数字电压表的设计。另外，图中的 CLK0 输出用于观察输出波形时钟信号。

2. 用元件例化方法设计

在图 7.47 所示的顶层设计图中，用 u1、u2 和 u3 分别表示分频器 clkgen、控制器 contr_2 和存储器 myrom_dyb 元件的插座名；用 x1 表示 u1 插座上输出 newclk3 的连线；用 x2 表示 u2 插座上输出 ad_data[7..0]的连线。用元件例化方法设计数字电压表的源程序 dyb_v.vhd 如下：

```
LIBRARY IEEE;
USE IEEE.STD_LOGIC_1164.ALL;
ENTITY dyb_v IS
PORT (clk,ad_eoc: IN STD_LOGIC;
        ad_d:IN INTEGER RANGE 255 DOWNTO 0;
          newclk1,newclk2,newclk4:BUFFER STD_LOGIC;
       CLK0,ad_a,ad_clk,ad_start:OUT STD_LOGIC;
       q0,q1,q2,q3: BUFFER    INTEGER RANGE 15 DOWNTO 0);
END dyb_v;
ARCHITECTURE one OF dyb_v IS
   SIGNAL x1: STD_LOGIC;
   SIGNAL x2: INTEGER RANGE 255 DOWNTO 0;
   Component clkgen
     PORT(clk:IN STD_LOGIC;
          newclk0,newclk1,newclk2,newclk3,newclk4:BUFFER STD_LOGIC);
   END Component;
   Component contr_2
     PORT(clk,ad_eoc: IN STD_LOGIC;
         ad_d:IN INTEGER RANGE 255 DOWNTO 0;
         ad_clk,ad_a,ad_start:OUT STD_LOGIC;
           ad_data:BUFFER INTEGER RANGE 255 DOWNTO 0);
   END Component;
   Component myrom_dyb
     PORT(    clk: IN std_logic;
           addr: IN integer RANGE 255 DOWNTO 0;
           q0,q1,q2,q3: OUT integer RANGE 15 DOWNTO 0);
   END Component;
   BEGIN
       u1:clkgen       PORT MAP(clk,CLK0,newclk1,newclk2,x1,newclk4);
       u2:contr_2      PORT MAP(x1,ad_eoc,ad_d,ad_clk,ad_a,ad_start,x2);
       u3:myrom_dyb PORT MAP(x1,x2,q0,q1,q2,q3);
   END one;
```

以上用 2 种方法设计的数字电压表已通过 EDA 实验开发平台的验证。用美国 Altera 公司的 Quartus II 的嵌入式逻辑分析仪（SignalTap II Logic Analyzer）软件，可以观察到数字电压表运行时的实时波形如图 7.52 所示，波形图映射了一个完整的测量过程（嵌入式逻辑分析仪软件参见第 8 章相关叙述）。

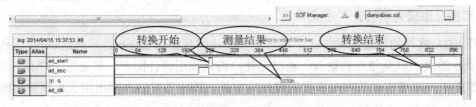

图 7.52 数字电压表的逻辑分析图

7.10　8位十进制频率计设计

8位十进制频率计设计原理图如图7.53所示，它由8位十进制加法计数器cnt10x8、8位十进制锁存器REG4X8和测频控制信号发生器TESTCTC组成。图中，CLK_1HZ是周期为1秒的输入信号；FIN是被测频率的输入信号；Q0[3..0]～Q7[3..0]是8位十进制输出信号，用于显示测量结果。下面分别介绍测频控制信号发生器TESTCTC、十进制加法计数器CNT10X8和8位十进制锁存器REG4X8以及频率计的顶层设计。

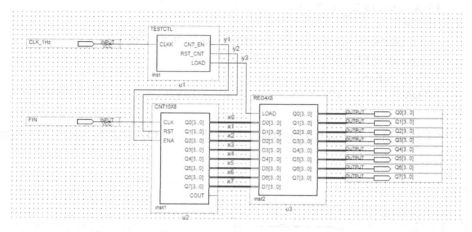

图7.53　8位十进制频率计的设计原理图

7.10.1　测频控制信号发生器TESTCTC的设计

测频控制信号发生器TESTCTC的元件符号如图7.54所示，CLKK是周期为1秒的时钟输入端；CNT_EN是计数使能控制输出端，用于对频率计中的每一个计数器CNT10X8的ENA使能端进行同步控制，当CNT_EN为高电平时，允许计数，低电平时停止计数，并保持记录的脉冲数；RST_CNT是计时器复位输出端，用于对计数器的清除；LOAD是锁存信号输出端，用于锁存器REG4X8的数据锁存。根据频率的定义和频率测量的基本原理，测定信号的频率必须有一个脉宽为1秒的输入计数允许信号，1秒计数结束后，计数值锁入锁存器，并为下一测频周期准备计数器复位（清0）信号。这3个信号由测频控制信号发生器TESTCTC产生，它的功能要求是计数使能输出信号CNT_EN能产生一个1秒脉宽的周期信号，在停止计数期间，首先用锁存信号LOAD的上升沿将计数值锁存到每个锁存器REG4X8中，并送至外部的七段译码器译出，显示计数值。设置锁存器的好处是，显示数据稳定，不会由于周期性的清零信号而不断闪烁。信号锁存之后，还必须用复位信号RST_CNT对计数器进行清除，为下一个测量周期的计数操作做准备。

根据测频控制信号发生器的工作原理，基于VHDL编写的源程序TESTCTL.vhd如下：

```
LIBRARY IEEE;    --测频控制器
USE IEEE.STD_LOGIC_1164.ALL;
USE IEEE.STD_LOGIC_UNSIGNED.ALL;
ENTITY TESTCTL IS
    PORT ( CLKK : IN STD_LOGIC;              -- 1Hz
           CNT_EN,RST_CNT,LOAD : OUT STD_LOGIC);
```

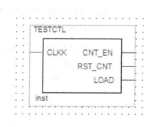

图7.54　TESTCTC的元件符号

```
        END TESTCTL;
    ARCHITECTURE one OF TESTCTL IS
        SIGNAL DIV2CLK : STD_LOGIC;
    BEGIN
        PROCESS( CLKK )
        BEGIN
            IF CLKK'EVENT AND CLKK = '1' THEN DIV2CLK <= NOT DIV2CLK;
            END IF;
        END PROCESS;
        PROCESS (CLKK, DIV2CLK)
        BEGIN
            IF CLKK='0' AND Div2CLK='0' THEN    RST_CNT <= '1';
                ELSE    RST_CNT <= '0';    END IF;
        END PROCESS;
            LOAD    <= NOT DIV2CLK ;    CNT_EN <= DIV2CLK;
    END one;
```

为源程序生成的测频控制信号发生器的元件符号见图 7.54。测频控制信号发生器的仿真波形如图 7.55 所示，仿真波形验证了设计的正确性。

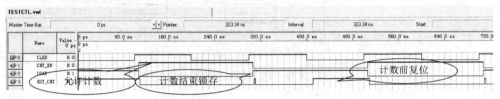

图 7.55 测频控制信号发生器的仿真波形

7.10.2 十进制加法计数器 CNT10X8 的设计

根据十进制加法计数器的工作原理，基于 VHDL 编写的 8 位十进制加法计数器的源程序 CNT10X8.vhd 如下：

```
LIBRARY IEEE;              -- 8 位十进制加法计数器
USE IEEE.STD_LOGIC_1164.ALL;
USE IEEE.STD_LOGIC_UNSIGNED.ALL;
ENTITY CNT10X8 IS
    PORT(CLK,RST,ENA:IN STD_LOGIC;
        Q0,Q1,Q2,Q3,Q4,Q5,Q6,Q7:BUFFER STD_LOGIC_VECTOR(3 DOWNTO 0);
        COUT:OUT STD_LOGIC);
END Cnt10X8;
ARCHITECTURE one OF Cnt10X8 IS
SIGNAL EN1,EN2,EN3,EN4,EN5,EN6,EN7: STD_LOGIC;
    BEGIN
        PROCESS(CLK,RST,ENA)        --频率计个位计数器
        BEGIN
            IF RST='1' THEN Q0<="0000";
                ELSIF CLK'EVENT AND CLK='1' THEN
                    IF ENA='1' THEN
                    IF Q0="1001" THEN Q0<="0000";ELSE Q0<=Q0+1;END IF;
                    END IF;
```

```vhdl
        END IF;
           IF Q0="1001" THEN EN1<='1'; ELSE EN1<='0';END IF;
   END PROCESS;
   PROCESS(CLK,RST,EN1)        --频率计十位计数器
     BEGIN
        IF RST='1' THEN Q1<="0000";
           ELSIF CLK'EVENT AND CLK='1' THEN
              IF EN1='1' THEN
                 IF Q1="1001" THEN Q1<="0000";ELSE Q1<=Q1+1;END IF;
              END IF;
        END IF;
           IF Q1="1001" THEN EN2<='1'; ELSE EN2<='0';END IF;
END PROCESS;
PROCESS(CLK,RST,EN2)
   BEGIN
     IF RST='1' THEN Q2<="0000";
        ELSIF CLK'EVENT AND CLK='1' THEN
           IF EN2='1'AND EN1='1' THEN
              IF Q2="1001"   THEN Q2<="0000";ELSE Q2<=Q2+1;END IF;
           END IF;
        END IF;
           IF Q2="1001" THEN EN3<='1'; ELSE EN3<='0';END IF;
END PROCESS;
PROCESS(CLK,RST,EN3)
   BEGIN
     IF RST='1' THEN Q3<="0000";
        ELSIF CLK'EVENT AND CLK='1' THEN
           IF EN3='1'AND EN2='1'AND EN1='1' THEN
              IF Q3="1001" THEN Q3<="0000";ELSE Q3<=Q3+1;END IF;
           END IF;
        END IF;
           IF Q3="1001" THEN EN4<='1'; ELSE EN4<='0';END IF;
END PROCESS;
PROCESS(CLK,RST,EN4)
   BEGIN
     IF RST='1' THEN Q4<="0000";
        ELSIF CLK'EVENT AND CLK='1' THEN
           IF EN4='1'AND EN3='1'AND EN2='1'AND EN1='1' THEN
              IF Q4="1001" THEN Q4<="0000";ELSE Q4<=Q4+1;END IF;
           END IF;
        END IF;
           IF Q4="1001" THEN EN5<='1'; ELSE EN5<='0';END IF;
END PROCESS;
PROCESS(CLK,RST,EN5)
   BEGIN
     IF RST='1' THEN Q5<="0000";
        ELSIF CLK'EVENT AND CLK='1' THEN
           IF EN5='1'AND EN4='1'AND EN3='1'AND EN2='1'AND EN1='1' THEN
              IF Q5="1001" THEN Q5<="0000";ELSE Q5<=Q5+1;END IF;
           END IF;
```

```
                END IF;
                    IF Q5="1001" THEN EN6<='1'; ELSE EN6<='0';END IF;
            END PROCESS;
            PROCESS(CLK,RST,EN6)
              BEGIN
                IF RST='1' THEN Q6<="0000";
                    ELSIF CLK'EVENT AND CLK='1' THEN
        IF EN6='1'AND EN5='1'AND EN4='1'AND EN3='1'AND EN2='1'AND EN1='1' THEN
                IF Q6="1001" THEN Q6<="0000";ELSE Q6<=Q6+1;END IF;
                END IF;
                END IF;
                    IF Q6="1001" THEN EN7<='1'; ELSE EN7<='0';END IF;
            END PROCESS;
            PROCESS(CLK,RST,EN7)
              BEGIN
                IF RST='1' THEN Q7<="0000";
                    ELSIF C LK'EVENT AND CLK='1' THEN
        IF  EN7='1'AND  EN6='1'AND  EN5='1'AND  EN4='1'AND  EN3='1'AND  EN2='1'AND  EN1='1'
THEN
                        IF Q7="1001" THEN Q7<="0000";ELSE Q7<=Q7+1;END IF;
                    END IF;
                END IF;
                    IF Q7="1001" THEN COUT<='1'; ELSE COUT<='0';END IF;
            END PROCESS;
        END one;
```

在源程序中用了 8 个 PROCESS 进程来描述 8 个十进制计数器，完成 8 位十进制计数。为源程序生成的计数器元件符号如图 7.56 所示，其中 CLK 是时钟输入端，用于接收被测频率；RST 是复位信号输入端，上升沿有效；ENA 是使能控制输入端，高电平有效；Q0[3..0]～Q7[3..0]是 8 位十进制数（BCD 码）输出端；COUT 是进位输出端，用于扩展计数器的位数。

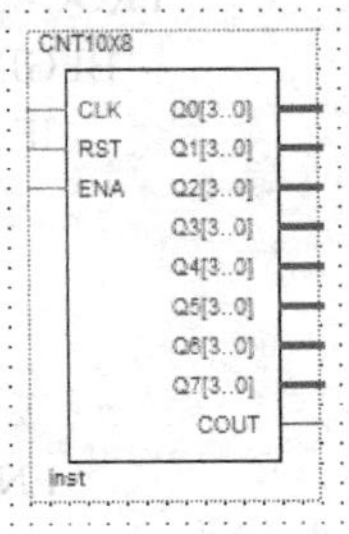

图 7.56 CNT10X8 的元件符号

7.10.3 8 位十进制锁存器 reg4x8 的设计

根据 8 位十进制锁存器的工作原理，基于 VHDL 编写的源程序 REG4X8.vhd 如下：

```
LIBRARY IEEE;    --锁存器
USE IEEE.STD_LOGIC_1164.ALL;
ENTITY REG4X8 IS
    PORT (  LOAD : IN STD_LOGIC;
        D0,D1,D2,D3,D4,D5,D6,D7 : IN STD_LOGIC_VECTOR(3 DOWNTO 0);
        Q0,Q1,Q2,Q3,Q4,Q5,Q6,Q7 : OUT STD_LOGIC_VECTOR(3 DOWNTO 0) );
END REG4X8;
ARCHITECTURE two OF REG4X8 IS
BEGIN
    PROCESS(LOAD)
      BEGIN
        IF LOAD'EVENT AND LOAD = '1' THEN    --时钟到来时，锁存输入数据
            Q0 <= D0;Q1<=D1;Q2<=D2;Q3<=D3;Q4<=D4;Q5<=D5;Q6<=D6;Q7<=D7;
```

```
        END IF;
    END PROCESS;
END two;
```

由源程序生成的 8 位十进制锁存器的元件符号如图 7.57 所示，其中 load 是锁存信号输入端，上升沿有效；d0[3..0]～d7[3..0] 是 8 位十进制数输入端；q0[3..0]～q7[3..0]是 8 位十进制数输出端。

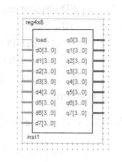

图 7.57　REG4X8 的元件符号

7.10.4　频率计的顶层设计

频率计的顶层设计可以采用图形编辑方法和元件例化方法。

1. 用图形编辑方法设计

打开 EDA 软件的图形编辑方式，将已完成设计的 8 位十进制加法计数器 CNT10X8、8 位十进制锁存器 REG4X8 和测频控制信号发生器 TESTCTL 模块，以及相应的输入、输出元件，调入顶层设计图中，参见图 7.53 所示的电路，完成内部连线，即可实现数字电压表的设计。

2. 用元件例化方法设计

在图 7.53 所示的顶层设计图中，用 u1、u2 和 u3 分别表示测频控制信号发生器 testctl、十进制加法计数器 cnt10x8 和锁存器 reg4x8 元件的插座名；用 y1 表示 u1 插座上输出 ent_en 的连线；用 y2 表示 u1 上输出 cnt_rst 的连线；用 y3 表示 u1 上输出 load 的连线；用 x0～x7 表示 u2 插座上输出 q0[3..0]～q7[3..0]的连线。用元件例化方法设计频率计的源程序 plj_v.vhd 如下。

```
LIBRARY IEEE;
USE IEEE.STD_LOGIC_1164.ALL;
ENTITY plj_v IS
PORT (CLK_1HZ,FIN: IN STD_LOGIC;
        Q0,Q1,Q2,Q3,Q4,Q5,Q6,Q7 : OUT STD_LOGIC_VECTOR(3 DOWNTO 0);
        cout: OUT STD_LOGIC);
END plj_v;
ARCHITECTURE one OF plj_v IS
   SIGNAL x0,x1,x2,x3,x4,x5,x6,x7:STD_LOGIC_VECTOR(3 DOWNTO 0);
   SIGNAL y1,y2,y3: STD_LOGIC;
   Component cnt10x8
     PORT(CLK,RST,ENA:IN STD_LOGIC;
           Q0,Q1,Q2,Q3,Q4,Q5,Q6,Q7:BUFFER STD_LOGIC_VECTOR(3 DOWNTO 0);
           COUT:OUT STD_LOGIC);
   END Component;
   Component reg4x8
     PORT (  LOAD : IN STD_LOGIC;
           D0,D1,D2,D3,D4,D5,D6,D7 : IN STD_LOGIC_VECTOR(3 DOWNTO 0);
           Q0,Q1,Q2,Q3,Q4,Q5,Q6,Q7 : OUT STD_LOGIC_VECTOR(3 DOWNTO 0) );
   END Component;
   Component testctl
     PORT ( CLKK : IN STD_LOGIC;              -- 1Hz 输入
           CNT_EN,RST_CNT,LOAD : OUT STD_LOGIC);
```

```
    END Component;
  BEGIN
    u1:testctl PORT MAP(CLK_1HZ,y1,y2,y3);--位置关联方式
    u2:cnt10x8 PORT MAP(FIN,y2,y1,x0,x1,x2,x3,x4,x5,x6,x7,cout);
    u3:reg4x8   PORT MAP(y3,x0,x1,x2,x3,x4,x5,x6,x7,q0,q1,q2,q3,q4,q5,q6,q7);
  END one;
```

8位频率计的仿真波形如图7.58所示，仿真结果验证了设计的正确性。

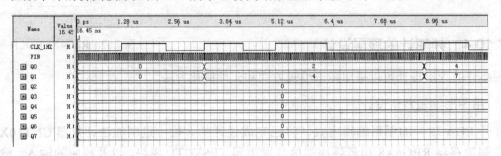

图7.58 8位频率计的仿真波形

第 8 章　常用 EDA 软件

本章介绍一些常用的 EDA 软件，包括 Quartus II 13.0、ModelSim、Matlab/DSP Builder 和 Nios II，供读者在进行数字电路与系统设计时参考。

8.1　Quartus II 13.0 软件

EDA 技术的核心是利用计算机完成电路设计的全程自动化，因此数字电路及系统的设计离不开 EDA 工具。

目前，中国大部分高等院校都使用美国 Altera 公司 Quartus II 软件作为 EDA 开发工具。Quartus II 软件是 Altera 公司继 MAX+PLUS II 之后推出的新一代功能强大的 EDA 工具，至今已公布了 Quartus II 17.0 版本。为了适应新的 PLD 芯片的推出，Altera 公司每年都有 Quartus II 新版本推出，版本号与当年的年号有关，例如 2009 年推出 Quartus II 9.0、2010 年推出 Quartus II 10.0 等基本版本。此外，根据需要每年还会推出一些增补版，例如 Quartus II 10.1、Quartus II 10.2 等。Quartus II 软件提供了 EDA 设计的综合开发环境，是 EDA 设计的基础。Quartus II 集成环境支持 EDA 设计的设计输入、编译、综合、布局、布线、时序分析、仿真、编程下载等设计过程。

Quartus II 支持多种编辑输入法，包括图形编辑输入法，VHDL、Verilog HDL 和 AHDL 的文本编辑输入法，符号编辑输入法，以及内存编辑输入法。各种版本的 Quartus II 软件的使用方法基本相同，但自 Quartus II 10.0 版本以后，Quartus II 软件中取消了自带的仿真工具（Waveform Editor），采用第三方软件 ModelSim-Altera 进行设计仿真。为了方便学习，Altera 公司在 Quartus II 13.0 版本软件中增加了自带的大学计划仿真工具（university program vwf），该仿真工具也是基于 ModelSim，不过与 Waveform Editor 界面类似。考虑到目前国内大部分高校使用 Quartus II 软件的现状，下面以 Quartus II 13.0 版本为例介绍 Quartus II 软件的基本操作。

8.1.1　Quartus II 软件的主界面

Quartus II 13.0 的主界面如图 8.1 所示，主界面中包括菜单与工具栏、主窗口、工程引导窗口（Project Navigator）、任务窗口（Tasks）、信息（Messages）窗口等。菜单与工具栏中，排列了 Quartus II 的全部菜单命令，每个命令都有对应按钮，这些命令按钮可选列在工具栏中。主窗口用于存放各种图形编辑窗口、文本编辑窗口、编译报告等内容。工程引导窗口用于列出设计工程名及与工程相关的各种程序名称。任务窗口用于显示编译过程的进度。信息窗口用于显示编译处理过程中的信息。以上是常用的窗口，还有一些不常用的窗口也可以打开。用鼠标右键击（为了简化叙述，下面将"用鼠标右键单击"简称为"右击"，"用鼠标左键单击"简称"单击"，"用鼠标左键双击"简称"双击"）工具栏附近的空白处，弹出如图 8.2 所示的打开窗口和命令按钮快捷菜单。该快捷菜单用于打开或关闭（出现"√"为打开）工程引导（Project Navigator）、编译状态（Status）等窗口，也可以打开或关闭文件（File）、处理（Processing）等命令按钮。

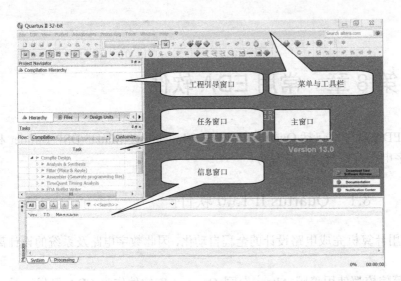

图 8.1 Quartus II 13.0 的主界面　　　　　图 8.2 快捷菜单

8.1.2 Quartus II 的图形编辑输入法

图形编辑输入法也称为原理图输入设计法。用 Quartus II 的原理图输入设计法进行数字系统设计时，不需要任何硬件描述语言知识，在具有数字逻辑电路基本知识的基础上，就可以使用 Quartus II 软件提供的 EDA 平台，进行数字电路或系统的设计。

Quartus II 的原理图输入设计法可以与传统的数字电路设计法接轨，即把传统方法得到的设计电路的原理图，用 EDA 平台完成设计电路的输入、编译、仿真和综合，最后编程下载到可编程逻辑器件 FPGA/CPLD 或专用集成电路 ASIC（Application Specific Integrated Circuit）中。在 EDA 设计中，将传统电路设计过程的布局布线、绘制印制电路板、电路焊接、电路加电测试等过程取消，提高了设计效率，降低了设计成本，减轻了设计者的劳动强度。然而，原理图输入设计法的优点不仅如此，它还可以极为方便地实现数字系统的层次化设计，这是传统设计方式无法比拟的。层次化设计也称为"自底向上"的设计方法，即将一个大的设计工程分解为若干个子项目或若干个层次来完成。先从底层的电路设计开始，然后在高层次的设计中逐级调用低层次的设计结果，直至顶层系统电路的实现。对于每个层次的设计结果，都经过严格的仿真验证，尽量减少系统设计中的错误。每个层次的设计可以用原理图输入法实现，也可以用其他方法（如用 HDL 文本输入法）实现，这种方法称为"混合设计输入法"。层次化设计为大型系统设计及 SOC（System On a Chip）或 SOPC（System On a Programmable Chip）的设计提供了方便、直观的设计路径。

在 Quartus II 平台上，使用图形编辑输入法设计电路的操作流程包括编辑（设计输入）、编译、仿真和编程下载等基本过程。用 Quartus II 图形编辑方式生成的图形文件默认的扩展名为.bdf（也可以用.gdf）。为了方便电路设计，设计者首先应当在计算机中建立自己的工程目录，例如在 D 盘上建立 myeda 文件夹来存放设计文件。

注意：工程文件夹的名称由字母开始，加若干字母、数字和单个下画线组成，最好不要使用汉字。

下面以 8 位加法器 adder8 的设计为例，介绍 Quartus II 软件使用的基本方法。

1．编辑输入图形设计文件

使用 Quartus II 设计电路系统之前，需要先建立设计工程（Project）。例如，用图形编辑法设计 8 位加法器 adder8 时，需要先建立 adder8 的设计工程。在 Quartus II 集成环境下，执行"File→New Project Wizard"命令，弹出如图 8.3 所示的新建设计工程对话框的"Directory, Name, TOP-Level Entity [page 1 of 5]"页面（新建设计工程对话框共 5 个页面）。

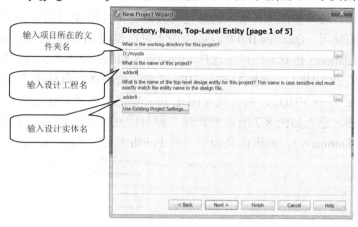

图 8.3 新建工程对话框（第 1 页面）

此页面用于登记设计文件的地址（文件夹）、设计工程的名称和顶层文件实体名。在对话框的第一栏中输入工程所在的文件夹名，如 D:\myeda；第二栏是设计工程名，需要输入新的设计工程名，如 adder8；第三栏是顶层文件实体名，需要输入顶层文件实体的名称。设计工程名和顶层文件实体名可以同名，一般在多层次系统设计中，以与设计工程同名的设计实体作为顶层文件名。

单击图 8.3 下方的 Next 按钮，进入如图 8.4 所示的新建工程对话框（第 2 页面）。此页面用于增加设计文件，包括顶层设计文件和其他底层设计文件。如果顶层设计文件和其他底层设计文件已经包含在工程文件夹中，则在此页面中将这些设计文件增加到新建工程中。

单击 Next 按钮，进入如图 8.5 所示的新建工程对话框（第 3 页面），此页面用于设置编程下载的目标芯片的类型与型号。

图 8.4 新建工程对话框（第 2 页面）

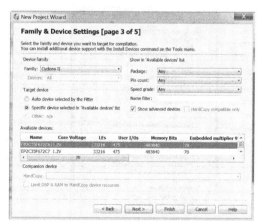

图 8.5 新建工程对话框（第 3 页面）

在编译设计文件前，应先选择下载的目标芯片，否则系统将以默认的目标芯片为基础完成设计文件的编译。目标芯片的选择应根据支持硬件开发和验证的开发板或实验开发系统上提供的可编程逻辑器件来决定。例如，使用友晶科技公司的 DE2 实验开发板来完成实验验证，则应选择 Cyclone II 系列的 EP2C35F672C6 为目标芯片。如果没有实验开发板，则可以任意选定一款目标芯片来完成本例的设计操作。

注意：Quartus II 13.0 版本默认的目标芯片为 Cyclone IV GX:AUTO，因此每次新建工程都要选择目标芯片，而 13.0 以下版本则默认第 1 次新建工程的目标芯片。

单击 Next 按钮，进入如图 8.6 所示的新建工程对话框（第 4 页面），此页面用于设置第三方 EDA 工具软件的使用，Quartus II 9.0 及以上版本可以使用 ModelSim-Altera 软件仿真，因此在该对话框的 Simulation（仿真）栏目中选择 ModelSim-Altera 为仿真工具，在格式（Format(s)）中选择 Verilog HDL 或 VHDL。选择 Verilog HDL，则系统编译后自动生成 Verilog HDL 仿真输出文件（.vo 文件）；选择 VHDL，则生成 VHDL 仿真输出文件（.vho 文件）。

单击 Next 按钮，进入如图 8.7 所示的新建工程对话框（第 5 页面），此页面用于显示新建设计工程的摘要（Summary）。单击此页面下方的 Finish 按钮，完成新设计工程的建立。

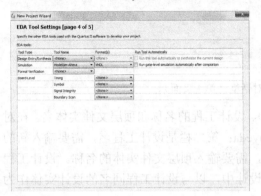 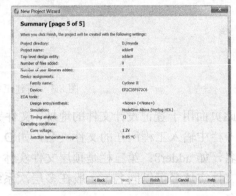

图 8.6　新建工程对话框（第 4 页面）　　　图 8.7　新建工程对话框（第 5 页面）

新的工程建立后，便可进行电路系统设计。在 Quartus II 集成环境下，执行"File→New"命令，弹出如图 8.8 所示的 New（新文件）对话框，选择"Block Diagram/Schematic File"（模块/原理图文件）方式后单击 OK 按钮，或者直接单击主窗口上的 New（创建新的图形文件）命令按钮，进入 Quartus II 图形编辑方式的窗口界面。

 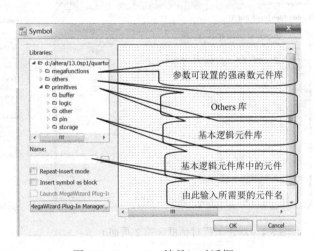

图 8.8　New（新文件）对话框　　　图 8.9　Symbol（符号）对话框

双击原理图编辑窗口中的任何一个位置，将弹出一个如图 8.9 所示的 Symbol（符号）对话框，也可以在编辑窗口中右击，在弹出的快捷菜单中执行"Insert→Symbol as Block…"或"Insert→Symbol…"命令，弹出（元件）符号选择窗口。在符号对话框中，Quartus II 列出了存放在

d:/altera/13.0 路径下的/quartus/libraries/元件库。单击元件库左边的三角符号"⊿",展开下一层次的元件库,包括 megafunctions、others 和 primitives 元件库。megafunctions 是强函数库,包含参数可设置的门电路、计数器、存储器等元件的符号;others 是 MAX+PLUS II 老式宏函数子库,包括加法器、编码器、译码器、计数器、移位寄存器等 74 系列器件的元件符号;primitives 是基本元件子库,包括缓冲器和基本逻辑门,如门电路、触发器、电源、输入、输出等元件的符号。

单击每个层次元件库左边的三角符号,可以进一步展开,直到各种具体元件的符号名称,如 and2(2 输入端的与门)、xor(异或门)、vcc(电源)、input(输入)、output(输出)、7400、74383 等。在元件符号对话框的 Name 栏中直接输入元件名,或者在 Libraries 栏目中单击元件名,可以调出相应的元件符号。元件选中后单击 OK 按钮,选中的元件符号将出现在原理图编辑窗口中。

在 8 位加法器 adder8 的设计中,用上述方法将电路设计所需要的两片 4 位加法器 74283 及两个输入(input)、两个输出(output)和地(GND)元件符号调入图形编辑窗口中,根据 8 位加法器设计的原理图,用鼠标完成电路内部的连接及与输入、输出和地元件的连接,并将相应的输入元件符号名分别更改为 A[7..0]和 B[7..0],把输出元件的符号名分别更改为 SUM[7..0]和 COUT,如图 8.10 所示。

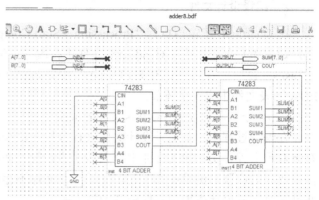

图 8.10　8 位加法器的原理图

其中,A[7..0]和 B[7..0]是两个 8 位被加数和加数输入端,SUM[7..0]是 8 位和数输出端,COUT 是向高位进位输出端。输入、输出元件(即引脚)更名的方法是:双击引脚元件符号,弹出如图 8.11 所示的引脚属性(Pin Properties)对话框,在对话框的 Pin name(s)栏中输入引脚名称(如 A[7..0]),在 Default value 栏中保持 VCC(逻辑 1)值默认,Default value 是端口的初值,除了 VCC 值外还有 GND(逻辑 0)值,单击 OK 按钮完成引脚属性的设置,其中 A[7..0]表示包含 A[7]~A[0]共 8 条输入线的总线。

图 8.11　引脚属性对话框

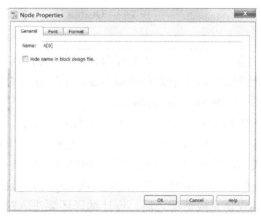

图 8.12　节点属性对话框

在图 8.10 所示 8 位加法器电路中,A[7..0]输入端分别与两片 4 位加法器 74283(4 BIT ADDER)的 A1~A4 输入端连接,其中第 1 片(inst)74283 的 A1~A4 分别与 A[7..0]输入端的 A[0]~A[3]连接,作为 A 输入端的低 4 位加数输入;第 2 片(inst1)74283 的 A1~A4 分别与 A[7..0]输入端的 A[4]～A[7]连接,作为 A 输入端的高 4 位加数输入。输入引脚与元件引脚的连接,是通过在元件引脚上加连线并编辑连线属性(Property)完成的。例如,在第 1 片 74283 的 A1 输入端前用鼠标画出一条与 A1 端连接的连线,然后右击该连线,在弹出的快捷菜单中选择 Properties 命令,弹出如图 8.12 所示的节点属性(Node Properties)对话框,在对话框的 Name 栏中输入 A[0],表示该输入端与 A[7..0]输入端的 A[0]连接,单击 OK 按钮后完成连线的属性编辑操作。按照此法,完成 A[7..0]、B[7..0]、SUM[7..0]和 COUT 端口与两片 74283 引脚的连接。另外,电路中第 1 片 74283 的低位进位 CIN 未使用,将其接 GND(逻辑 0),以保证电路正常运行。电路编辑完成后,用 adder8(扩展名为.bdf)作为设计文件名保存在工程目录中(**注意:设计文件名与工程名必须相同**)。

2. 编译设计文件

在 Quartus II 主窗口执行"Processing→Start Compilation"命令,或者单击 Start Compilation(开始编译)命令按钮,对 adder8 文件进行编译。编译的进程可以在状态(Status)或者任务(Tasks)窗口上看到,如图 8.13 所示。编译过程包括分析与综合、适配、编程、时序分析和 EDA 网表文件生成 5 个环节。

(1)分析与综合(Analysis & Synthesis)

在编译过程中,首先对设计文件进行分析和检查,如检查原理图的信号线有无漏接、信号有无双重来源、文本输入文件中有无语法错误等。如果设计文件存在错误,则报告出错信息并标出错误的位置,供设计者修改。如果设计文件不存在错误(允许存在警告),接着进行综合。通过综合完成设计逻辑到器件资源的技术映射。

图 8.13 Quartus II 编译状态(Status)和任务(Tasks)窗口

(2)适配(Fitter)

适配是编译的第 2 个环节,只有分析与综合成功完成之后才能进行。在适配过程中,完成设计逻辑在器件中的布局和布线、选择适当的内部互连路径、分配引脚、分配逻辑元件等操作。

(3)编程(Assembler)

成功完成适配之后,才能进入编程环节。本环节完成将设计逻辑下载到目标芯片中的编程文件。对 CPLD 来说,是产生熔丝图文件,即 JEDEC 文件(电子器件工程联合会制定的标准格式,简称 JED 文件);对于 FPGA 来说,是生成位流数据文件 BG(Bit-stream Generation)。

(4)时序分析(TimeQuestTiming Analyzer)

成功完成适配之后,设计编译还要进入时序分析环节。在时序分析中,计算给定设计与器件上的延时,完成设计分析的时序分析和所有逻辑的性能分析,并产生各种时序分析文件,供时序仿真时用。

(5)EDA 网表文件生成(EDA Netlist Writer)

本环节完成第三方 EDA 软件的网表文件的生成,例如 ModelSim 软件的仿真输出网表文件

（.vo 或 .vho 文件）和标准延迟文件（.sdo 文件）等。

在编译开始后，软件自动弹出如图 8.14 所示的编译报告，报告工程文件编译的相关信息，如下载目标芯片的型号名称、占用目标芯片中逻辑元件 LE（Logic Elements）的数目、占用芯片的引脚数目等。

3. 大学计划仿真（university program vwf）

在 Quartus II 10.0 版本以后，已经将 Quartus II 9.0 以及低版本中自带的仿真工具（Waveform Editor）取消，采用第三方软件 ModelSim 进行

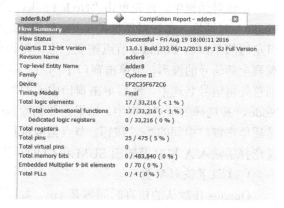

图 8.14　编译报告

设计仿真。Quartus II 13.0 版本以后，Quartus II 软件中又增加了自带大学计划仿真工具（university program vwf）。university program vwf 也是基于 ModelSim 仿真工具的，不过它与 Waveform Editor 仿真界面类似，建议读者主要使用 ModelSim 仿真。

用 Quartus II 13.0 自带大学计划仿真工具（university program vwf）仿真，需要经过建立波形文件、输入信号节点、设置波形参量、编辑输入信号、波形文件存盘、运行仿真器和分析仿真波形等过程。

（1）建立波形文件

执行 Quartus II 主窗口的"File→New"命令，在弹出的 New（新文件）对话框中（见图 8.8）选择"university program vwf"方式后单击 OK 按钮，弹出如图 8.15 所示的新建波形文件编辑窗口界面，进入 Quartus II 波形编辑方式。大学计划仿真工具（university program vwf）界面是独立的，可以在此界面进行存盘、编辑、仿真等操作。

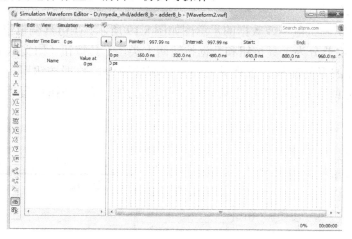

图 8.15　新建波形文件编辑窗口界面

（2）输入信号节点

在波形编辑方式下，执行"Edit→Insert Node or Bus…"命令，或右击波形编辑窗口的 Name 栏，在弹出的快捷菜单中执行"Insert Node or Bus…"命令，弹出如图 8.16 所示的插入节点或总线（Insert Node or Bus…）对话框。

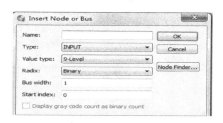

图 8.16　插入节点对话框

在该对话框中，首先单击"Node Finder…"按钮，弹出如图8.17所示的节点发现者（Node Finder）对话框。在该对话框的Filter栏中，选中"Pins:all"项后，再单击List按钮，这时在窗口左边的Nodes Found（节点建立）框中将列出该设计工程的全部信号节点。若在仿真中需要观察全部信号的波形，则单击窗口中间的">>"按钮；若在仿真中只需要观察部分信号的波形，则首先将信号名选中，然后单击窗口中间的">"按钮，选中的信号即进入窗口右边的Selected Nodes（被选择的节点）框中。如果需要删除Selected Nodes框中的节点信号，也可以将其选中，然后单击窗口中间的"<"按钮。节点信号选择完毕后，单击OK按钮。在8位加法器的设计中，仅选择了输入A和B及输出SUM和COUT节点信号。

（3）设置波形参量

Quartus II默认的仿真时间域是1us，如果需要更长时间观察仿真结果，可执行波形窗口的"Edit→End Time…"命令，弹出如图8.18所示的End Time（设置仿真时间域）对话框，在对话框中输入适当的仿真时间域（如10us），单击OK按钮完成设置。

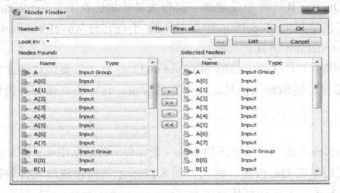

图8.17 节点发现者对话框

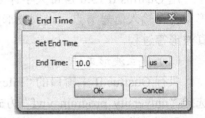

图8.18 设置仿真时间域对话框

（4）编辑输入信号

为输入信号编辑测试电平或数据的示意图如图8.19所示。在仿真编辑窗口的左侧列出了各种功能选择按钮，主要分为工具按钮和数据按钮两大类。工具按钮（如文本工具、编辑工具等）用于完成诸如增加波形的注释、选择某段波形区域等操作，数据按钮用于为波形设置不同的数据，便于观察仿真结果。按钮的主要功能及使用方法，根据按钮位置以由上至下的顺序叙述如下。

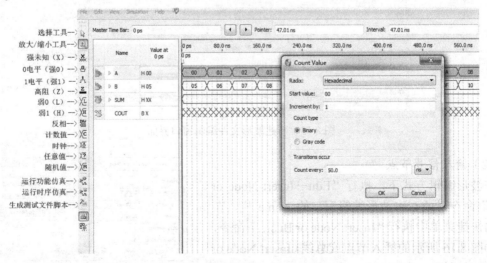

图8.19 为输入信号编辑测试电平或数据示意图

① 选择工具（Selection tool）按钮。按下此按钮后，使鼠标处于选择工具状态，可以用鼠标将波形编辑窗口中的某个波形选中，便于该波形的数据设置。另外，当其他工具按钮（如文本工具按钮、编辑工具按钮等）按下后（按钮呈现下陷状态），用此按钮退出这些工具按钮的工作状态（使下陷的按钮恢复原状），恢复鼠标作为选择工具的状态。

② 放大/缩小镜（Zoom）按钮。按下此按钮，可以对波形编辑窗口中的输入波形的时间域进行放大或缩小操作。单击放大，右击缩小。

③ 强未知（X）按钮。在鼠标处于选择工具或编辑工作状态时，用鼠标左键将需要编辑的输入信号选中，按下此按钮，则设置的相应输入数据为强未知数据。

④ 强 0（0）按钮。在鼠标处于选择工具或编辑工作状态时，用鼠标左键将需要编辑的输入信号选中，按下此按钮，则设置的相应输入数据为强 0 数据。

⑤ 强 1（1）按钮。在鼠标处于选择工具或编辑工作状态时，用鼠标左键将需要编辑的输入信号选中，按下此按钮，则设置的相应输入数据为强 1 数据。

⑥ 高阻（Z）按钮。在鼠标处于选择工具或编辑工作状态时，用鼠标左键将需要编辑的输入信号选中，按下此按钮，则设置的相应输入数据为高阻态。

⑦ 弱 0（L）按钮。在鼠标处于选择工具或编辑工作状态时，用鼠标左键将需要编辑的输入信号选中，按下此按钮，则设置的相应输入数据为弱 0 数据。

⑧ 弱 1（H）按钮。在鼠标处于选择工具或编辑工作状态时，用鼠标左键将需要编辑的输入信号选中，按下此按钮，则设置的相应输入数据为弱 1 数据。

⑨ 反相（INV）按钮。在鼠标处于选择工具或编辑工作状态时，用鼠标左键将需要编辑的输入信号选中，按下此按钮，则设置的相应输入数据与原数据的相位相反。

⑩ 计数值（Count value）按钮。在鼠标处于选择工具或编辑工作状态时，单击将需要编辑的输入信号选中，按下此按钮，则弹出 Count Value 对话框（见图 8.19 的中部）。Count Value 对话框有 Counting 和 Timing 两个页面。Counting 页面用于设置相应输入的数据类型、起始值和增加值，在此页面的 Radix 栏中，通过下拉菜单可以选择二进制数（Binary）、十六进制数（Hexadecimal）、八进制数（Octal）、有符号十进制数（Signed Decimal）和无符号十进制数（Unsigned Decimal）。例如，在对 8 位加法器的输入 A 波形参数的设置中，可以选择十六进制数（Hexadecimal），起始值为 0，增加值为 1，则设置完毕的 A 输入数据按 00→01→02→…的顺序变化。Timing 页面用于设置波形的起始时间（Start time）、结束时间（End time）和每个计数状态的周期（Count every）。

⑪ 时钟（Overwrite clock）按钮。在鼠标处于选择工具工作状态时，单击将需要编辑的输入时钟信号选中，按下此按钮，则设置相应输入时钟信号的波形参数。

⑫ 任意值（Arbitrary Value）按钮。在鼠标处于选择工具或编辑工作状态时，单击将需要编辑的输入信号选中，按下此按钮，则弹出 Arbitrary Value 对话框，用于设置被选中输入波形的某个（如 20、30 等）固定不变的数值。

⑬ 随机值（Random Value）按钮。在鼠标处于选择工具或编辑工作状态时，单击将需要编辑的输入信号选中，按下此按钮后，将设置输入波形为随机变化的数值。

⑭ 运行功能仿真（Run Functional Simulation）按钮。在鼠标处于选择工具工作状态时，按下此按钮后，进行功能仿真。

⑮ 运行时序仿真（Run Timing Simulation）按钮。在鼠标处于选择工具工作状态时，按下此按钮后，进行时序仿真。

⑯ 生成测试文件脚本（Generate Modelsim Testbench and Script）按钮。在鼠标处于选择工

具工作状态时，按下此按钮后，将生成测试文件脚本，包括 ModelSim 的仿真批处理文件（即.vwf.do 文件）和用 Verilog HDL 编写的时序仿真文件（即.vwf.vt 文件）。

（5）波形文件存盘

执行"File→Save"命令，在弹出的"Save as"对话框的"文件名(N)"栏中，填入波形文件保存的名称（如 adder8），单击 OK 按钮，完成波形文件的存盘。在波形文件存盘操作中，系统自动将波形文件名的属性设置为.vwf（即 adder8.vwf）保存。

注意：波形文件名与工程名必须相同，另外 Quartus II 13.0 版本在保存波形文件时，默认的文件名是"Waveform"，而不是工程名，而 13.0 以下版本，都是给出工程名。

（6）运行仿真器

执行"Simulation→Run Functional Simulation"命令，或单击"Run Functional Simulation"命令按钮，进行功能仿真。当仿真处理过程没有错误时，系统会自动弹出如图 8.20 所示的 8 位加法器的功能仿真波形。在功能仿真中，是没有传输延迟时间的，用于验证设计电路的功能。

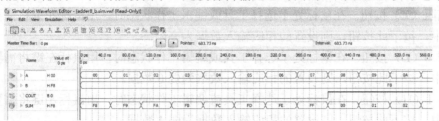

图 8.20　8 位加法器的功能仿真波形

执行"Simulation→Run Timing Simulation"命令，或单击"Run Timing Simulation"命令按钮，进行时序仿真。当仿真处理过程没有错误时，系统会自动弹出如图 8.21 所示的 8 位加法器的时序仿真波形。在时序仿真中，是将设计时选择的目标芯片（FPGA）的传输延迟时间加入仿真波形，用于验证实际设计电路的功能。从图 8.20 和图 8.21 的仿真波形中可以看到功能仿真与时序仿真的区别。

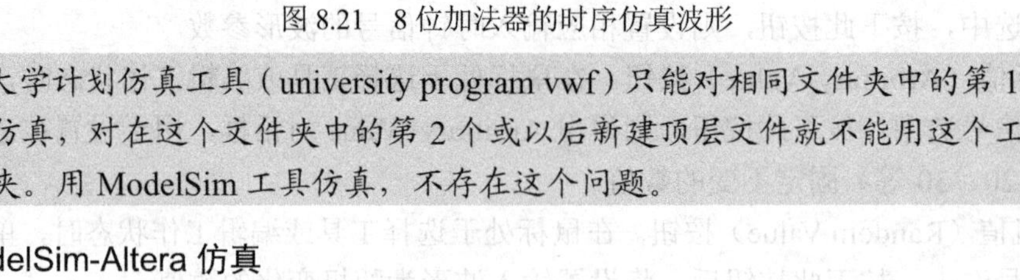

图 8.21　8 位加法器的时序仿真波形

注意：大学计划仿真工具（university program vwf）只能对相同文件夹中的第 1 个新建的顶层文件进行仿真，对在这个文件夹中的第 2 个或以后新建顶层文件就不能用这个工具仿真了，要另建文件夹。用 ModelSim 工具仿真，不存在这个问题。

4. ModelSim-Altera 仿真

在安装 Quartus II 软件时就要求安装 ModelSim-Altera 软件，安装 Quartus II 9.0 时，自带的是 ModelSim-Altera 6.4a 版本软件；安装 Quartus II 10.0 时，自带的是 ModelSim-Altera 6.5e 版本软件；安装 Quartus II 11.0 时，自带的是 ModelSim-Altera 6.6d 版本软件；安装 Quartus II 12.0 时，自带的是 ModelSim-Altera 10.0d 版本软件；安装 Quartus II 13.0 时，自带的是 ModelSim-Altera 10.1d 版本软件。ModelSim-Altera 6.4a 和 6.5e 不需要单独注册，只要相应的 Quartus II 注册了就

可以使用，而 ModelSim-Altera 6.6d、10.0d 和 10.1d 需要单独注册（license）后才能使用。各种不同版本的 ModelSim 使用方法基本相同，而且 Quartus II 软件可以调用任何 ModelSim-Altera 版本执行仿真。下面简单介绍 Quartus II 13.0 自带的 ModelSim-Altera 10.1d 的使用方法。

用 ModelSim-Altera 可以进行功能仿真和时序仿真，功能仿真也叫前仿真，是不考虑设计电路内部的时间延迟的仿真，主要验证电路的功能；时序仿真也叫后仿真，是结合设计电路内部的时间延迟的仿真。

（1）ModelSim-Altera 的功能仿真

基于 Quartus II 13.0 的 ModelSim-Altera 10.1d 的功能仿真是调用工程的仿真输出网表文件完成的，对于 VHDL 是调用.vho 文件，对于 Verilog HDL 是调用.vo 文件。.vho（或.vo）文件在 Quartus II 编译时自动生成，并存放在工程文件夹的/simulation/modelsim/路径中。

ModelSim-Altera 仿真包括设置 ModelSim-Altera 的安装路径、设置和添加仿真测试文件和执行仿真测试文件等过程。

1）设置 ModelSim-Altera 的安装路径

在 Quartus II 13.0 版本首次使用 ModelSim 软件进行仿真时，需要设置 ModelSim-Altera 的安装路径（仅设置一次即可）。在 Quartus II 13.0 主界面窗口执行"Tools→Options…"命令，弹出如图 8.22 所示的 Options 对话框，单击选中"EDA Tool Options"选项，在 ModelSim-Altera 栏中指定 ModelSim-Altera 10.1d 的安装路径，其中的"D:/Altera/13.0sp1/ modelsim_ae /win32aloem"是计算机中 ModelSim-Altera 10.1d 的安装路径。

2）设置和添加仿真测试文件

ModelSim-Altera 仿真时需要设置和添加测试文件，添加的测试文件是输出网表文件 adder8.vho。在 Quartus II 13.0 界面执行"Assignments→Settings"命令，弹出如图 8.23 所示的 Settings（设置）对话框，单击选中"EDA Tool Settings"项，对 Simulation 栏下的仿真测试文件进行设置。其中，在 Tool name 中选择 ModelSim-Altera；在 Format for output netlist 中选择开发语言的类型 VHDL（或者 Verilog）（上述两项若在建立新工程时已设置，则保持默认）；在 Time scale 中指定时间单位级别（时序仿真不用指定）；在 Output directory 中指定测试文件的输出路径（测试文件 adder8.vho 或 adder8.vo 存放的路径 simulation/ modelsim/）。

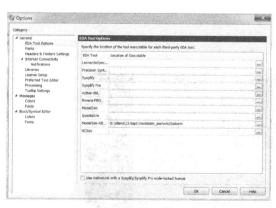

图 8.22　Options 对话框

图 8.23　Settings（设置）对话框

单击 Test Benches 按钮，弹出如图 8.24 所示的添加 Test Benches 文件对话框，单击 New 按钮，弹出如图 8.25 所示的 New Test Bench Settings 对话框，对新的测试文件进行设置。在生成新的测试文件设置（Create new test bench settings）项的 Test bench name 栏中输入测试文件名

adder8（注意不要加后缀），该测试文件名也会同时出现在 Top module in test bench 栏中。在仿真周期（Simulation period）项中保持 Run simulation until all vector stimuli are used 默认，如果选中 End simulation at（前面出现⊙）则需要输入仿真的结束时间并选择时间单位（s 或 ms、us、ns、ps），如 100us。在测试文件（Test bench files）项的 File name 栏中找到测试文件和存放路径（如 simulation/modelsim/adder8.vho），然后单击 Add 按钮，完成新的测试文件添加。单击各对话框窗口的 OK 按钮，完成测试文件的设置。

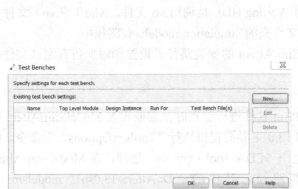
图 8.24　添加 Test Benches 文件对话框

图 8.25　New Test Bench Settings 对话框

3）执行仿真测试文件

Quartus II 调用 ModelSim 软件进行仿真时有寄存器传输级（RTL）和门级（Gate level）两种方式，一般用硬件描述语言（VHDL 或 Verilog HDL）编写的设计程序，采用寄存器传输级仿真方式，而用 Quartus II 的宏功能模块或用门电路实现的原理图设计，采用门级仿真方式。

在 Quartus II 主窗口执行"Tools→Run EDA Simulation Tool→Gate Level Simulation…"命令，开始对设计文件的门级进行仿真。命令执行后，系统会自动打开如图 8.26 所示的 ModelSim-Altera 10.1d 主界面和相应的窗口，如结构（Structure）、命令（Transcript）、目标（Objects）、波形（Wave）、进程（Processes）等窗口，这些窗口可以用主界面上的 View 菜单中的命令打开或关闭。

图 8.26　ModelSim-Altera 10.1d 主界面

194

ModelSim-Altera 的时序仿真操作主要在波形（Wave）窗口进行。将波形窗口从 ModelSim 的主界面展开成如图 8.27 所示独立界面，便于观察仿真过程与结果。波形窗口中的主要按钮及功能已在图中标注，包括 Zoom In（放大）、Zoom Out（缩小）、Zoom All（全程）、Restart（重新开始）、Run Length（运行步长）、Run（运行）、Continue Run（继续运行）、Run-All（运行全程）、Break（停止）、Inset Cursor（添加光标）、Delete Cursor（删除光标）等。

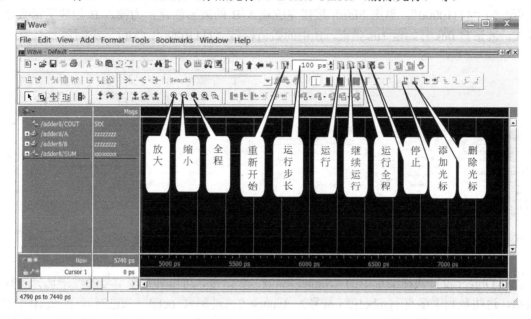

图 8.27 波形窗口

仿真操作步骤如下：

① 仿真开始前的准备

将 Run length（运行步长）中的时间单位更改为 ns（默认时间单位为 ps），使每按一次 Run（运行）按钮的执行时间为 100ns。

② 创建输入波形

仿真时可以预先为输入信号创建波形，然后再执行仿真。右击 ModelSim-Altera 10.1d 主界面的 Objects（目标）窗口中需要创建波形的输入信号（如 A），右击弹出如图 8.28 所示的 Objects 设置快捷菜单。执行菜单中的"Modify→Apply Wave…"命令，弹出如图 8.29 所示的创建模式向导（Create Pattern Wizard）窗口，为选中的信号创建和设置波形模式。创建的波形模式包括 Clock（时钟）、Constant（常数）、Random（随机）、Repeater（重复）和 Counter（计数）。

图 8.28 Object 设置快捷菜单

首先为输入信号 A 创建 Counter（计数）波形模式，并保持波形窗口中 Start Time（开始时间）的默认值 0，将 End Time（结束时间）的值更改为 1，将 Time Unit（时间单位）更改为 us（默认值是 ps）。单击 Next 按钮，进入输入 A 波形模式设置的下一个窗口，如图 8.30 所示。在这个窗口中，保持 Start Value（开始值）的默认值"00000000"，保持 End Value（结束值）的默认值"11111111"，将 Time Period（周期）的值更改为 10，将 Time Unit 更改为 ns，其他选项保持默认。单击 Finish 按钮，结束对输入 A 的波形创建，为输入 A 创建了计数型波形模式，波形自 0us 开始至 1us 结束，A 中的数值自 "00000000"（8 位二进制数）开始至 "11111111" 结束，每次变化数值递增 1，变化周期为 10ns。由于目标芯片的传输延迟在 10ns 左右，因此变化周期小于 10ns 时将无法看到设计电路时序仿真的输出波形。

然后为输入 B 创建 Constant（常数）波形模式，开始时间、结束时间、时间单位与输入 A 相同，单击图 8.30 中的 Next 按钮，进入 Constant 设置的下一个窗口（图略），将窗口中 Value 的值更改为 "11110000"，单击 Finish 按钮完成输入 B 的波形创建，为输入 B 创建了常数型波形模式，波形自 0us 开始至 1us 结束，B 中的数值保持 "11110000"（8 位二进制数）不变。

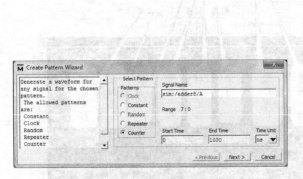

图 8.29　创建模式向导对话框　　　　　图 8.30　设置计数型波形模式窗口

执行 Object 设置快捷菜单中的 "Signal Radix…" 命令，可以为每个信号的波形选择一种显示数制，这些数制主要有 symbolic（符号）、binary（二进制）、octal（八进制）、decimal（十进制）、unsigned（无符号十进制）、hexadecimal（十六进制）等。本例是 8 位二进制加法器设计，用十六进制（hexadecimal）显示数据更便于观察，将输入 A、B 和输出 SUM 选择十六进制数制，输出 COUT 选择二进制数制。输出端口不需要设置，但要把它们（SUM 和 COUT）添加到波形窗口。

③ 运行仿真

单击 Run-All（运行全程）按钮运行仿真，8 位加法器的功能仿真结果如图 8.31 所示。功能仿真只能判断设计电路的功能是否正确，但不能看到传输延迟和竞争-冒险现象。

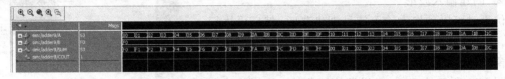

图 8.31　8 位加法器的功能仿真波形

（2）ModelSim-Altera 的时序仿真

基于 Quartus II 13.0 的 ModelSim-Altera 10.1d 的时序仿真是将新工程建立时选择的目标芯片的传输延迟时间，加到系统生成的标准延迟（.sdo）文件中，仿真时 VHDL 或 Verilog HDL 输出网表文件（.vho 或.vo）调用 SDO 标准延迟文件，将设计电路的输出信号与输入条件之间的延迟在 ModelSim-Altera 的波形窗口展示出来，实现时序仿真。.vho（或.vo）和.sdo 文件在 Quartus II 编译时自动生成，并存放在工程文件夹的/simulation/modelsim/路径中。

ModelSim-Altera 的时序仿真与功能仿真的操作过程基本相同，包括设置 ModelSim-Altera 的安装路径、设置和添加仿真测试文件和执行仿真测试文件等过程。

在 Quartus II 主窗口执行 "Tools→Run EDA Simulation Tool→Gate Level Simulation…" 命令，开始对 adder8 设计文件的门级进行仿真。命令执行后，系统会自动打开 ModelSim-Altera

10.1d 主界面（见图 8.26）和相应的窗口。在主界面上执行"simulate→start simulation..."命令，弹出如图 8.32 所示的 Start Simulation 窗口的 Design 页面，在此页面的 work 库中（在窗口的最下方）选择 adder8 工程后，展开 SDF 页面；单击 Add 按钮，弹出如图 8.33 所示的 Add SDF Entry 窗口；单击 Browse 按钮，在 D:/myeda/simulation/modelsim/路径下找到 adder8_vhd.sdo 文件；单击 OK 按钮，将标准延迟（.sdo）文件加入到 Modelsim 仿真中。按照前述的功能仿真的操作步骤，为输入 A 和 B 设置波形，然后将输出 SUM 和 COUT 添加到波形窗口中，单击运行全程（Run-All）按钮，得到如图 8.34 所示的 8 位加法器的时序仿真波形。

图 8.32　Start Simulation 窗口　　　　　　图 8.33　Add SDF Entry 窗口

图 8.34　8 位加法器的时序仿真波形

为了从时序仿真波形中观察到电路的延迟，在波形窗口单击 Insert Cursor（添加光标）按钮，在波形窗口添加一根时间光标，用鼠标将光标移动到输入波形（如 A 为 10）的数值变化处，光标的下方显示出变化处的时间（159974ps）。再添加一根光标，放置在输出波形的数值变化处（如 COUT 由 0 变为 1），则两根光标的时间差值表示输入信号变化到输出响应之间的传输延迟时间。本例的设计使用 Cyclone II 系列的 EP2C35F672C6 芯片，传输延迟时间约为 12915ps。

5．编程下载设计文件

编程下载是指将设计处理中产生的编程数据文件通过 EDA 软件植入具体的可编程逻辑器件中去的过程。对 CPLD 器件来说是将 JED 文件下载（Down Load）到 CPLD 器件中，对 FPGA 来说是将位流数据 BG 文件配置到 FPGA 中。

编程下载需要可编程逻辑器件的开发板或实验开发系统的支持。目前，开发板或实验开发系统的种类很多，实验开发系统不同，编程选择操作也不同。关于编程下载的内容请读者参考相关书籍或教材。

8.1.3　Quartus II 的文本编辑输入法

Quartus II 的文本编辑输入法与图形输入法的设计流程基本相同，下面以十进制加法计数器 cnt10 为例，介绍 VHDL 的文本编辑输入法的设计流程。

1. 编辑 VHDL 源程序

设计前应为设计建立一个工程目录（如 D:\myeda），用于存放 VHDL 设计文件。

（1）新建工程

在 Quartus II 集成环境下，执行"File→New Project Wizard"命令，为十进制加法计数器的设计建立一个新工程（建新工程操作参见 8.1.2 节），在新建工程过程中选择 EDA 工具（EDA tools）为 ModelSim-Altera，版本为 VHDL。执行"File→New"命令，弹出打开新文件对话框（见图 8.8），选择对话框中的 VHDL File 文件类型，进入 VHDL 文本编辑方式。

（2）编辑、编译 VHDL 源程序

进入文本编辑方式后，编辑十进制加法计数器的 VHDL 源程序，并以 cnt10.vhd 为文件名，保存在 D:\myeda 工程目录中，后缀为.vhd 表示为 VHDL 源程序文件。

注意：VHDL 源程序的文件名应与设计工程名相同，否则将是一个错误，无法通过编译。

十进制加法计数器的 cnt10.vhd 源程序如下：

```
LIBRARY IEEE;
USE IEEE.STD_LOGIC_1164.ALL;
ENTITY cnt10 IS
PORT(clrn:IN STD_LOGIC;
     clk,en:IN STD_LOGIC;
     cout:OUT STD_LOGIC;
     q:BUFFER INTEGER RANGE 9 DOWNTO 0);
END cnt10;
ARCHITECTURE example OF cnt10 IS
BEGIN
PROCESS(clrn,clk,en)
    BEGIN
        IF clrn='0' THEN q<=0;
        ELSIF clk'EVENT AND clk='1' THEN
            IF (en='1') THEN
                IF (q=9) THEN
                    q<=0;cout<='1';
                ELSE
                    q<=q+1;cout<='0';
                END IF; END IF;
            END IF;
    END PROCESS;
END example;
```

在源程序中，clk 是时钟输入端，上升沿有效；clrn 是复位输入端，下降沿有效；en 是使能控制输入端，高电平有效；q 是 4 位计数器的状态输出端；cout 是进位输出端。

完成编辑后，执行"Start Copilation"（开始编译）命令，对源程序进行编译。在编译过程中，如果有错误一定要改正，直至错误个数为 0。

2. 仿真设计文件

在 Quartus II 软件的主界面，执行"Tools→Run Simulation Tool→RTL Simulation"命令，在自动打开的 ModelSim-Altera 10.1d 主界面（见图 8.26）和相应的窗口中，创建 clk、clrn 和 en 的波形，并开始仿真（具体操作参见 8.1.2 小节）。十进制加法计数器的功能仿真波形如图 8.35 所示，仿真结果验证了设计的正确性。

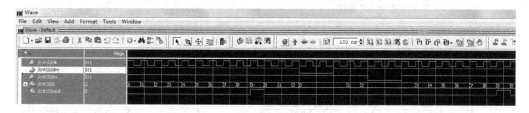

图 8.35 十进制加法计数器的功能仿真波形

3. 编程下载设计文件

编程下载是指将设计处理中产生的编程数据文件通过 EDA 软件植入具体的可编程逻辑器件中去的过程。关于编程下载的内容请读者参考相关书籍或教材。

8.1.4　嵌入式逻辑分析仪的使用方法

Quartus II 的嵌入式逻辑分析仪 SignalTap II 是一种高效的硬件测试手段，它可以随设计文件一并下载到目标芯片中，捕捉目标芯片内部系统信号节点处的信息或总线上的数据流，而又不影响原硬件系统的正常工作。在实际监测中，SignalTap II 将测得的样本信号暂存于目标芯片的嵌入式 RAM 中，然后通过器件的 JTAG 端口将采到的信息传出，送到计算机进行显示和分析。

下面以 7.8 节的波形发生器设计（wave 工程）为例，介绍 SignalTap II 的使用方法。在使用逻辑分析仪之前，需要 EDA 实验开发平台的支持，并对实验开发平台上使用的可编程逻辑芯片，锁定一些关键的引脚。

SignalTap II 的设置分为打开 SignalTap II 编辑窗口、调入节点信号、SignalTap II 参数设置、文件存盘、编译、下载和运行分析等过程。

1. 打开 SignalTap II 编辑窗口

在波形发生器设计完成引脚锁定并通过编译后，执行 Quartus II 主窗口的"File→New"命令，在弹出的 New（新文件）对话框中（见图 8.8），选择打开"SignalTap II Logic Analyzer File"文件，弹出如图 8.36 所示的 SignalTap II 编辑窗口。

SignalTap II 编辑窗口包含实例（Instance）、信号观察、顶层文件观察、数据日志观察等窗口，另外还有一些命令按钮与工作栏，主要命令按钮和工作栏在图中加有注解，其用途根据按钮与工作栏的排列，自左至右、由上到下说明如下：

① Run Analysis（运行分析）按钮。在 SignalTap II 上完成节点调入、参数设置、存盘、编译与下载后，单击该按钮则运行一个样本深度结束，并在数据窗口显示分析结果。

② Autorun Analysis（自动运行分析）按钮。该按钮有两种功能：其一是在完成 SignalTap II 的节点调入、参数设置与存盘后，单击此按钮则对工程进行编译；其二是完成下载后，单击此按钮开始自动运行分析，并在数据窗口实时显示分析结果。

③ Stop Analysis（停止自动运行分析）按钮。单击此按钮，结束自动运行分析，并在数据窗口显示结束时刻的分析结果。

④ Hardware（硬件驱动程序）选择栏。用于选择目标芯片下载的硬件驱动程序。

⑤ Sof Manager（下载文件管理）栏。用于选择目标芯片的下载程序。

⑥ Program Device（下载）按钮。单击该按钮完成设计文件到目标芯片的下载。

⑦ Clock（时钟）选择栏。用于选择设计文件的时钟信号。

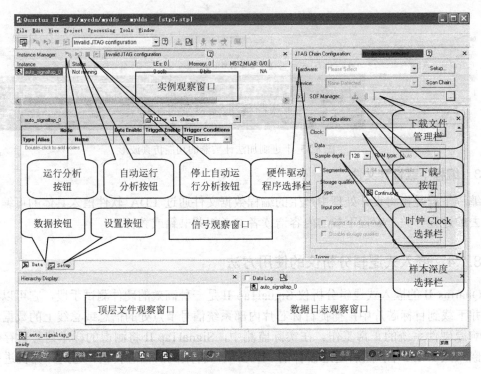

图 8.36 SignalTap II 编辑窗口

⑧ Sample Depth（样本深度）选择栏。用于选择占用目标芯片中的嵌入式 RAM 的容量，从 0B（Byte，字节）到 128KB，选择容量越大，则存储的分析数据越多。例如，波形发生器（wave）工程中的存储器容量为 256B，如果样本深度为 2KB，则可以存放 $2\times1024B/256B=8$ 个周期的波形。但样本深度的选择不能超过目标芯片中的嵌入式 RAM 的容量。例如，目标芯片是 Cyclone II 系列的 EP2C35F672C6，其内部嵌入式 RAM 的容量是 483840b（bit，位），则其容量为 $483840/8/1024=59.0625KB$；如果目标芯片是 Cyclone 系列的 EP1C6Q240C8，其内部嵌入式 RAM 的容量是 92160b，则其容量为 $92160/8/1024=11.25KB$。

⑨ Data（数据）按钮。单击该按钮打开分析数据窗口。

⑩ Setup（设置）按钮。单击该按钮打开设置窗口。

2．调入节点信号

在实例观察窗口，默认的实例名为 auto_signaltap_0，双击该实例名可以更改，也可以保持默认。运行时该窗口还显示运行的状态、设计文件占用的逻辑单元数（LEs）和占用的嵌入式 RAM 的位数（bit）。

双击信号观察窗口，弹出如图 8.37 所示的 Node Finder（节点发现者）对话框，在对话框的 Filter 栏中选择"SignalTap II Per-Synthesis"选项后，单击 List 按钮，在 Nodes Found 栏内列出了设计工程全部节点，单击选中需要观察的节点 k1、k2 和 q，并将它们移至右边的 Selected Nodes 栏中，单击 OK 按钮，选中的节点就会出现在信号观察窗口中。

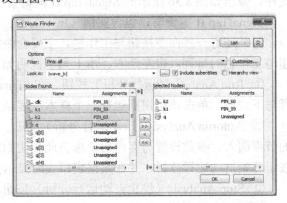

图 8.37 节点发现者对话框

3. 参数设置

参数设置包含以下几个操作。

① 单击硬件驱动程序选择栏（Hardware）右边的 Setup 按钮，弹出如图 8.38 所示硬件设置对话框。在对话框中选择编程下载的硬件驱动程序，如果采用计算机的并口下载，选择 ByteBlaster；如果采用串口下载，则选择 USB-Blaster。

② 单击 Sof Manager（下载文件管理栏）右边的查阅按钮（Browse Program File），弹出如图 8.39 所示的 Select Programming File（选择编程文件）对话框，在对话框中的 Output_files 文件夹中选择工程的下载文件（如 wave_b.sof）。

③ 单击 Clock（时钟）栏右边的查阅按钮，弹出节点发现者对话框（见图 8.37），在对话框中将设计工程文件的时钟信号选中（如 clk）。

④ 展开 Sample Depth（样本深度）选择栏的下拉菜单，将样本深度选择为 2K（或其他深度）。

图 8.38 硬件设置对话框

图 8.39 选择编程文件对话框

4. 文件存盘

完成上述的加入节点信号和参数设置操作后，执行"File→Save"命令，将 SignalTap II 文件存盘，默认的存盘文件名是 stp1.stp，为了便于记忆，可以用 wave_stp1.stp 名字存盘。

5. 编译与下载

单击 SignalTap II 编辑窗口上的 Autorun Analysis（自动运行分析）按钮或执行 Quartus II 主窗口上的 Start Compilation（开始编译）命令，编译 SignalTap II 文件。编译完成后，单击 Sof Manager（下载文件管理）栏中的 Program Device（下载）按钮，完成设计工程文件到目标芯片的下载。

单击 Run Analysis（运行分析）按钮或 Autorun Analysis（自动运行分析）按钮，在信号观察窗口上可以看到波形发生器设计（wave）的输出 q 的波形，如图 8.40 所示。由于一个波形周期为 256B，本例的样本深度为 2K（B），因此一个样本深度可以采样到 8 个周期的波形数据。如果在 EDA 实验开发平台上拨动 k1 和 k2 开关，还可以看到其他输出波形（三角波、锯齿波和矩形波）。

6. 运行分析

单击数据按钮，展开信号观察窗口。右击被观察的信号名（如 q），弹出如图 8.40 所示的选择信号显示模式的快捷菜单，选择 Bus Display Format（总线显示方式）中的 Unsigned Line Chart，将输出 q 设置为无符号线型图表显示模式。

单击 Run Analysis（运行分析）按钮或 Autorun Analysis（自动运行分析）按钮，在信号观察窗口上可以看到波形发生器设计（wave）的输出 q 的波形，如图 8.41 所示。由于本例的样本深度为 2K，因此一个样本深度可以采样到 8 个周期的波形数据。

图 8.40　选择信号显示模式的快捷菜单

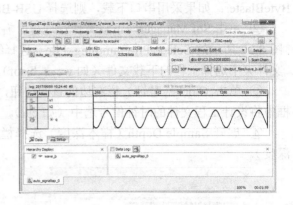

图 8.41　波形发生器的输出波形

8.1.5　嵌入式锁相环的设计方法

锁相环 PLL 可以实现与输入时钟信号同步，并以其作为参考，输出一个至多个同步倍频或分频的时钟信号。基于 SOPC 技术的 FPGA 片内包含嵌入式锁相环，其产生的同步时钟比外部时钟的延迟时间少，波形畸变小，受外部干扰也少。下面介绍嵌入式锁相环的使用方法。

1. 嵌入式锁相环的设计

首先为嵌入式锁相环的设计建立一个新工程（如 mypll），然后在 Quartus II 软件的主界面执行"Tools→MegaWizard Plug-In Manager…"命令，弹出如图 8.42 所示的"MegaWizard Plug-In Manager[page 1]"（MegaWizard 插件管理器）对话框的第 1 页面。在该对话框中，选中"Create a new custom megafunction variation"选项，创建一个新的强函数定制。在此对话框中还可以选择"Edit an existing custom megafunction variation"（编辑一个现有的强函数定制），或者选择"Copy an existing custom megafunction variation"（拷贝一个现有的强函数定制）。

单击 Next 按钮，弹出如图 8.43 所示的"MegaWizard Plug-In Manager[page 2a]"对话框。在该对话框中，选中强函数列表中的 I/O 选项下的 ALTPLL 选项，表示将创建一个新的嵌入式锁相环设计工程。在对话框中的"Which device family will you be using？"栏中，选择编程下载目标芯片的类型，如 Cyclone II。在对话框的"Which type of output file do you want to create？"栏中选择生成设计文件的类型，有 AHDL、VHDL 和 Verilog HDL 三种 HDL 文件类型可选。例如，选择 VHDL，则可生成嵌入式锁相环的 VHDL 设计文件。在对话框的"What name do you want for the output file？"栏中输入设计文件的路径和文件名，例如 D:\myeda\mypll.vhd。

单击 Next 按钮，弹出如图 8.44 所示的 ALTPLL 的"MegaWizard Plug-In Manager page [3 of 10]"对话框。在该对话框的左边呈现了嵌入式锁相环的元件图，元件上包括外部时钟输入端 inclk0、复位输入端 areset、倍频（或分频）输出端 c0 和相位锁定输出端 locked。在对话框的"What is the frequency of the inclk0 input？"栏中输入时钟的频率，此频率需要根据选择的目标芯片来决定，不能过低也不能过高，对于 Cyclone II 系列芯片，输入时钟的频率可选择 50MHz。对话框其他栏中的内容可以选择默认。

单击 Next 按钮，弹出如图 8.45 所示的 ALTPLL 的"MegaWizard Plug-In Manager [page 4 of 10]"对话框。此对话框主要用于添加其他控制输入端，如添加相位/频率选择控制端 pfldna、锁相环使能控制输入端 pllena 等，本设计增加了 pllena 输入端。

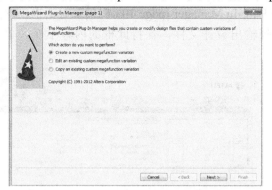

图 8.42 MegaWizard Plug_In Manager [page1]对话框

图 8.43 MegaWizard Plug-In Manager [page 2a]对话框

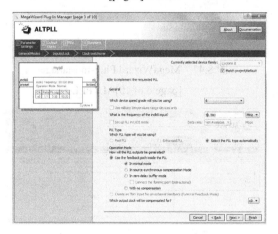

图 8.44 MegaWizard Plug-In Manager [page 3 of 10]对话框

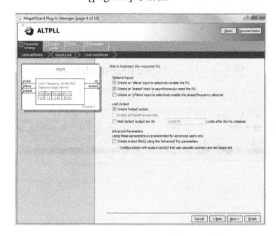

图 8.45 MegaWizard Plug-In Manager [page 4 of 10]对话框

单击 Next 按钮，弹出如图 8.46 所示的 ALTPLL 的"MegaWizard Plug-In Manager [page 5 of 10]"对话框，此对话框用于增加第 2 个时钟输入 inclk1 和时钟开关控制输入 clkswitch，本例设计将此项设置忽略。

单击 Next 按钮，弹出如图 8.47 所示的 ALTPLL 的"MegaWizard Plug-In Manager [page 6 of 10]"对话框，此对话框主要用于设置输出时钟 c0 的相关参数，如倍频数、分频比、占空比等。在对话框的 Clock multiplication factor 栏中可选择时钟的倍频数，例如选择 2 倍频，则 c0 的时钟频率为 100MHz。也可以在 Clock division factor 栏中选择 c0 的分频比，例如选择 2 分频，则 c0 的输出频率为 25MHz。

单击 Next 按钮，弹出 ALTPLL 的"MegaWizard Plug-In Manager [page 7 of 10]"对话框，该对话框与图 8.47 相同，主要用于设置输出时钟 c1 的相关参数。在对话框中，首先单击 Use this clock 栏前方的方框（框中出现"√"），选中 c1 时钟输出，然后在倍频或分频栏中选择倍频数或分频比，如果倍频比选择 3，则 c1 的输出频率为 150MHz。

单击 Next 按钮，弹出 ALTPLL"MegaWizard Plug-In Manager [page 8 of 10]"对话框，该对话框与图 8.47 相同，主要用于设置输出时钟 c2 的相关参数，设置方法与 c1 相同，本设计设置

c2 的分频数为 2，其输出频率为 25MHz。

单击 Next 按钮，弹出如图 8.48 所示的 ALTPLL 的 "MegaWizard Plug-In Manager [page 9 of 10]" 对话框，该对话框给出仿真库的列表文件，保持对话框中的内容不变。单击 Next 按钮，弹出如图 8.49 所示的 ALTPLL 的 "MegaWizard Plug-In Manager [page 10 of 10]" 对话框，这是嵌入式锁相环设计的最后一个对话框，用于选择输出设计文件，保持此框的内容不变。单击 Finish 按钮，完成嵌入式锁相环的设计。

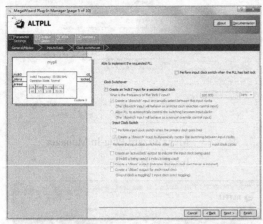

图 8.46　MegaWizard Plug-In Manager
[page 5 of 10]ALTPLL 对话框

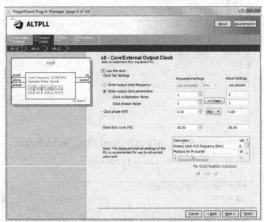

图 8.47　MegaWizard Plug-In Manager
[page 6 of 10]ALTPLL 对话框

图 8.48　MegaWizard Plug-In Manager
[page 9 of 10]ALTPLL 对话框

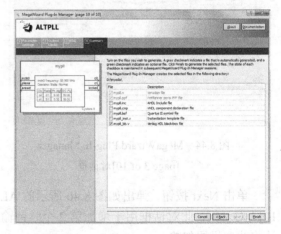

图 8.49　MegaWizard Plug-In Manager
[page 10 of 10]ALTPLL 对话框

注意：在锁相环参数的设置过程中，应注意每个对话框上方出现的提示信息，如果出现 "Able to implement the requested PLL" 信息，则说明设置的参数是可以接受的；如果出现红色 "Cannot implement the requested PLL" 信息，则表示设置的参数是不可接受的，需要及时更正或修改。

2. 嵌入式锁相环的仿真

完成嵌入式锁相环的设计后，Quartus II 系统为嵌入式锁相环的设计生成 HDL 设计文件（mypll.v 或者 mypll.vhd），并保存在工程文件夹中。执行编译命令，对设计文件进行编译，然后在 ModelSim-Altera 环境下仿真设计文件。

嵌入式锁相环的仿真过程如下：

① 在 Quartus II 13.0 界面执行"Assignments→Settings"命令，在弹出的 Settings 窗口（见图 8.23），对仿真测试文件进行设置和添加新的测试文件 mypll.vhdo。

② 在 Quartus II 13.0 界面执行"Tools→Run Simulation Tool →RTL Simulation"命令，对设计文件进行 RTL（寄存器传输）级仿真。

③ 在弹出的 ModelSim-Altera 10.1d 软件界面的波形窗口（见图 8.27）中，将 Run length（运行步长）改为 20ns；设置复位输入信号 areset 的 Force 值为 1（复位信号是高电平有效）；设置使能输入信号 pllena 的 Force 值为 1（使能信号是高电平有效）；设置时钟输入信号 inclk0 的周期为 20ns（20000ps）。在设置仿真输入时钟的频率时，其频率不应与实际设计电路的输入时钟频率有太大的差异。例如，设计电路时钟频率为 50MHz，则仿真输入时钟的频率也应选择在 50MHz（周期为 20ns）范围内，否则将得不到仿真结果。

④ 单击波形窗口的 Run（运行）按钮，执行一个步长（20ns）时间让嵌入式锁相环复位，使倍频和分频输出 c0、c1、c2 置 0，然后设置 areset 的 Force 值为 0，结束复位操作。

⑤ 单击波形窗口的 Run-All（运行全程）按钮，数秒后单击 Break（中断）按钮结束运行。

⑥ 单击波形窗口的 Zoom Full（全程）按钮，展开仿真波形，使用 Zoom In（放大）或 Zoom Out（缩小）按钮调整波形窗口，最后得到的嵌入式锁相环的仿真波形如图 8.50 所示。

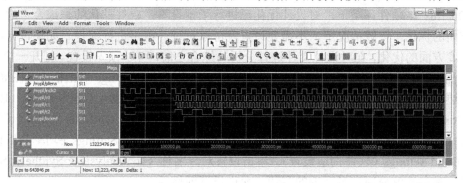

图 8.50 嵌入式锁相环的仿真波形

3. 使用嵌入式逻辑分析仪观察嵌入式锁相环的设计结果

使用嵌入式逻辑分析仪需要 EDA 实验开发平台的支持，并锁定 inclk0（时钟）、areset（复位）和 pllena（使能）输入端的引脚。如果 EDA 实验开发平台的时钟频率为 50MHz，那么不能观察频率高于 50MHz 的波形，因此需要修改输出 c0、c1 和 c2 的倍频数或分频比参数，本例设计将 c0 修改为 2 分频，输出频率为 25MHz 的波形；将 c1 修改为 3 分频，输出频率为 16.67MHz 的波形；将 c3 修改为 4 分频，输出频率为 12.5MHz 的波形。

执行 Quartus II 主窗口的"File→New"命令，打开 SignalTap II Logic Analyzer File 文件的 SignalTap II 编辑窗口（见图 8.36），在 Node Finder（节点发现者）对话框（见图 8.37）中，选中需要观察的节点信号 c0、c1、c2 和 locked；在 Hardware（硬件驱动程序）选择栏中选择 USB-Blaster 作为编程下载的硬件驱动程序；在 Sof Manager（下载文件管理）栏的对话框（见图 8.38）中选择 mypll.sof 作为工程的下载文件；在 Clock（时钟）栏中选择 inclk0 作为时钟信号；将样本深度选择为 2K。完成上述操作后用 mypll_stp1.stp 名称存盘并通过 Quartus II 的编译和目标芯片的下载。

单击 Autorun Analysis（自动运行分析）按钮，并将 EDA 实验开发平台上的 SW[1]电平开关拨到 1 位置（使能有效）；将 SW[0]先拨到 1 位置（复位）后再拨到 0 位置，在信号观察窗口中可以见到嵌入式锁相环设计（mypll）的输出 c0、c1、c3 和 locked 的波形，如图 8.51 所示。

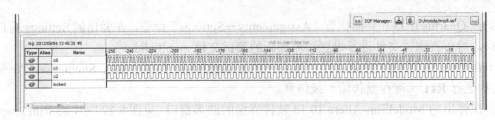

图 8.51 嵌入式锁相环的输出波形

8.1.6 设计优化

在基于可编程逻辑器件（PLD）的设计中，设计优化是一个很重要的课题，设计优化主要包括节省设计电路占用 PLD 的面积和提高设计电路的运行速度两方面内容。这里的"面积"是指一个设计所消耗 FPGA/CPLD 的逻辑资源数量，一般以设计占用的等价逻辑门数来衡量；"速度"是指设计电路在目标芯片上稳定运行时能够达到的最高频率，它与设计满足的时钟周期、时钟建立时间、时钟保持时间、时钟到输出端口的延迟时间等诸多因素有关。

1．面积与速度的优化

在 Quartus II 软件环境下，对设计优化已进行了预设置，软件默认的是综合考虑了面积和速度两方面的优化。一般情况下，不需要设置就可以对设计电路进行编译。如果设计需要偏重面积或速度方面的优化，在对设计文件进行分析与综合之前，可以预先设置。打开一个工程（如 mydds），然后执行主窗口"Assignment→Settings"命令，弹出 Settings 对话框（见图 8.23），在对话框左边的 Category（种类）栏中列出了各种设置对象，包括 EDA Tool Settings（EDA 工具设置）、Compilation Process Settings（编译过程设置）、Analysis & Synthesis Settings（分析与综合设置）、Fitter Settings（适配设置）、PowerPlay Power Synthesis Settings（功率分析设置）和 Software Build Settings（软件构造设置）。单击设置对象名称（如 Analysis & Synthesis Settings），设置的选项和参数就呈现在对话框的右边，允许设置或修改。

Settings 对话框的 Analysis & Synthesis Settings（分析与综合设置）页面，用于对设计电路在分析与综合时的优化设置。在该页面的 Optimization Technique 栏中，提供了 Speed（速度）、Balanced（适度）和 Area（面积）3 种优化选择，其中 Balanced 是软件默认的优化选择，如果在对设计电路的分析与综合之前不进行设置，Quartus II 软件则自动采取面积和速度两方面平衡的设计优化；若需要偏重面积或速度方面的设计优化，可以单击相关参数前方的圆点（出现黑点）后，单击 OK 按钮完成设置。

在 Analysis & Synthesis Settings 对象中，还包括对 VHDL 和 Verilog HDL 语言的设置页面。在 VHDL input 的设置中，可以选择 VHDL 语言的 VHDL 1987、VHDL 1993 或 VHDL 2008 标准（VHDL 1993 是默认设置）。在 Verilog HDL input 的设置中，可以选择 Verilog HDL 语言的 Verilog-1995、Verilog-2001 或 SystemVerilog 标准（Verilog-2001 是默认设置）。

2．时序约束与选项设置

在 Settings 对话框中，Category 栏中的 Timing Requirements & Options（时序约束与选项）页面用于对设计的延迟约束、时钟频率等参数进行设置。Delay Requirements（延迟约束）设置包括 tsu（建立时间）、tco（时钟到输出的延迟）、tpd（传输延迟）和 th（保持时间）的设置。一般来说，用户必须根据目标芯片的特性及 PCB 走线的实际情况，给出设计需要满足的时钟频率、建立时间、保持时间和传输延迟时间。

3. Fitter 设置

在 Settings 对话框中，Category 栏中的 Fitter Settings 页面主要用于布局布线器的控制。布局布线器的努力级别有 Standard Fit（标准）、Fast Fit（快速）和 Auto Fit（自动）3 种。在标准模式下，布局布线器的努力程度最高；在快速模式下，可以节省大约 50% 的编译时间，但可能使最高频率（fmax）降低；在自动模式下，Quartus II 软件在达到设计要求的条件下，自动平衡最高频率和编译时间。

关于 Settings 窗口中其他对象的设置可以参考 Quartus II 软件的使用说明。

8.1.7 Quartus II 的 RTL 阅读器

Quartus II 的 RTL 阅读器为用户提供在调试和优化过程中，观察自己设计电路的综合结果，观察的对象包括硬件描述语言（Verilog HDL 和 VHDL）设计文件、原理图设计文件和网表文件对应的电路 RTL 结构。下面以 7.8 节设计的波形发生器（wave 工程）电路为例，介绍 RTL 阅读器的功能和使用方法。

当波形发生器设计电路通过编译后，执行 Quartus II 主界面的"Tools→Netlist Viewers→RTL Viewer"命令，弹出如图 8.52 所示的 RTL 阅读器窗口。RTL 阅读器窗口的右边是观察设计结构的主窗口，包括设计电路的模块和连线。图中列出的是构成波形发生器电路设计电路的计数器 cnt256、存储器 rom0 和多路选择器 mux_1 模块及电路连线和 I/O 端口。

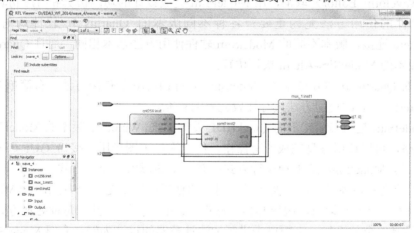

图 8.52 RTL 阅读器窗口

RTL 阅读器窗口的左边有一个 Netlist Navigator（网表引导）窗口，在窗口中以树状形式列出了各层次的设计单元，层次单元内容包括：

① Instance（实例）。Instance 是能够被展开成低层次的模块或实例，如计数器 cnt256、存储器 rom0 和多路选择器 mux_1 模块。

② Pins（引脚）。Pins 是当前层次（顶层或被展开的低层次）的 I/O 端口（input 和 output），当这个端口是总线时，也可以将其展开，观察到总线中的每个端口信号。

③ Nets（网线）。Nets 是实例与实例、实例与 I/O 端口之间的连线，当网线是总线时，也可以展开，观察每条网线。

双击 RTL 阅读器中的实例（如 cnt256 或 rom0），可以展开实例的低层次结构图，如果被展开的低层次结构还是实例，仍然可以继续展开，直至不能被展开为任何低层次模块的低层次节点（原语）为止。计数器 cnt256 模块展开的第 1 层次的 RTL 电路结构如图 8.53 所示。

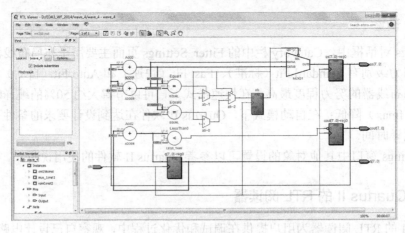

图 8.53 计数器 cnt256 模块展开的 RTL 电路结构图

8.2 ModelSim

ModelSim 是一种快速而又方便的 HDL 编译型仿真工具,可以数字仿真,也可以模拟仿真;可以功能仿真,也可以时序仿真。Altera 公司的 Quartus II 可以与 ModelSim 无缝连接,完成各种设计电路的仿真。在 Quartus II 10.0 以上的版本中,已经将 Quartus II 9.0 及低版本中自带的仿真工具(Waveform Editor)取消,用 ModelSim 完成设计的功能仿真和时序仿真,因此掌握 ModelSim 软件的使用方法尤为重要。各种不同版本的 Quartus II 软件均与一定版本的 ModelSim-Altera 连接,版本不同的 ModelSim 软件使用方法基本相同,而且 Quartus II 软件可以调用任何版本的 ModelSim-Altera 执行仿真。

8.1 节中对 Quartus II 13.0 自带的 ModelSim-Altera 10.1d 的使用方法已有简单介绍,下面对 ModelSim-Altera 10.1d 的使用方法进行比较完整的补充。

由于 ModelSim 是由 UNIX 下的 QuickHDL 发展而来,Windows 版本的 ModelSim 保留了部分 UNIX 风格,可以使用键盘完成所有操作,但也提供了图形用户接口 GUI(Graphical User Interface)模式。ModelSim 有 3 种执行方式:其一是图形用户交互方式(GUI 方式),通过菜单、按钮进行仿真的各种操作,方便非专业用户的使用;其二是命令方式,在 ModelSim 的命令窗口通过输入命令实现编辑、编译和仿真操作(Cmd 方式);其三是批处理方式,通过执行 do 文件完成仿真的全部操作。下面以十进制加法计数器的设计为例,介绍 ModelSim 的 3 种执行方式。

8.2.1 ModelSim 的图形用户交互方式

ModelSim 启动后,首先呈现主界面和相应的窗口(见图 8.26),包括结构(Structure)、命令(Transcript)、目标(Objects)、波形(Wave)、进程(Processes)等窗口,这些窗口可以用主界面上的"View"菜单中的命令打开或关闭。

在使用 ModelSim 之前,应事先建立用户自己的工程文件夹,用于存放各种设计文件和仿真文件,然后还要建立 work 库。在 VHDL 中 work 是默认的工作库,因此 ModelSim 中必须首先建立一个 work 库,work 库在建立 ModelSim 的第一个新工程(Project)时就会自动生成,以后的其他工程也建立在此 work 库中。一般所有的源代码都要编译到同一个库(包括 Verilog HDL、VHDL 和 do 文件)。ModelSim 包含两类库,第一类是 work(默认工作库),包括当前已经编译的设计单元,而且每次只能打开一个单元库。另一类是资源库,包括当前编译使用的参考设计单元，如 VHDL 的 ieee.std_logic_1164 库，这类库允许打开多个，并可以被 VHDL 中的 Library 和 Use 语句引用。

1．建立新工程

与 Quartus II 设计类似，ModelSim 要求每个设计都要建立工程，在工程的支持下完成设计文件的编译和仿真操作。在 ModelSim 的主界面，执行"File→New→Project"命令，弹出如图 8.54 所示的建立新工程对话框。

图 8.54 新建工程对话框　　　　　　　图 8.55 添加项目对话框

在对话框中输入要建立的新工程名称（如 cnt4e）及所在的文件夹（如 D:/myeda）。单击 OK 按钮，弹出如图 8.55 所示的 Add items to the Project（添加项目到工程）对话框。该对话框中有 Create New File（生成新文件）、Add Existing File（添加现有的文件）、Create Simulation（生成仿真）和 Create New Folder（生成新的文件夹）4 个命令按钮。Create New File 按钮用于在新建工程中生成一个新的设计文件；Add Existing File 按钮用于在新建工程中添加一个现有的文件；Create Simulation 按钮用于直接进入仿真进程；Create New Folder 用于在新工程中生成一个新的文件夹。

单击 Create New File 按钮，弹出如图 8.56 所示的"Create Project File"（生成工程文件）对话框。在对话框的 File Name 栏中输入设计文件的名称 cnt10（这是本例十进制加法计数器设计的工程名），在 Add file as type 栏中选择硬件描述语言的类型，本例的设计选择 VHDL。单击 OK 按钮，在 Project 页面中出现 cnt10.vhd 工程文件名，如图 8.56 左边所示。

2．编辑设计文件

双击 Project 页面内的 cnt10.vhd 工程文件名，弹出图 8.56 右边所示的 HDL 文件编辑窗口。在编辑窗口中输入十进制加法计数器的 VHDL 源程序。

cnt10.vhd 源程序如下：

```
LIBRARY IEEE;
USE IEEE.STD_LOGIC_1164.ALL;
ENTITY cnt10 IS
PORT(clrn:IN STD_LOGIC;
     clk:IN STD_LOGIC;
     cout:OUT STD_LOGIC;
     q:BUFFER INTEGER RANGE 9 DOWNTO 0);
END cnt10;
```

图 8.56 Project 页面（左）和 HDL 文件编辑窗口（右）

```
ARCHITECTURE example OF cnt10 IS
BEGIN
    PROCESS(clrn,clk)
        BEGIN
            IF clrn='0' THEN q<=0;
            ELSIF clk'EVENT AND clk='1' THEN
                IF (q=9) THEN
                    q<=0;cout<='1';
                ELSE
                    q<=q+1;cout<='0';
                END IF;
            END IF;
        END PROCESS;
END example;
```

在源程序中，clk 是时钟输入端，clrn 是复位输入端，低电平有效，q 是计数器的状态输出端，cout 是进位输出端。

3．编译设计文件

完成源程序的编辑后，在 ModelSim 的主界面执行"Compile→Compile All"或"Compile Selected"命令，完成对设计文件的编译。执行 Compile All 命令，则对 Project 页面内的全部工程文件进行编译；执行 Compile Selected 命令则仅编译用鼠标选中的文件。编译不成功的文件会在文件名的后面（文件的状态 Status 栏）出现"×"，此时需要返回编辑窗口，修改源程序；编译成功的文件会在文件名的后面出现"√"，同时设计实体就会出现在 work 库中。

4．仿真设计文件

ModelSim 仿真包括装载设计文件、设置激励信号和仿真等操作过程。

（1）装载设计文件

在 ModelSim 主界面执行"Simulate→Start Simulate"命令，弹出如图 8.57 所示的 Start Simulate（开始仿真）对话框的 Design 页面，将 work 库中的 cnt10 选中，然后单击 OK 按钮，可完成设计文件的装载，此时工作区会出现 Sim 标签，表示装载成功，同时弹出如图 8.58 所示的 Objects（目标）窗口和波形窗口。

图 8.57　开始仿真的 Design 页面

图 8.58　Objects 窗口

（2）设置仿真激励信号

创建波形模式的仿真方法在 8.1 节中已叙述，下面介绍设置单个激励信号的仿真方法。全选 Objects 窗口的 clk、clrn、q 和 cout 信号，右击这些信号名称，在弹出的 Objects 快捷菜单中，执行"Add Wave"命令，将这些信号添加到 Wave（波形）窗口。

在波形窗口分别为 clrn 和 clk 输入信号赋值，右击选中复位输入信号 clrn，在弹出的 Object 快捷菜单中执行 Force 命令，弹出如图 8.59 所示的"Force Selected Signal"窗口，为 clrn 赋值。选中窗口的 Force 值，并在 Value 栏中为 clrn 赋"0"（复位有效）值。

右击选中的时钟输入信号 clk，在弹出的 Object 快捷菜单中执行 clock 命令，弹出如图 8.60 所示的 Define Clock 窗口，为 clk 时钟定义，把 Period（周期）定义为 10000 标准单位（默认单位为 ps）。在时钟设置对话框中，除了"Period"参数外还有 Duty 参数，它是时钟波形的高电平持续时间，已经预先设置为 50 个标准单位，表示预先设置的 Clock 的占空比为 50%，即方波；另外，offset 参数是补偿时间，Cancel 参数是取消时间。

需要指出的是，在 ModelSim 中对 Signal 的 Force 赋值有 3 个类（Kind）：Freeze、Drive 和 Deposit。其中，Freeze 的赋值强度最强，Drive 次之，Deposit 最弱。ModelSim 是一个严格的 HDL 仿真器，输入信号一定要赋值（Freeze、Drive、Deposit 均可），输出信号一定要有初值。对于 VHDL 程序，其输出信号的初值为未知（'X'），ModelSim 就不能够对其设计文件进行仿真，因此在 VHDL 源程序中，一定要对全部输出信号或内部使用的信号赋初值。另外，inout 等类型信号在一般情况下不能赋 Freeze 值。

图 8.59　Force Selected Signal 窗口

图 8.60　Define Clock 窗口

（3）仿真设计文件

在打开的波形窗口（窗口中主要按键的功能见图 8.26）中，单击 Run（运行）按钮，则仿真执行 1 个步长时间（默认的步长时间是 100ps），使计数器复位，然后改变复位输入 clrn 的 Force 值为"1"（复位信号无效），单击 Run 按钮若干次（一般 16 次以上），得到十六进制加法计数器的仿真波形，如图 8.61 所示。

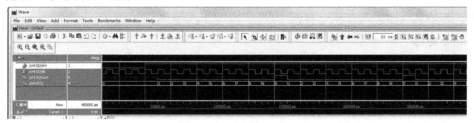

图 8.61　十进制加法器的仿真波形

8.2.2　ModelSim 的交互命令方式

ModelSim 交互命令方式，是在 ModelSim 的主窗口的命令窗口上，通过输入命令来实现的，具有更好的调试和交互功能。实际在图形用户交互方式中，每单击一个图标命令时，在命令窗口就出现相关的命令。ModelSim 提供了多种命令，既可以单步，也可以构成批处理文件，用来控制编辑、编译和仿真流程。

下面介绍 ModelSim 用于仿真的一些主要命令，其他命令可参考 ModelSim 说明书或帮助。

1．run 命令

命令格式：run [<timesteps>][<time_unit>]

其中，参数 timesteps（时间步长）和 time_unit（时间单位）是可选项，time_unit 可以是 fs（10^{-15}s）、ps（10^{-12}s）、ns（10^{-9}s）、us（10^{-6}s）、sec（s）这几种。

命令功能：运行（仿真）并指定时间及单元。

例如，"run" 表示单步运行；"run 1000" 表示运行 1000 个默认的时间单元（ps）；"run 2500 ns" 表示运行 2500ns；"run -continue" 表示继续运行；"run -all" 表示运行全程。

2．force 命令

命令格式：force <item_name> <value> [<time>],[<value>] [<time>]

其中，参数 item_name 不能缺省，它可以是端口信号，也可以是内部信号，且还支持通配符号，但只能匹配一个；value 也不能缺省，其类型必须与 item_name 一致；time 是可选项，支持时间单元。

例如，"force clrn 1" 表示为 clrn 赋值 1；"force clrn 1 100" 表示经历 100 个默认时间单元延迟后为 clrn 赋值 1；"force clrn 1,0 1000" 表示为 clrn 赋值 1 后经历 1000 个默认时间单元延迟后为 clrn 赋值 0。

3．force -repeat 命令

命令格式：force <开始时间> <开始电平值>，<结束电平值> <忽略时间> –repeat <周期>

命令功能：每隔一定的周期（period）重复一定的 force 命令。该命令常用来产生时钟信号。

例如，"force clk 0 0, 1 30 -repeat 100" 表示强制 clk 从 0 时间单元开始，起始电平为 0，结束电平为 1，忽略时间（0 电平保持时间）为 30 个默认时间单元，周期为 100 个默认时间单元，占空比为(100-30)/100=70%。

4．force -cancel 命令

命令格式：force -cancel < period>

命令功能：执行 period 周期时间后取消 force 命令。

例如，"force clk 0 0, 1 30 -repeat 60 -cancel 1000"

强制 clk 从 0 时间单元开始，直到 1000 个时间单元结束。

5．view 命令

命令格式：view <窗口名>

命令功能：打开 ModelSim 的窗口。

例如，view sauce 是打开源代码窗口；view wave 是打开波形窗口；view list 是打开列表窗口；view variables 是打开变量窗口；view signals 是打开信号窗口；view all 是打开所有窗口。

6．add wave 命令

命令格式：add wave -hex *

命令功能：为波形窗口添加信号，这里的*表示添加设计中所有的信号，-hex 表示以十六进制来表示波形窗口中的信号值。

7. wave create 命令

命令格式：wave create

命令功能：波形创建，可以创建时钟、常数、随机、重复、计数等类型的波形。

创建时钟波形的命令格式为：

wave create <驱动> <模式> <初始值> <周期> <占空比> <开始时间> <结束时间> <创建对象身份>

例如，命令：

wave create -driver freeze -pattern clock -initialvalue 0 -period 10ns -dutycycle 50 -starttime 0us -endtime 10us sim:/firstdsp/Clock

为 firstdsp 工程的 Clock 输入创建了 freeze 驱动型的时钟模式，时钟的初始值为 0，周期为 10ns，占空比为 50%，开始时间为 0us，结束时间为 10us。

创建随机波形的命令格式为：

wave create <驱动> <模式> <初始值> <周期> <随机类型> <种子值> <幅度> <开始时间> <结束时间> <创建对象身份>

例如，命令：

wave create -driver freeze -pattern random -initialvalue 0 -period 10ns -random_type Poisson-seed 5 -range 0 0 -starttime 0us -endtime 10us sim:/firstdsp/Input

为 firstdsp 工程的 Input 输入创建了 freeze 驱动型的随机输入模式，初始值为 0，周期为 10ns，Poisson 随机类型，种子值为 5，幅度为 00，开始时间为 0us，结束时间为 10us。

8. quit 命令

命令格式：quit -sim

命令功能：结束仿真。

8.2.3 ModelSim 的批处理工作方式

如果采用单步命令来控制仿真流程，则每次都要输入相应的命令，是很烦琐的事情。ModelSim 提供了一个简化方式，即可以把这些命令形成一个批处理文件后再执行。如果读者对 ModelSim 的命令不熟悉，可以先用图形用户交互方式完成设计电路的仿真，然后把命令窗口中的命令复制下来，构成批处理文件。

在 ModelSim 的主窗口，执行 "File→New→Source→DO" 命令，进入 ModelSim 的 DO 文件编辑方式。在编辑窗口输入下列计数器仿真批处理文件（cnt10.do）的代码：

```
vsim -gui work.cnt10
add wave -position insertpoint    \
sim:/cnt10/clrn \                 #//加入 clrn 信号，以下同
sim:/cnt10/clk \
sim:/cnt10/cout \
sim:/cnt10/q
force -freeze sim:/cnt10/clrn 0 0   #//设置复位信号有效
force -freeze sim:/cnt10/clk 1 0, 0 {5000 ps} -r 10000    #//设置时钟信号周期为 10000（ps）
run 40000                          #//运行 40000（ps）
force -freeze sim:/cnt10/clrn 1 0   #//设置复位信号无效
run 500000                         #//运行 500000（ps）
```

DO 文件中的"#//"是注释符号。

完成计数器仿真批处理文件的编辑后,以"cnt10.do"为文件名保存在与计数器设计文件相同的文件夹中(.do 是 DO 文件的属性后缀)。在 ModelSim 的命令窗口中执行"do cnt10.do"(如果 DO 文件不在当前工程的文件夹中,则需要添加文件的路径如"do D:/myeda/cnt10.do")命令,完成对计数器设计(cnt10)的仿真,仿真结果见 8.61。

8.3 基于 MATLAB/DSP Builder 的 DSP 模块设计

MATLAB 是当前国际控制界最流行的面向工程与科学计算的高级语言,利用它可以设计出功能强大、界面优美、稳定可靠的高质量程序,编程效率和计算效率极高。Altera 公司充分利用了 MATLAB 的优势,将 Quartus II 与其进行无缝连接,完成 DSP 等复杂系统的设计。

本章介绍利用 MATLAB/DSP Builder 工具进行 DSP 模块设计、MATLAB 模型仿真、Signal Compiler 使用方法、使用 Modelsim 进行 RTL 级仿真、使用 Quartus II 实现时序仿真、使用 Quartus II 硬件实现与测试等方面的内容。

用 FPGA 实现 DSP 并不是说用 FPGA 来构造一个 DSP 芯片,而是直接用 FPGA 硬件来实现 DSP 功能,这与通用 DSP 芯片实现 DSP 功能是不同的,通用 DSP 芯片用软件来实现 DSP 功能,其特点是应用灵活、低成本,但在速度上比用硬件实现的 DSP 要慢得多。随着 FPGA 规模越来越大、成本越来越低,越来越多的设计采用 FPGA 硬件来完成 DSP 功能。

Altera 公司的 DSP Builder 可以帮助开发者完成基于 FPGA 的 DSP 设计,可以自动完成大部分的设计过程和仿真,直至把设计文件下载至 FPGA 中。用户首先利用 MATLAB 进行 DSP 模块设计,然后用 DSP Builder 将用户设计的 DSP 模块转换成硬件描述语言(HDL),最终在 FPGA 上实现。利用 MATLAB/DSP Builder 进行 DSP 模块设计是 EDA 技术的一个组成部分,下面以一个简单的正弦信号调制电路的设计为例,介绍基于 MATLAB/DSP Builder 的 DSP 开发技术,电路设计模块在 MATLAB R2012a 版本软件中完成。

8.3.1 设计原理

正弦信号调制电路的原理如图 8.62 所示。电路由阶梯信号发生器模块 Increment Decrement、正弦函数值查找表模块 SinLUT、延时模块 Delay、乘法器模块 Product、数据输入模块 DATAIN 和输出模块 Output 6 个部分构成。

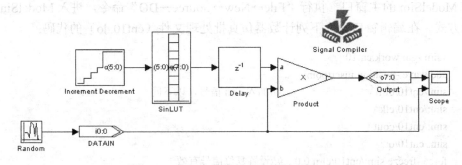

图 8.62 正弦信号调制电路的原理图

Increment Decrement 产生线性递增的地址信号,送往 SinLUT。SinLUT 是一个正弦函数值的查找表模块,由递增的地址获得正弦波输出,输出的 8 位正弦波数据经延时模块 Delay 后送往 Product 模块,与 DATAIN 的数据相乘生成正弦波调制的数字信号,由 Output 输出。Output

输出的数据经过 D/A 转换后获得正弦调制信号。

1. 建立 MATLAB 设计模型

利用 MATLAB 建立 DSP 设计模型是基于 MATLAB/DSP Builder 的 DSP 模块设计的主要过程，下面以正弦信号调制电路设计为例，介绍建立 MATLAB 设计模型的步骤。

（1）运行 MATLAB

执行\altera\13.0sp1\quartus\dspba\路径下的 dsp_builder.bat 批处理文件，启动 MATLAB R2012a 软件，启动后的软件界面如图 8.63 所示，界面中有 3 个窗口，分别是命令窗口（Command Windows）、工作区（Workspace）、命令历史（Command History）。在命令窗口中，可以输入命令，同时得到响应信息、出错警告和提示等。在创建一个新的设计模型前，应先建立一个新的文件夹（如 myeda_q）作为工作目录，保存设计文件。

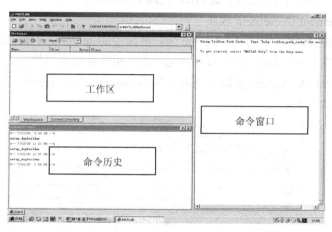

图 8.63　MATLAB 软件界面

（2）新建一个模型文件

在 MATLAB 软件界面执行"File→New"命令，在弹出的子菜单中选择 model 方式，弹出如图 8.64 右边所示的建立 MATLAB 设计模型的编辑窗口，设计电路的模型在此编辑窗口中完成编辑、分析、仿真控制和生成设计文件。

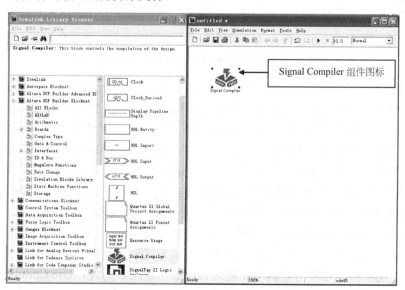

图 8.64　建立 MATLAB 设计模型的编辑窗口（右）和 Simulink 库管理器窗口（左）

在图 8.64 中执行"View→Library browser"命令,打开 Simulink Library browser(Simulink 库管理器)窗口,如图 8.64 左边所示。Simulink 库管理器的左侧是 Simulink Library 列表,右侧是选中的 Library 中的组件。当安装完 DSP Builder 后,在 Simulink 库管理器的 Simulink Library 列表中可以看到 Altera DSP Builder Blockset 库。在以下的设计中,主要使用 Altera DSP Builder Blockset 库中的组件和子模型来完成各项设计,然后用 Simulink 库来完成模型的仿真验证。

(3)放置 Signal Compiler 图标

单击 Library browser 窗口左侧的库内树形列表中的 Altera DSP Builder Blockset 项,打开 DSP Builder 库,再单击 AltLab 项展开 AltLab 库,单击选中库管理器右侧的 Signal Compiler 组件图标,按住鼠标左键将 Signal Compiler 图标拖放到新模型窗口中(如图 8.64 右边所示)。Signal Compiler 组件图标是一个控制符号,双击时,可以启动软件对编辑窗口中的设计模块进行分析,并引导进入下一步的编译、适配和生成 HDL 代码文件操作。

(4)放置 Increment Decrement 模块

打开 Altera DSP Builder 中的 Arithmetic 库,把库中的 Increment Decrement 模块(图标)拖放到新建模型编辑窗口中。Increment Decrement 是阶梯信号发生器模块,其图标如图 8.65(a)所示,单击 Increment Decrement 模块下面的文字 Increment Decrement,就可以修改模块名。用此方法将模块名修改为 IncCounter。

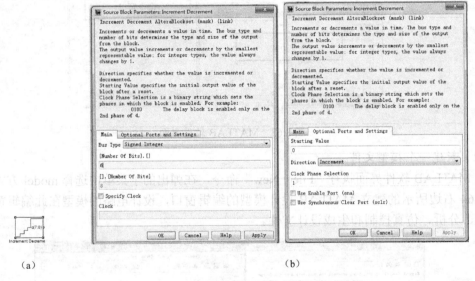

图 8.65 IncCounter 模块图标及其参数设置对话框

双击新建模型中的 IncCounter 模块,打开如图 8.65(b)所示的 IncCounter 模块参数设置(Block Parameters:IncCounter)对话框,该对话框有 Main(主页面)和 Optional Ports and Setting(可选择的端口与设置)两个页面。在 Main 页面可以进行 Bus Type(总线类型)的设置。在总线类型的设置中,有 Signed Integer(有符号整数)、Signed Fractional(有符号小数)和 Unsigned Integer(无符号整数)3 种数据类型选择,本设计选择 Unsigned Integer。还可以进行 Number of bits(输出位宽)的设置。输出位宽是指模块输出的二进制位数,本设计中的输出位宽设置为 6,表示阶梯信号发生器共输出 $2^6=64$ 个阶梯,作为正弦函数查找表的 64 个地址数据。

在"Optional Ports and Setting"页面,可以进行 Direction(增减方向)的设置。增减方向设置有 Increment(增量方式)和 Decrement(减量方式)两种选择。本设计设置为 Increment(增量方式),使阶梯信号发生器的阶梯随时钟增加而递增。另外,Use Control Inputs(使用控制输入)不选,如果选择这个设置,则在阶梯信号发生器上会增加 ena(使能)和 rst(复位)

两个输入控制端。

其他的设置采用 Increment Decrement 模块的默认设置。模块设置完成后,单击 OK 按钮确认。

(5) 放置 SinLUT(正弦查找表)模块

打开 Altera DSP Builder 中的 Storage 库,将库中的 LUT 模块拖放到新建模型编辑窗口,将模块的名字修改成"SinLUT"。SinLUT 模块的图标如图 8.66 (a) 所示,双击 SinLUT 模块,弹出如图 8.66 (b) 所示的 SinLUT 模块参数设置对话框,此对话框有 Main 和 Implementation 两个页面。

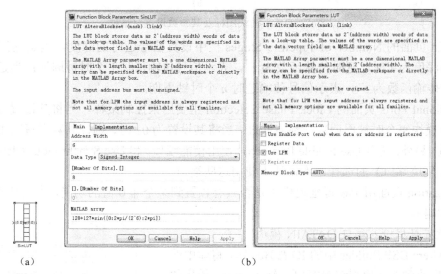

图 8.66　SinLUT 模块图标及其参数设置对话框

在 Main 页面,把 Bus Type(总线类型)设置为 Unsigned Integer(无符号整数);把 Output[number of bits](输出位宽)设置为 8;把 LUT Address Width(查找表地址线位宽)设置为 6。在 MATLAB Array 编辑框中输入计算查找表内容的计算式,式中的 sin 是正弦函数名,其调用的格式为:

sin([起始值:步进值:结束值])

表达式中用 pi 表示常数π。

如果表达式是"127*sin([0:2*pi/(2^6):2*pi])",则其结果的数值变化范围是-127~+127,可以用 8 位二进制有符号整数表示;如果表达式为"128+127*sin([0:2*pi/(2^6):2*pi])",则其结果的数值变化范围是 0~255,可以用 8 位二进制无符号整数表示。本设计采用后一种表达式,因为它的结果与 DAC0832 兼容,便于在 EDA 实验开发平台进行硬件验证。EDA 实验开发平台上的 DAC0832 输出-5V 到+5V 模拟量,那么当 8 位二进制数据为 00H 时,输出为-5V;当数据为 80H 时,输出为 0V;当数据为 FFH 时,输出为+5V。

另外,在 Implementation 两个页面,如果在 Use LPM 处选择打勾选中 LPM(Library of Parameterized Modules:参数化模块库),表示允许 Quartus II 利用目标器件中的嵌入式 RAM 来构成 SinLUT,即将生成的正弦波数据放在嵌入式 RAM 构成的 ROM 中,否则只能用芯片中的 LEs(逻辑元件)来构成。

(6) 放置 Delay 模块

打开 Altera DSP Builder 中的 Storage 库,将库中的 Delay 模块拖放到新建模型编辑窗口。Delay 是一个延时环节,其图标如图 8.67 (a) 所示,双击 Delay 模块,弹出如图 8.67 (b) 所示的 Delay 模块参数设置对话框,该对话框有 Main、Optional Ports 和 Initialization 这 3 个页面。

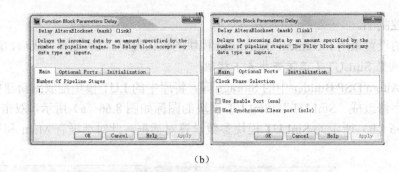

图 8.67 Delay 模块图标及其参数设置对话框

在 Main 页面的 Number of Pipeline Stages 栏中设置信号延时的深度。当延迟深度大于等于 1，延迟深度为 1 时，延时传输函数为 z^{-1}，表示信号传输延时 1 个时钟周期；当延迟深度为 n 时，延时传输函数为 z^n，表示信号传输延时 n 个时钟周期。

在 Optional Ports 页面的 Clock Phase Selection 主要用来控制采样。当将其设置为 1 时，则控制 Delay 模块每个时钟周期数据都能通过；当将其设置为 01 时，则控制数据每隔 1 个时钟周期才能通过。另外，还有 Use Enable Port(ena)（使用使能端口）和 Use Synchronous Clear port(sclr)（使用同步复位端口）的选择，本设计不使用这些端口。

Initialization 页面用于设置延迟模块是否具有预置到某个非 0 值的功能，本设计不设置（该页面图形省略）。

（7）放置数据输入端口 DATAIN 模块

打开 Altera DSP Builder 中的 IO & Bus 库，将库中的 Input 模块拖放到新建模型编辑窗口，修改 Input 模块的名字为 DATAIN。DATAIN 模块图标如图 8.68（a）所示，双击 DATAIN 模块，弹出图 8.68（b）所示的 DATAIN 模块参数设置对话框。在参数设置对话框中，把 Bus Type 设置为 Unsigned Integer（无符号整数），把[number of bits].[]设置为 1，表示该输入模块是 1 位无符号数据输入。该模块在生成 HDL 代码文件时，是一个名为 DATAIN、宽度为 1 位的输入端口。

（8）放置乘法器 Product 模块

图 8.68 DATAIN 模块图标及其参数设置对话框

打开 Altera DSP Builder 中的 Arithmetic 库，将库中的 Product 模块拖放到新建模型编辑窗口。Product 有两个输入，一个是经过一个 Delay 的 SinLUT 查表输出，另一个是外部 1 位端口 DATAIN 送来的数据，用 DATAIN 对 SinLUT 查找表输出的控制，产生正弦调制输出。

Product 模块的图标如图 8.69（a）所示，双击 Product 模块，弹出如图 8.69（b）所示的 Product 模块参数设置对话框，该对话框有 Main 和 Optional Ports and Setting 两个页面。

在 Main 页面的 Bus Type（总线类型）栏中选择 Inferred（早期）类型。Number of Pipeline Stages 栏用于设置 Product 模块使用的流水线数，即控制 Product 的乘积延时几个脉冲周期后出现，本设计保持默认为 0 条流水线。

Optional Ports and Setting 页面用来设置是使用 LPM 还是使用 Dedicated Circuitry（专用电路）。本设计默认使用 Dedicated Circuitry（选中 Use Dedicated Circuitry 项）。

（9）放置输出端口 Output 模块

打开 Altera DSP Builder 中的 IO & Bus 库，将库中的 Output 模块拖放到新建模型编辑窗口。

Output 模块的图标如图 8.70（a）所示，双击 Output 模块图标，弹出如图 8.70（b）所示的 Output 模块参数设置对话框。在参数设置对话框中，把 Bus Type 设置为 Unsigned Integer（无符号整数），把[number of bits].[]设置为 8，表示该输出模块是 8 位无符号数据输出。该模块在生成 HDL 代码文件时，是一个名为 Output、宽度为 8 位的输出端口。

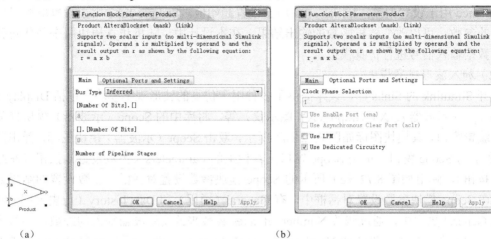

图 8.69　Product 模块图标及其参数设置对话框

至此，正弦信号调制电路的全部模块已经调入到新建模型编辑窗口中，按照图 8.62 所示电路原理图结构，用鼠标完成各模块之间的电路连接。执行新建模型编辑窗口中"File→Save"命令，将设计文件以 FirstDSP（该名称由设计者自己定义）为文件名，保存在工作目录（如 myeda_q）中。

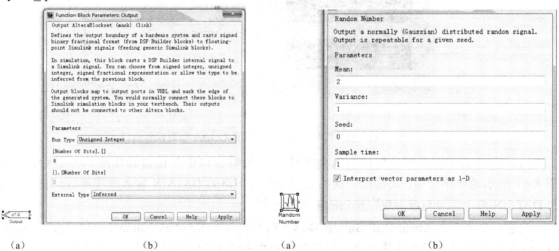

图 8.70　Output 模块图标及其　　　　图 8.71　Random Number 模块图标及其
　　　　参数设置对话框　　　　　　　　　　　　　参数设置对话框

2. MATLAB 模型仿真

设计好一个新的模型后，可以直接在 MATLAB 中进行算法级和系统级仿真验证。对一个模型进行仿真，需要施加适当的激励并设置仿真的步进方式和仿真的周期，添加合适的观察点和观察方式。

（1）加入仿真激励模块

在 Simulink 管理器中，打开 Simulink 的 Sources 库，该库提供了多种用于仿真的激励模块，

219

包括 Step（步进）、Sin Wave（正弦波）、Pulse Generator（脉冲发生器）、Random Number（随机信号发生器）等。将库中的 Random Number 模块拖放到新建模型编辑窗口，其模块图标如图 8.71（a）所示，双击 Random Number 模块图标，弹出如图 8.71（b）所示的 Random Number 模块参数设置对话框，参数设置的结果如图中所示。在该对话框中，Mean 用于设置随机函数的平均值，Variance 用于设置偏差，Initial seed 用于设置起始值，Sample time 用于设置取样时间。设置不同的参数，可以改变随机函数的输出结果。在本设计中，随机仿真模块用来替代正弦调制电路的数据输入信号进行仿真模拟。

（2）加入波形观察模块

打开 Simulink 的 Sinks 库，该库提供了多种用于仿真的波形观察模块，包括 Display（显示器）、Scope（示波器）、XY Graph（XY 图示仪）等。将库中的 Scope（示波器）模块拖放到新建模型编辑窗口，其模块图标如图 8.72（a）所示，双击 Scope（示波器）模块图标，弹出图 8.72（b）所示的 Scope 窗口。单击 Scope 窗口工具栏上的 Parameters（参数设置）按钮（左起第二个工具按钮），弹出如图 8.72（c）所示的 Scope 模块参数设置对话框，参数设置的结果如图中所示。在 Scope 模块参数设置对话框中，有 General（通用）和 Data history（历史数据）两个页面。在 General 页面中，通过修改 Number of axes 参数来改变示波器输入的踪数，参数为 2 表示是双踪示波器。本设计设置的 Number of axes 参数为 2，是因为需要观察 Output 及 DATAIN 两个信号。Scope 模块参数设置结束后，Scope 模块图标上会出现两个输入端，同时在 Scope 窗口也会出现两个波形窗口。

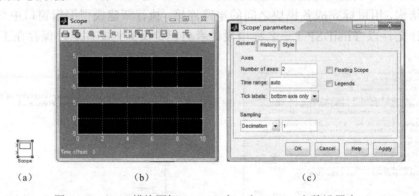

图 8.72　Scope 模块图标、Scope 窗口和 Genera 参数设置窗口

当激励模块和波形观察模块加入到新建模型编辑窗口中并设置好相应的参数后，按照图 8.61 所示的电路结构，将激励模块的输出与设计电路的 DATAIN 输入端连接好，将 Output 及 DATAIN 两个信号与波形观察模块的输入连接好。

注意：凡是来自 Altera DSP Builder 库以外的模块（如 Random Number 和 Scope），Signal Compiler 都不能将其变成硬件电路，即不会影响生成的 HDL 代码程序，但在仿真时能产生激励信号（如 Random Number 信号）和收到波形观察信号（如 Scope）。

（3）设置仿真参数

在新建模型编辑窗口中，执行"Simulation→Configuration Parameters"命令，弹出如图 8.73 所示的 Configuration Parameters（结构参数）设置对话框，图中给出的 Solver 用于仿真参数的设置。其中 Start time（开始时间）设置为 0.0，Stop Time（结束时间）设定为 500，其他设置默认。

（4）启动仿真

执行"Simulation→Start"命令开始仿真。如果设计有错误，MATLAB 会有提示，改正错误后再仿真,直至设计错误为 0 时才能出现仿真结果。本设计的正弦信号调制电路的仿真结果如图 8.74 所示。

在仿真结果显示窗口,如果显示比例不好,可以右击仿真波形区,在弹出的菜单中选择 Autoscale 命令,由软件确定合适的显示比例,也可以选择 Axes properties 命令,控制显示波形幅度的范围。

图 8.73 结构参数设置对话框

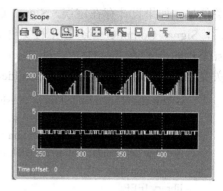

图 8.74 正弦信号调制电路的仿真波形

至此,已完成了一个正弦信号调制电路的模型设计,下面介绍用 DSP Builder 将这个模型转换为 HDL 设计的过程。

3. Signal Compiler 使用方法

在 MATLAB 中完成仿真验证后,就需要把设计转到硬件上加以实现。通过 DSP Builder 可以获得针对特定 FPGA 芯片的 MOD 文件和 HDL 代码。双击 FirstDSP 模型窗口中的 Signal Compiler 模块图标,将启动 DSP Builder,弹出如图 8.75 所示的 "DSP Builder-Signal Compiler" 对话框,该对话框有 Simple(简易)、Advanced(进阶)、SignalTap(嵌入式逻辑分析仪)和 Export(输出)4 个页面。

图 8.75 DSPBuilder-SignalCompiler
对话框的 Simple 页面

图 8.76 DSPBuilder-SignalCompiler
对话框的 Advanced 页面

Simple 页面用于编译设计文件和选择目标芯片,首先在该页面的 Family 栏中选择目标芯片的型号(如 Cyclone II),然后单击 Compile 按钮,完成对设计文件的编译,并在 Signal Compiler 的信息(Messages)栏和 MATLAB 软件界面的命令窗口(Command Window)给出相关信息。

如果设计存在错误，Signal Compiler 就会停止分析过程；如果设计无误，则单击 Advanced 按钮，进入如图 8.76 所示 Advanced 页面。Advanced 页面用于对设计文件的 Analyze（分析）、Synthesis（综合）、Fitter（适配）和 Program（编程）。首先单击 Analyze 按钮，对 DSP Builder 系统进行分析，如果无误则单击 Synthesis 按钮，进行 Quartus II 的综合，如果无误则再单击 Fitter 按钮，进行 Quartus II 的适配。

在上述的进程中，都会在 Signal Compiler 的信息栏和 MATLAB 软件界面的命令窗口给出相关信息。如果设计存在错误，Signal Compiler 就会停止相应进程。当完成了分析、综合和适配后，Signal Compiler 就会在工程文件夹上建立 Quartus II 的 FirstDSP 工程，并将其顶层文件 FirstDSP.del 保存在 FirstDSP_dspbuilder 文件夹中，另外还生成了 VHDL（如 FirstDSP.VHD）等相关文件，并保存在 FirstDSP_dspbuilder/db 文件夹中，FirstDSP.vhd 文件如下：

```vhdl
-- This file is not intended for synthesis, is present so that simulators
-- see a complete view of the system.
-- You may use the entity declaration from this file as the basis for a
-- component declaration in a VHDL file instantiating this entity.
--altera translate_off
library IEEE;
use IEEE.std_logic_1164.all;
use IEEE.NUMERIC_STD.all;
entity FirstDSP is
    port (
        Clock : in std_logic := '0';
        DATAIN : in std_logic_vector(1-1 downto 0) := (others=>'0');
        Output : out std_logic_vector(8-1 downto 0);
        aclr : in std_logic := '0';
        cs : out std_logic_vector(1-1 downto 0);
        wr : out std_logic_vector(1-1 downto 0)
    );
end entity FirstDSP;
architecture rtl of FirstDSP is
component FirstDSP_GN is
    port (
        Clock : in std_logic := '0';
        DATAIN : in std_logic_vector(1-1 downto 0) := (others=>'0');
        Output : out std_logic_vector(8-1 downto 0);
        aclr : in std_logic := '0';
        cs : out std_logic_vector(1-1 downto 0);
        wr : out std_logic_vector(1-1 downto 0)
    );
end component FirstDSP_GN;
begin
FirstDSP_GN_0: if true generate
    inst_FirstDSP_GN_0: FirstDSP_GN
port map(Clock => Clock, DATAIN => DATAIN, Output => Output, aclr => aclr, cs => cs, wr => wr);
    end generate;
end architecture rtl;
--altera translate_on
```

如果设计软件平台已经与 EDA 实验开发平台连接好，可以单击图 8.76 中的 Program 按钮，对设计电路进行编程。在编程过程中，完成硬件系统的编程模式（如用计算机的并口编程，则采用 ByteBlasterMT[LPT1]模式；用 USB 接口编程，则采用 USB-blaster 模式）和硬件下载型号的扫描。

> **注意**：在 DSP Builder-Signal Compiler 对话框的 Device 栏中，不能定制具体的器件型号，这需由 Quartus II 自动决定使用该器件系列中的某一个具体型号的器件，或在手动流程中由用户指定。另外，"DSP Builder-Signal Compiler"对话框的 SignalTap 和 Export 页面本设计不使用，其设置保持默认（页面图形省略）。

4. 使用 ModelSim 仿真

在 Simulink 中的仿真是对模型文件.mdl 进行的，属于系统验证性质的仿真，并没有对生成的 HDL 代码文件进行仿真。为了得到更加逼近真实电路的特性，需要对生成的 HDL 代码文件进行功能和时序仿真。

打开 Quartus II 13.0 集成环境，执行 Quartus II 软件界面上的"File→Open Project …"命令，打开 DSP Builder 为 Quartus II 建立的设计工程 FirstDSP。在 Signal Compiler 的 Quartus II 编译过程中，具体的器件由 Quartus II 自动决定，在实际使用中，需要选择具体器件型号。执行"Assignments→Device…"命令，为设计工程选择具体目标芯片（如 EP2C35F672C6）。

在 Quartus II 主界面执行"Assignments→Settings"命令，在弹出的 Settings 的"EDA Tool Settings"窗口选中 EDA Tool Settings 项，对 Simulation 栏下的仿真测试文件进行设置。其中，在 Tool name 中选择 ModelSim-Altera；在 Format for output netlist 中选择 VHDL（是 DSP Builder 开发环境中默认的语言）。完成设置后重新编译一遍，系统会自动生成 VHDL 输出网表文件 FirstDSP.vho 和延迟文件 FirstDSP_vhd.sdo，并保存在 D:\myeda_q\FirstDSP_dspbuilder\simulation\modelsim 路径中。

打开 ModelSim-Altera 10.0d 软件，在 ModelSim 的主界面执行"File→New→Project"命令，为 FirstDSP 设计建立新工程（如 FirstDSP），或在 ModelSim 当前工程中，将 D:\myeda_q\FirstDSP_dspbuilder\simulation\modelsim 目录下的 FirstDSP.vho 文件添加到工程中。编译添加的 FirstDSP.vho 文件，然后执行 ModelSim 主界面的"Simulate→Start Simulation…"命令，对 FirstDSP.vho 输出文件仿真。

首先为输入创建波形模式，主要是为输入信号 Input 创建随机波形，为 Clock 创建时钟波形。右击 ModelSim 主界面的目标（Objects）窗口输入信号 Input，在弹出的 Objects 设置快捷菜单（见图 8.28）中执行菜单中的"Modify→Apply Wave…"命令，弹出"Create Pattern Wizard"（创建模式向导）窗口（见图 8.29），为 Input 输入信号创建 Random（随机）模式。在创建模式向导窗口中，保持 Start Time（开始时间）栏的默认值 0，将 End Time（结束时间）栏的值更改为 10，将 Time Unit（时间单位）更改为 us（默认值是 ps）。单击 Next 按钮，进入输入 Input 的随机波形模式设置窗口（Sim:/firstdsp/Input<Pattern:random>），如图 8.77 所示。在随机波形模式窗口的 Initial Value（初始值）栏中输入 0 值，将 Pattern Period（模式周期）栏中的值更改为 10，将 Time Unit 更改为 ns，在 Random Type（随机类型）栏中选择 Poisson 为随机模式类型，Seep Value（种子值）保持默认值。随机类型除了 Poisson（泊松）外，还有 Normal（正常）、Uniform（均衡）和 Exponential（指数）类型。单击 Finish 按钮，结束输入信号 Input 的波形模式创建，为 Input 创建了 Poisson 类型随机波形模式，波形自 0us 开始至 10us 结束，信号周期为 10ns。

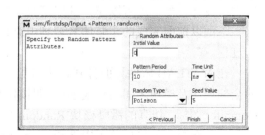

图 8.77　随机波形模式设置窗口

用相同方法为 Clock 输入信号创建 Clock（时钟）模式，Clock 波形自 0us 开始至 10us 结束，信号周期为 10ns。

完成输入信号的波形模式创建后，执行"Add→To Wave→Selected Signals"命令，将 Output 输出信号添加到波形窗口中。单击 Run -All（运行全程）按钮，完成 FirstDSP 的仿真，并将输出展开为模拟格式，仿真波形如图 8.78 所示。

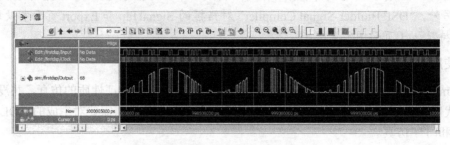

图 8.78　FirstDSP 的功能仿真波形

图 8.78 所示的输出波形不存在微小尖峰（竞争-冒险现象），说明属于功能仿真。展开开始仿真对话框的"SDF"页面，将 D:\myeda_q\FirstDSP_dspbuilder\simulation\modelsim 目录下的仿真延迟文件 FirstDSP_vho.sdo 添加到页面的"SDF Files"栏中，完成仿真文件与延迟文件的装载，仿真后的波形如图 8.79 所示，呈现的 Output 输出波形存在微小毛刺现象，属于时序仿真。

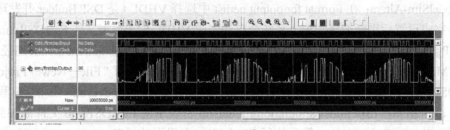

图 8.79　FirstDSP 的时序仿真波形

8.3.2　DSP Builder 的层次设计

对于一个复杂的 DSP 系统设计，如果把所有的模块都放在同一个 DSP Builder 的 Simulink 图中，设计图就变得非常庞大且复杂，不利于读图和排错。利用 DSP Builder 的层次设计，就可以方便地解决这个难题。

DSP Builder 的层次设计的思路是利用 DSP Builder 软件工具，将设计好的 DSP 模型生成子系统（SubSystem），这个子系统是一个元件，可以独立工作，也可以与其他模块或子系统构成更大的设计模型，还可以作为基层模块，被任意复制到其他设计模型中。

下面以前面完成的正弦信号调制电路设计模型为例，介绍生成 DSP Builder 的子系统的操作过程。

在 MATLAB 软件界面打开正弦信号调制电路设计模型文件（即 FirstDDS），将模型文件中的全部模块及模块之间的连线选中（即按住 Shift 键，单击要选中的模块或连线），但不要将 Signal Compiler 图标、仿真的激励模块 Random Number 和波形观察模块 Scope 选中。右击原理图选中的部分，在弹出的快捷菜单中选择"Create Subsystem"项，如图 8.80 所示，完成 DSP Builder 子系统的生成。生成的子系统如图 8.81 所示。

对于生成的子系统，仍然可以对其内部的结构、名称等内容进行修改。双击图 8.81 所示的

SubSystem 图标，就可以进入该子系统，对其内部的结构和名称进行编辑或修改。例如，修改 SubSystem 的输入名称 In1，修改输出名称 Out1、Out2、Out3 和 Out4 等。

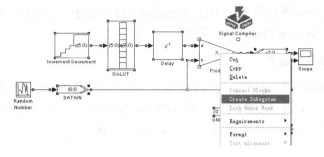

图 8.80　生成 DSP Builder 子系统操作过程

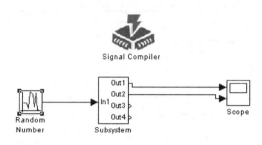

图 8.81　生成的子系统图

8.4　Nios II 嵌入式系统开发软件

Nios II 嵌入式系统是一个功能强大的系统集成工具，包含在软件 Quartus II 9.0 以上版本中，SOPC Builder 和 Qsys 软件是 Altera 公司推出的一种可加快在 PLD 内实现 Nios II 嵌入式处理器及其相关接口的设计工具。设计者可以根据需要确定处理器模块及其参数，选择所需的外围控制电路和外部设备，创立一个完整的嵌入式处理器系统。SOPC Builder 和 Qsys 也允许用户修改已经存在的设计，为其添加新的设备和功能。

Nios II 嵌入式系统开发分为硬件开发和软件调试两部分。Nios II 的硬件开发在 SOPC Builder 或 Qsys 引导下完成，软件调试为 IDE（Integrated Development Environment）方式。Qsys 是 SOPC Builder 的升级版，在 Quartus II 13.0 及以上版本中，已经完全用 Qsys 替代了 SOPC Builder。下面以 Quartus II 13.0 中的 Qsys 为例，介绍 Nios II 嵌入式系统的使用方法。

8.4.1　Nios II 的硬件开发

Nios II 的硬件开发在 Qsys 引导下完成，在进行 Qsys 系统的硬件开发前，用户应建立一个文件夹（如 qsys_de2），作为保存设计文件的工程目录。

1. 新建 Qsys 设计项目

在 Quartus II 13.0 主窗口中执行"File→New Project Wizard"命令，为 Qsys 设计建立设计项目名（如 qsys_de2），并选择 Cyclone II 系列的 EP2C35F672C6 器件为目标芯片（EP2C35F672C6 是 DE2 开发板上的目标芯片）。结束新建项目操作后，执行"Tools→Qsys"命令，打开 Quartus II 集成环境的 Qsys 开发工具，呈现如图 8.82 所示的 Qsys 软件窗口界面。

Qsys 软件窗口左边是元件库（Component Library），右边是设计窗口，下边是消息（Message）

窗口。系统设计在设计窗口完成，该窗口包括 System Contents（系统连接）、Address Map（地址映射）、Clock Settings（时钟设置）、Project Settings（工程设置）、Instance Parameters（实例参数）、System Inspector（系统检查）、HDL Example（硬件描述语言示例）和 Generation（生成）等页面。系统设计在 System Contents（系统连接）页面完成。

2. 加入 Qsys 系统的组件

打开一个新的 Qsys 软件窗口时，已经自动加入了一个 50MHz 的时钟源（Clock Source）组件，该时钟源的名称及频率可以在时钟设置（Clock Settings）页面中设置。此外，本例设计还需要加入 reset（复位）、cpu（处理器）、JTAG UART、ram（存储器）、timer（定时器）、led 显示器等组件。

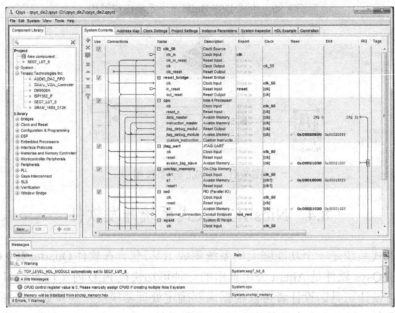

图 8.82　Qsys 软件窗口界面

（1）加入 reset（复位）组件

在 Qsys 软件窗口的 Component Library（组件库）中，展开 Library 库中的 Clock and Reset 项，双击"Reset Controller"组件名，弹出复位控制组件加入对话框（图略），单击对话框中的 Finish 按钮，完成复位组件的加入。

（2）加入 Nios II CPU 核

在 Qsys 的组件库中，展开 Embedded Processor 后双击"Nios II Processor"组件名，弹出如图 8.83 所示的添加 Nios II Processor（微处理器）对话框。在对话框中提供了 Nios II 系列微处理器的 3 个成员供选择：

① Nios II/e（经济型）成员，具有占用最小逻辑的优化，占用 600～700LEs（逻辑元件）；

② Nios II/f（快速型）成员，具有高性能的优化，占用 1400～1800LEs；

③ Nios II/s（标准型）成员，在占用逻辑和高性能优化方面的性能居中，占用 1200～1400LEs。

此窗口界面还有 Reset Vector（复位向量）、Exception Vector（异常向量）等内容的设置，这些设置要等到 ram（存储器）添加到系统中才能选择。另外，还要完成 Nios II Processor 与 clock 和 reset 端口的连接，加入 Nios II Processor 后在对话框中出现了 4 个错误，当完成上述操作后，错误会自动消失。

单击 Finish 按钮，完成 Nios II Processor 的添加，随后 Nios II Processor 就会出现在 Qsys 软件设计界面（见图 8.82）。添加后的 Nios II Processor 自动命名为 nios2_qsys_0，根据需要可以更改其名字。右击选中 nios2_qsys_0，弹出如图 8.84 所示的组件操作快捷菜单，在快捷菜单中选择 Rename 项，可以更改组件名称（本设计将 nios2_qsys_0 更改为 cpu）。在快捷菜单中还可以选择 Edit（编辑）、Remove（删除）等操作。

（3）加入 JTAG UART

JTAG UART（JTAG 通用异步通信总线）用于存储器和外部设备的控制与信息传输。展开组件库 Interface Protocols 中的 Serial 项后，双击"JTAG UART"组件名，弹出加入 JTAG UART 属性对话框（图略），保持对话框各参数值的默认，单击 Finish 按钮，完成 JTAG UART 组件的加入，组件名称保持默认的 jtag_uart_0 不变。

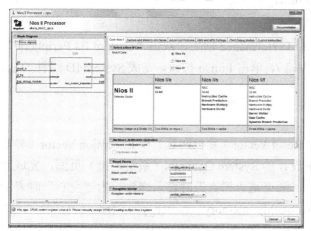

图 8.83　添加 Nios II Processor 对话框

图 8.84　组件操作快捷菜单

（4）加入 RAM（存储器）

展开组件库 Memories and Memory Controllers 中的 On-Chip 项后，双击"On-Chip Memory (RAM or ROM)"组件名，弹出加入片内 RAM 属性对话框（图略），在对话框中保持各参数的默认值不变，单击 Finish 按钮，完成片内 RAM 组件的加入，组件名称保持默认的 onchip_memory 不变。

（5）加入 SW PIO（电平开关）

DE2 开发板上有 18 只按钮开关 SW17～SW0，设计中需要加入一个 18 位的 SW PIO。展开组件库 Peripherals 中的 Microcontroller Peripherals 项后，双击"PIO(Parallel I/O)"组件名，在弹出的加入 PIO 对话框（图略）中设置 Width（宽度）为 18 位，对应 18 位 SW PIO 按钮，并在 Direction 栏下选择"Input Ports Only"（输入）模式。完成电平开关组件的加入后，将组件名称更改为 switch_pio。

（6）加入 LED

DE2 开发板上有 18 只红色发光二极管，设计中需要加入发光二极管 LED_PIO。展开组件库 Peripherals 中的 Microcontroller Peripherals 项后，双击"PIO (Parallel I/O)"组件名，弹出加入 PIO 对话框（图略），设置 Width（宽度）为 18 位，对应 18 个红色 LED，并在 Direction 栏下选择"Output"（输出）模式。完成 LED 组件的加入后将组件名称更改为 led。

（7）加入七段数码管

七段数码管属于 DE2 开发板自定义的组件，因此在进行 Qsys 系统开发之前，应将这些组件的程序包加入到 Nios II 的用户自定义组件（User Logic）中。在 DE2 开发板提供的用户（升级版）光盘的 DE2_NIOS_HOST_MOUSE_VGA 工程文件夹（或其他工程文件夹）中，包含 FIFO、VGA 控制器、DM9000、ISP1362、七段数码管和 SRAM 器件的程序包，它们分别是 Audio_DAC_FIFO、Binary_VGA_Controller、DM9000A、ISP1362、SEG7_LUT_8 和 SRAM_16Bit_512K。这些程序包均包含在 ip 文件夹中，将 ip 文件夹复制到用户工程（如 qsys_de2）目录中，打开 Qsys 软件后，这些组件会出现在组件库的"Terasic Technologies Inc"栏下。

展开组件库的 Terasic Technologies Inc 项后，双击"SEG7_LUT_8"组件名，完成七段数码管的加入，并将组件名称更改为 seg7。

（8）加入 Timer（定时器）

展开组件库 Peripherals 中的 Microcontroller Peripherals 项后，双击"Interval Timer"组件名，完成 Timer 的加入，组件名称保持默认的 timer_0 不变。

（9）加入 System ID（系统标识）组件

展开组件库 Peripherals 中的 Debug and Performance 项后，双击"System ID Peripheral"组件名，弹出加入 System ID 组件对话框（图略），单击 Finish 按钮，完成 System ID 组件的加入，并将组件的名称更改为 sysid。

3．Qsys 系统连接、调整与生成

首先进入 cpu 的编辑方式，将设置的 Reset Vector（复位向量）和 Exception Vector（异常向量）放在 onchip_memory 中，然后在系统设计的 System Contents（系统连接）页面，完成系统的连接（连接方法是单击连接线上的圆点，圆点是"黑点"时表示连接，为"空心"时表示不连接）。本例设计要求将 cpu、jtag_uart_0、onchip_memory、switch_pio、led、timer_0、seg7 组件的时钟输入端 clk 与时钟组件 clk_50 的输出端 clk 连接，它们的复位输入端 reset 与复位组件 reset_bridge 的输出端 out_reset 连接；将 cpu 的 instruction_master 输出端与 onchip_memory 和 Timer 的 s1 输入端连接；将 cpu 的 data_master 输出端与 jtag_uart_0 的 avalon_jtag_alave 输入端以及 led 的 s1 输入端连接。

在系统设计页面的 export 栏中，单击 switch_pio 组件 external_connection 输出对应的 Click to 名称，为 switch_pio 的输出端命名，本例设计将 switch_pio 组件的输出端命名为 switch_pio；将 led 组件的输出端命名为 led_red；将 seg7 组件的输出端名称更改为 seg7。此外，还要在系统设计页面的 IRG 栏中，完成 cpu 与 jtag_uart_0 以及 timer_0 组件的中断连接。完成系统连接后，在 System Contents（系统连接）窗口，双击 cpu 组件，在弹出的添加 Nios II Processor 对话框（见图 8.83），让系统自动完成 Reset Vector（复位向量）、Exception Vector（异常向量）、exception vector offset（异常向量补偿）等的配置。

执行 Qsys 窗口的"System→Creat Global Reset Network"命令，创建重置网络。执行 Qsys 窗口的"System→Assign Base Addresses"命令，弹出如图 8.85 所示的自动调整快捷菜单，系统将自动调整各组件的基本地址。执行 Qsys 窗口的"System→Assign interrupt Numbers"命令，系统将自动调整各组件的中断优先级别。

完成系统设计后，用 qsys_de2 名存盘，然后单击 Qsys 设计窗口 Generate 页面下的 Generate 按钮，生成设计的 Qsys 系统。

Qsys 系统生成后，在 project 库中生成一个如图 8.86 所示的元件符号，同时还在 qsys_de2/synthesis/路径下生成一个 HDL 文件 qsys_de2.v（或.vhd），支持图形编辑输入法和文本输入法完成其他系统电路的设计。

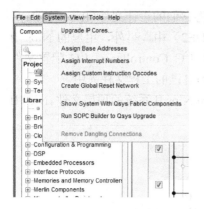

图 8.85 自动调整快捷菜单

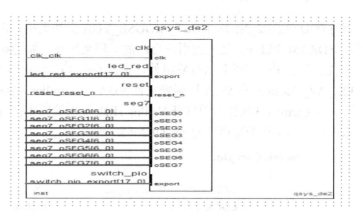

图 8.86 Qsys 系统生成的元件符号

8.4.2 Qsys 系统的编译与下载

Qsys 系统核生成后还要下载到目标芯片中,转换成实际的硬件电路并进行调试,验证设计的正确性。

1. 编译 Qsys 系统

在 Quartus II 的主窗口首先执行"Project→Add/Remove Files in project"命令,弹出如图 8.87 所示的 Settings 对话框的 Files 页面,为工程文件添加文件。在对话框中的 File name 栏选中 Qsys 设计文件(本例为 qsys_de2.qsys)后,单击 Add 按钮,然后单击 OK 按钮,完成工程文件的添加,再执行"Processing→Start Compilation"命令,完成 Qsys 系统的编译。

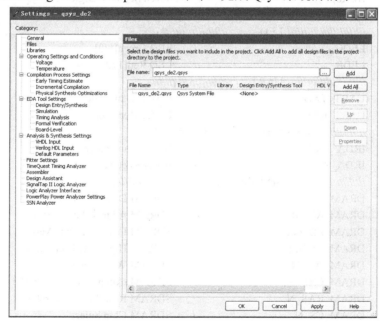

图 8.87 工程文件添加对话框

2. 编辑 Nios II 顶层文件

在基于 DE2 开发板的 Nios II 系统中,顶层文件是由友晶公司的科技人员用 Verilog HDL 编写的。在顶层文件中,需要一块复位电路 Reset_Delay 实现系统的复位操作,还需要一块锁相环电路 SDRAM_PLL 产生 50MHz 和 27MHz 的系统时钟。这两种电路用 Verilog HDL 编写,并保存在\DE2\DE2_NIOS_HOST_MOUSE_VGA 文件夹中，需要将它们的设计文件（Reset_Delay.v 和 SDRAM_PLL.v）复制到用户自己的工程文件夹（如 Qsys_DE2）中。另外，用户的 Nios II 系统加入了 I²C 组件和 VGA 组件，也需要把 I²C 控制器文件 I²C_Controller.v、I²C 配置文件 I2C_AV_Config.v 和 VGA 控制器文件 VGA_Controller.v 复制到自己的工程文件夹中。

在 Quartus II 软件界面打开 Verilog HDL 文本编辑窗口，编辑 Nios II 系统的顶层文件。Nios II 系统的顶层文件的源程序 Qsys_DE2.v 如下：

```verilog
module Qsys_DE2
(
    //////////////////    Clock Input    //////////////////
    CLOCK_27,              //    On Board 27 MHz
    CLOCK_50,              //    On Board 50 MHz
    EXT_CLOCK,             //    External Clock
    //////////////////    Push Button    //////////////////
    KEY,                   //    Pushbutton[3:0]
    //////////////////    DPDT Switch    //////////////////
    SW,                    //    Toggle Switch[17:0]
    //////////////////    7-SEG Dispaly  //////////////////
    HEX0,                  //    Seven Segment Digit 0
    HEX1,                  //    Seven Segment Digit 1
    HEX2,                  //    Seven Segment Digit 2
    HEX3,                  //    Seven Segment Digit 3
    HEX4,                  //    Seven Segment Digit 4
    HEX5,                  //    Seven Segment Digit 5
    HEX6,                  //    Seven Segment Digit 6
    HEX7,                  //    Seven Segment Digit 7
    //////////////////////    LED    //////////////////////
    LEDG,                  //    LED Green[8:0]
    LEDR,                  //    LED Red[17:0]
    //////////////////////    UART   //////////////////////
    UART_TXD,              //    UART Transmitter
    UART_RXD,              //    UART Receiver
    //////////////////////    IRDA   //////////////////////
    IRDA_TXD,              //    IRDA Transmitter
    IRDA_RXD,              //    IRDA Receiver
    //////////////////    SDRAM Interface    //////////////////
    DRAM_DQ,               //    SDRAM Data bus 16 Bits
    DRAM_ADDR,             //    SDRAM Address bus 12 Bits
    DRAM_LDQM,             //    SDRAM Low-byte Data Mask
    DRAM_UDQM,             //    SDRAM High-byte Data Mask
    DRAM_WE_N,             //    SDRAM Write Enable
    DRAM_CAS_N,            //    SDRAM Column Address Strobe
    DRAM_RAS_N,            //    SDRAM Row Address Strobe
    DRAM_CS_N,             //    SDRAM Chip Select
    DRAM_BA_0,             //    SDRAM Bank Address 0
    DRAM_BA_1,             //    SDRAM Bank Address 1
    DRAM_CLK,              //    SDRAM Clock
    DRAM_CKE,              //    SDRAM Clock Enable
    //////////////////    Flash Interface    //////////////////
    FL_DQ,                 //    FLASH Data bus 8 Bits
    FL_ADDR,               //    FLASH Address bus 20 Bits
```

```
    FL_WE_N,                            //  FLASH Write Enable
    FL_RST_N,                           //  FLASH Reset
    FL_OE_N,                            //  FLASH Output Enable
    FL_CE_N,                            //  FLASH Chip Enable
    ////////////////    SRAM Interface      ////////////////
    SRAM_DQ,                            //  SRAM Data bus 16 Bits
    SRAM_ADDR,                          //  SRAM Address bus 18 Bits
    SRAM_UB_N,                          //  SRAM High-byte Data Mask
    SRAM_LB_N,                          //  SRAM Low-byte Data Mask
    SRAM_WE_N,                          //  SRAM Write Enable
    SRAM_CE_N,                          //  SRAM Chip Enable
    SRAM_OE_N,                          //  SRAM Output Enable
    ////////////////    ISP1362 Interface   ////////////////
    OTG_DATA,                           //  ISP1362 Data bus 16 Bits
    OTG_ADDR,                           //  ISP1362 Address 2 Bits
    OTG_CS_N,                           //  ISP1362 Chip Select
    OTG_RD_N,                           //  ISP1362 Write
    OTG_WR_N,                           //  ISP1362 Read
    OTG_RST_N,                          //  ISP1362 Reset
    OTG_FSPEED,                         //  USB Full Speed, 0 = Enable, Z = Disable
    OTG_LSPEED,                         //  USB Low Speed,  0 = Enable, Z = Disable
    OTG_INT0,                           //  ISP1362 Interrupt 0
    OTG_INT1,                           //  ISP1362 Interrupt 1
    OTG_DREQ0,                          //  ISP1362 DMA Request 0
    OTG_DREQ1,                          //  ISP1362 DMA Request 1
    OTG_DACK0_N,                        //  ISP1362 DMA Acknowledge 0
    OTG_DACK1_N,                        //  ISP1362 DMA Acknowledge 1
    ////////////////    LCD Module 16X2     ////////////////
    LCD_ON,                             //  LCD Power ON/OFF
    LCD_BLON,                           //  LCD Back Light ON/OFF
    LCD_RW,                             //  LCD Read/Write Select, 0 = Write, 1 = Read
    LCD_EN,                             //  LCD Enable
    LCD_RS,                             //  LCD Command/Data Select, 0 = Command, 1 = Data
    LCD_DATA,                           //  LCD Data bus 8 bits
    ////////////////    SD_Card Interface   ////////////////
    SD_DAT,                             //  SD Card Data
    SD_WP_N,                            //  SD Write protect
    SD_CMD,                             //  SD Card Command Signal
    SD_CLK,                             //  SD Card Clock
    ////////////////    USB JTAG link   ////////////////
    TDI,                                //  CPLD -> FPGA (Data in)
    TCK,                                //  CPLD -> FPGA (Clock)
    TCS,                                //  CPLD -> FPGA (CS)
    TDO,                                //  FPGA -> CPLD (Data out)
    ////////////////    I2C     ////////////////
    I2C_SDAT,                           //  I2C Data
    I2C_SCLK,                           //  I2C Clock
    ////////////////    PS2     ////////////////
    PS2_DAT,                            //  PS2 Data
    PS2_CLK,                            //  PS2 Clock
    ////////////////    VGA     ////////////////
    VGA_CLK,                            //  VGA Clock
```

```verilog
                    VGA_HS,             //  VGA H_SYNC
                    VGA_VS,             //  VGA V_SYNC
                    VGA_BLANK,          //  VGA BLANK
                    VGA_SYNC,           //  VGA SYNC
                    VGA_R,              //  VGA Red[9:0]
                    VGA_G,              //  VGA Green[9:0]
                    VGA_B,              //  VGA Blue[9:0]
    ///////////   Ethernet Interface   ////////////////////////
                    ENET_DATA,          //  DM9000A DATA bus 16Bits
                    ENET_CMD,           //  DM9000A Command/Data Select, 0 = Command, 1 = Data
                    ENET_CS_N,          //  DM9000A Chip Select
                    ENET_WR_N,          //  DM9000A Write
                    ENET_RD_N,          //  DM9000A Read
                    ENET_RST_N,         //  DM9000A Reset
                    ENET_INT,           //  DM9000A Interrupt
                    ENET_CLK,           //  DM9000A Clock 25 MHz
    ///////////////  Audio CODEC   ////////////////////////
                    AUD_ADCLRCK,        //  Audio CODEC ADC LR Clock
                    AUD_ADCDAT,         //  Audio CODEC ADC Data
                    AUD_DACLRCK,        //  Audio CODEC DAC LR Clock
                    AUD_DACDAT,         //  Audio CODEC DAC Data
                    AUD_BCLK,           //  Audio CODEC Bit-Stream Clock
                    AUD_XCK,            //  Audio CODEC Chip Clock
    ///////////////  TV Decoder   ////////////////////////
                    TD_DATA,            //  TV Decoder Data bus 8 bits
                    TD_HS,              //  TV Decoder H_SYNC
                    TD_VS,              //  TV Decoder V_SYNC
                    TD_RESET,           //  TV Decoder Reset
                    TD_CLK27,           //  TV Decoder 27MHz CLK
    ///////////////////   GPIO   ////////////////////////
                    GPIO_0,             //  GPIO Connection 0
                    GPIO_1              //  GPIO Connection 1
    );
//////////////////////  Clock Input   ////////////////////////
input           CLOCK_27;       //  On Board 27 MHz
input           CLOCK_50;       //  On Board 50 MHz
input           EXT_CLOCK;      //  External Clock
//////////////////////  Push Button   ////////////////////////
input   [3:0]   KEY;            //  Pushbutton[3:0]
//////////////////////  DPDT Switch   ////////////////////////
input   [17:0]  SW;             //  Toggle Switch[17:0]
//////////////////////  7-SEG Display  ///////////////////////
output  [6:0]   HEX0;           //  Seven Segment Digit 0
output  [6:0]   HEX1;           //  Seven Segment Digit 1
output  [6:0]   HEX2;           //  Seven Segment Digit 2
output  [6:0]   HEX3;           //  Seven Segment Digit 3
output  [6:0]   HEX4;           //  Seven Segment Digit 4
output  [6:0]   HEX5;           //  Seven Segment Digit 5
output  [6:0]   HEX6;           //  Seven Segment Digit 6
output  [6:0]   HEX7;           //  Seven Segment Digit 7
//////////////////////////  LED   ////////////////////////////
output  [8:0]   LEDG;           //  LED Green[8:0]
```

```
    output  [17:0]  LEDR;           //  LED Red[17:0]
////////////////////////  UART  ////////////////////////
    output          UART_TXD;       //  UART Transmitter
    input           UART_RXD;       //  UART Receiver
////////////////////////  IRDA  ////////////////////////
    output          IRDA_TXD;       //  IRDA Transmitter
    input           IRDA_RXD;       //  IRDA Receiver
////////////////////  SDRAM Interface  ////////////////////
    inout   [15:0]  DRAM_DQ;        //  SDRAM Data bus 16 Bits
    output  [11:0]  DRAM_ADDR;      //  SDRAM Address bus 12 Bits
    output          DRAM_LDQM;      //  SDRAM Low-byte Data Mask
    output          DRAM_UDQM;      //  SDRAM High-byte Data Mask
    output          DRAM_WE_N;      //  SDRAM Write Enable
    output          DRAM_CAS_N;     //  SDRAM Column Address Strobe
    output          DRAM_RAS_N;     //  SDRAM Row Address Strobe
    output          DRAM_CS_N;      //  SDRAM Chip Select
    output          DRAM_BA_0;      //  SDRAM Bank Address 0
    output          DRAM_BA_1;      //  SDRAM Bank Address 0
    output          DRAM_CLK;       //  SDRAM Clock
    output          DRAM_CKE;       //  SDRAM Clock Enable
////////////////////  Flash Interface  ////////////////////
    inout   [7:0]   FL_DQ;          //  FLASH Data bus 8 Bits
    output  [21:0]  FL_ADDR;        //  FLASH Address bus 22 Bits
    output          FL_WE_N;        //  FLASH Write Enable
    output          FL_RST_N;       //  FLASH Reset
    output          FL_OE_N;        //  FLASH Output Enable
    output          FL_CE_N;        //  FLASH Chip Enable
////////////////////  SRAM Interface  ////////////////////
    inout  [15:0]   SRAM_DQ;        //  SRAM Data bus 16 Bits
    output[17:0]    SRAM_ADDR;      //  SRAM Address bus 18 Bits
    output          SRAM_UB_N;      //  SRAM Low-byte Data Mask
    output          SRAM_LB_N;      //  SRAM High-byte Data Mask
    output          SRAM_WE_N;      //  SRAM Write Enable
    output          SRAM_CE_N;      //  SRAM Chip Enable
    output          SRAM_OE_N;      //  SRAM Output Enable
////////////////////  ISP1362 Interface  ////////////////////
    inout   [15:0]  OTG_DATA;       //  ISP1362 Data bus 16 Bits
    output  [1:0]   OTG_ADDR;       //  ISP1362 Address 2 Bits
    output          OTG_CS_N;       //  ISP1362 Chip Select
    output          OTG_RD_N;       //  ISP1362 Write
    output          OTG_WR_N;       //  ISP1362 Read
    output          OTG_RST_N;      //  ISP1362 Reset
    output          OTG_FSPEED;     //  USB Full Speed, 0 = Enable, Z = Disable
    output          OTG_LSPEED;     //  USB Low Speed,  0 = Enable, Z = Disable
    input           OTG_INT0;       //  ISP1362 Interrupt 0
    input           OTG_INT1;       //  ISP1362 Interrupt 1
    input           OTG_DREQ0;      //  ISP1362 DMA Request 0
    input           OTG_DREQ1;      //  ISP1362 DMA Request 1
    output          OTG_DACK0_N;    //  ISP1362 DMA Acknowledge 0
    output          OTG_DACK1_N;    //  ISP1362 DMA Acknowledge 1
////////////////////  LCD Module 16X2  ////////////////////
    inout   [7:0]   LCD_DATA;       //  LCD Data bus 8 bits
```

```
output              LCD_ON;              //   LCD Power ON/OFF
output              LCD_BLON;            //   LCD Back Light ON/OFF
output              LCD_RW;              //   LCD Read/Write Select, 0 = Write, 1 = Read
output              LCD_EN;              //   LCD Enable
output              LCD_RS;              //   LCD Command/Data Select, 0 = Command, 1 = Data
////////////////// SD Card Interface /////////////////////////
inout   [3:0]       SD_DAT;              //   SD Card Data
input               SD_WP_N;             //   SD write protect
inout               SD_CMD;              //   SD Card Command Signal
output              SD_CLK;              //   SD Card Clock
////////////////// I2C /////////////////////////
inout               I2C_SDAT;            //   I2C Data
output              I2C_SCLK;            //   I2C Clock
////////////////// PS2 /////////////////////////
input               PS2_DAT;             //   PS2 Data
input               PS2_CLK;             //   PS2 Clock
////////////////// USB JTAG link /////////////////////////
input               TDI;                 //   CPLD -> FPGA (data in)
input               TCK;                 //   CPLD -> FPGA (clk)
input               TCS;                 //   CPLD -> FPGA (CS)
output              TDO;                 //   FPGA -> CPLD (data out)
////////////////// VGA /////////////////////////
output              VGA_CLK;             //   VGA Clock
output              VGA_HS;              //   VGA H_SYNC
output              VGA_VS;              //   VGA V_SYNC
output              VGA_BLANK;           //   VGA BLANK
output              VGA_SYNC;            //   VGA SYNC
output  [9:0]       VGA_R;               //   VGA Red[9:0]
output  [9:0]       VGA_G;               //   VGA Green[9:0]
output  [9:0]       VGA_B;               //   VGA Blue[9:0]
////////////////// Ethernet Interface /////////////////////////
inout [15:0]        ENET_DATA;           //   DM9000A DATA bus 16Bits
output              ENET_CMD;            //   DM9000A Command/Data Select, 0 = Command, 1 = Data
output              ENET_CS_N;           //   DM9000A Chip Select
output              ENET_WR_N;           //   DM9000A Write
output              ENET_RD_N;           //   DM9000A Read
output              ENET_RST_N;          //   DM9000A Reset
input               ENET_INT;            //   DM9000A Interrupt
output              ENET_CLK;            //   DM9000A Clock 25 MHz
////////////////// Audio CODEC /////////////////////////
inout               AUD_ADCLRCK;         //   Audio CODEC ADC LR Clock
input               AUD_ADCDAT;          //   Audio CODEC ADC Data
inout               AUD_DACLRCK;         //   Audio CODEC DAC LR Clock
output              AUD_DACDAT;          //   Audio CODEC DAC Data
inout               AUD_BCLK;            //   Audio CODEC Bit-Stream Clock
output              AUD_XCK;             //   Audio CODEC Chip Clock
////////////////// TV Devoder /////////////////////////
input   [7:0]       TD_DATA;             //   TV Decoder Data bus 8 bits
input               TD_HS;               //   TV Decoder H_SYNC
input               TD_VS;               //   TV Decoder V_SYNC
output              TD_RESET;            //   TV Decoder Reset
input               TD_CLK27;            //   TV Decoder 27MHz CLK
```

```verilog
//////////////////////// GPIO     ////////////////////////////
inout [35:0]    GPIO_0;              //    GPIO Connection 0
inout [35:0]    GPIO_1;              //    GPIO Connection 1
wire  CPU_CLK;
wire  CPU_RESET;
wire  CLK_18_4;
wire  CLK_25;
//    Flash
assign    FL_RST_N      =    1'b1;
//    16*2 LCD Module
assign    LCD_ON        =    1'b1; //    LCD ON
assign    LCD_BLON      =    1'b1; //    LCD Back Light
//    All inout port turn to tri-state
assign    SD_DAT[0]     =    1'bz;
assign    AUD_ADCLRCK   =    AUD_DACLRCK;
assign    GPIO_0        =    36'hzzzzzzzzz;
assign    GPIO_1        =    36'hzzzzzzzzz;
//    Disable USB speed select
assign    OTG_FSPEED =    1'bz;
assign    OTG_LSPEED =    1'bz;
//    Turn On TV Decoder
assign    TD_RESET      =    1'b1;
//    Set SD Card to SD Mode
assign    SD_DAT[3]     =    1'b1;
Reset_Delay    delay1    (.iRST(KEY[0]),.iCLK(CLOCK_50),.oRESET(CPU_RESET));
SDRAM_PLL      PLL1(.inclk0(CLOCK_50),.c0(CPU_CLK),.c1(DRAM_CLK),.c2(CLK_25));
Audio_PLL      PLL2(.areset(!CPU_RESET),.inclk0(CLOCK_27),.c0(CLK_18_4));
system_0  qsys_isnt  (
                     .reset_n_reset_n(CPU_RESET),    // reset_n.reset_n
                     .clk_clk(CPU_CLK) ,
        // the_Audio_0
        .iCLK_18_4_to_the_Audio_0(CLK_18_4),
        .oAUD_BCK_from_the_Audio_0(AUD_BCLK),
        .oAUD_DATA_from_the_Audio_0(AUD_DACDAT),
        .oAUD_LRCK_from_the_Audio_0(AUD_DACLRCK),
        .oAUD_XCK_from_the_Audio_0(AUD_XCK),
        // the_VGA_0
        .VGA_BLANK_from_the_VGA_0(VGA_BLANK),
        .VGA_B_from_the_VGA_0(VGA_B),
        .VGA_CLK_from_the_VGA_0(VGA_CLK),
        .VGA_G_from_the_VGA_0(VGA_G),
        .VGA_HS_from_the_VGA_0(VGA_HS),
        .VGA_R_from_the_VGA_0(VGA_R),
        .VGA_SYNC_from_the_VGA_0(VGA_SYNC),
        .VGA_VS_from_the_VGA_0(VGA_VS),
        .iCLK_25_to_the_VGA_0(CLK_25),
        // the_SD_CLK
        .out_port_from_the_SD_CLK(SD_CLK),
        // the_SD_CMD
        .bidir_port_to_and_from_the_SD_CMD(SD_CMD),
        // the_SD_DAT
        .bidir_port_to_and_from_the_SD_DAT(SD_DAT[0]),
```

```verilog
        // the_SEG7_Display
        .oSEG0_from_the_SEG7_Display(HEX0),
        .oSEG1_from_the_SEG7_Display(HEX1),
        .oSEG2_from_the_SEG7_Display(HEX2),
        .oSEG3_from_the_SEG7_Display(HEX3),
        .oSEG4_from_the_SEG7_Display(HEX4),
        .oSEG5_from_the_SEG7_Display(HEX5),
        .oSEG6_from_the_SEG7_Display(HEX6),
        .oSEG7_from_the_SEG7_Display(HEX7),
        // the_DM9000A
          .ENET_CLK_from_the_DM9000A(ENET_CLK),
          .ENET_CMD_from_the_DM9000A(ENET_CMD),
          .ENET_CS_N_from_the_DM9000A(ENET_CS_N),
          .ENET_DATA_to_and_from_the_DM9000A(ENET_DATA),
          .ENET_INT_to_the_DM9000A(ENET_INT),
          .ENET_RD_N_from_the_DM9000A(ENET_RD_N),
          .ENET_RST_N_from_the_DM9000A(ENET_RST_N),
          .ENET_WR_N_from_the_DM9000A(ENET_WR_N),
          .iOSC_50_to_the_DM9000A(CLOCK_50),
        // the_ISP1362
            .USB_DATA_to_and_from_the_ISP1362(OTG_DATA),
            //ISP1362_conduit_end.DATA
            .USB_ADDR_from_the_ISP1362        (OTG_ADDR),   //.ADDR
            .USB_RD_N_from_the_ISP1362        (OTG_RD_N),   //.RD_N
            .USB_WR_N_from_the_ISP1362        (OTG_WR_N),   //.WR_N
            .USB_CS_N_from_the_ISP1362        (OTG_CS_N),   //.CS_N
            .USB_RST_N_from_the_ISP1362       (OTG_RST_N),  //.RST_N
            .USB_INT0_to_the_ISP1362          (OTG_INT0),   //.INT0
            .USB_INT1_to_the_ISP1362          (OTG_INT1),   //.INT1
          // the_button_pio
            .in_port_to_the_button_pio(KEY),
          // the_lcd_16207_0
            .LCD_E_from_the_lcd_16207_0(LCD_EN),
            .LCD_RS_from_the_lcd_16207_0(LCD_RS),
            .LCD_RW_from_the_lcd_16207_0(LCD_RW),
            .LCD_data_to_and_from_the_lcd_16207_0(LCD_DATA),
          // the_led_green
            .out_port_from_the_led_green(LEDG),
          // the_led_red
            .out_port_from_the_led_red(LEDR),
          // the_sdram_0
            .zs_addr_from_the_sdram_0(DRAM_ADDR),
            .zs_ba_from_the_sdram_0({DRAM_BA_1,DRAM_BA_0}),
            .zs_cas_n_from_the_sdram_0(DRAM_CAS_N),
            .zs_cke_from_the_sdram_0(DRAM_CKE),
            .zs_cs_n_from_the_sdram_0(DRAM_CS_N),
            .zs_dq_to_and_from_the_sdram_0(DRAM_DQ),
            .zs_dqm_from_the_sdram_0({DRAM_UDQM,DRAM_LDQM}),
            .zs_ras_n_from_the_sdram_0(DRAM_RAS_N),
            .zs_we_n_from_the_sdram_0(DRAM_WE_N),
            // the_sram_0
        .sram_0_avalon_slave_0_export_1_DQ(SRAM_DQ),
```

```verilog
            //sram_0_avalon_slave_0_export_1.DQ
            .sram_0_avalon_slave_0_export_1_ADDR    (SRAM_ADDR),    //.ADDR
            .sram_0_avalon_slave_0_export_1_UB_N    (SRAM_UB_N),    //.UB_N
            .sram_0_avalon_slave_0_export_1_LB_N    (SRAM_LB_N),    //.LB_N
            .sram_0_avalon_slave_0_export_1_WE_N    (SRAM_WE_N),    //.WE_N
            .sram_0_avalon_slave_0_export_1_CE_N    (SRAM_CE_N),    //.CE_N
            .sram_0_avalon_slave_0_export_1_OE_N    (SRAM_OE_N),    //.OE_N
            // the_switch_pio
            .in_port_to_the_switch_pio(SW),
            // the_tri_state_bridge_0_avalon_slave
            .select_n_to_the_cfi_flash_0(FL_CE_N),
            .tri_state_bridge_0_address(FL_ADDR),
            .tri_state_bridge_0_data(FL_DQ),
            .tri_state_bridge_0_readn(FL_OE_N),
            .write_n_to_the_cfi_flash_0(FL_WE_N),
            // the_uart_0
            .rxd_to_the_uart_0(UART_RXD),
            .txd_from_the_uart_0(UART_TXD)
              );
              I2C_AV_Config u1(    //      Host Side
            .iCLK(CLOCK_50),
            .iRST_N(KEY[0]),
            //       I2C Side
            .I2C_SCLK(I2C_SCLK),
            .I2C_SDAT(I2C_SDAT)     );
        endmodule
```

上述顶层文件可以从 DE2_demonstrations_Qsys/DE2_NIOS_HOST_MOUSE_VGA/（友晶公司官方网站提供）目录下的顶层文件 DE2_NIOS_HOST_MOUSE_VGA.v 复制或以"另存为"方式得到，只需要将顶层文件名和 Verilog HDL 模块名更改为用户自己的顶层文件名和模块名（如 Qsys_DE2）即可。

在顶层文件中，对 Nios II 系统的输入/输出端口进行了命名。其中，按钮开关命名为 KEY（KEY0～KEY3），红色发光二极管命名为 LED_RED（LED_RED[0]～LED_RED[17]），绿色发光二极管命名为 LED_GREEN（LED_GREEN[0]～LED_GREEN[8]），七段数码管组件命名为 HEX（HEX0～HEX7），电平开关命名为 SW（SW0～SW17），其余端口名称均可在顶层文件中找到。顶层文件编辑结束后，重新通过 Quartus II 软件的编译。

执行 Quartus II 软件的"Tools→Netlist Viewers→RTL Viewer"命令，打开 Nios II 系统设计的网表文件对应的 RTL 电路图，如图 8.88 所示。

3．引脚锁定

由于 DE2 开发板中的电路是固定的（即只有一个试验模式），Nios II 系统的引脚锁定也是唯一的，因此可以利用 DE2 开发板提供的引脚锁定文件，节省引脚锁定操作的时间。将 DE2/DE2_NIOS_HOST_MOUSE_VGA/目录（或其他目录）下的顶层文件的引脚锁定文件 DE2_NIOS_HOST_MOUSE_VGA.qsf，复制或以"另存为"方式生成用户自己的引脚锁定文件（如 Qsys_DE2.qsf）即可。在 Quartus II 的主窗口执行"Assignment→Pin Planner"命令，完成 DE2 开发板与目标芯片的引脚连接。或者打开引脚锁定文件 qsys_de2.qsf，将下列引脚锁定信息粘贴到该文件的最后部分：

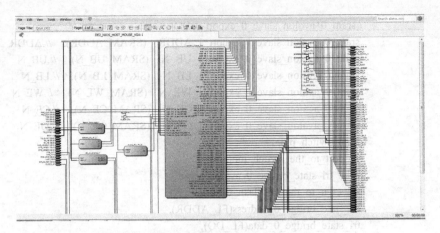

图 8.88 Nios II 系统的 RTL 电路图

set_location_assignment PIN_N2 -to clk_clk
set_location_assignment PIN_AD12 -to led_red_export[17]
set_location_assignment PIN_AE12 -to led_red_export[16]
set_location_assignment PIN_AE13 -to led_red_export[15]
set_location_assignment PIN_AF13 -to led_red_export[14]
set_location_assignment PIN_AE15 -to led_red_export[13]
set_location_assignment PIN_AD15 -to led_red_export[12]
set_location_assignment PIN_AC14 -to led_red_export[11]
set_location_assignment PIN_AA13 -to led_red_export[10]
set_location_assignment PIN_Y13 -to led_red_export[9]
set_location_assignment PIN_AA14 -to led_red_export[8]
set_location_assignment PIN_AC21 -to led_red_export[7]
set_location_assignment PIN_AD21 -to led_red_export[6]
set_location_assignment PIN_AD23 -to led_red_export[5]
set_location_assignment PIN_AD22 -to led_red_export[4]
set_location_assignment PIN_AC22 -to led_red_export[3]
set_location_assignment PIN_AB21 -to led_red_export[2]
set_location_assignment PIN_AF23 -to led_red_export[1]
set_location_assignment PIN_AE23 -to led_red_export[0]
set_location_assignment PIN_W26 -to reset_reset_n
set_location_assignment PIN_V2 -to switch_pio_export[17]
set_location_assignment PIN_V1 -to switch_pio_export[16]
set_location_assignment PIN_U4 -to switch_pio_export[15]
set_location_assignment PIN_U3 -to switch_pio_export[14]
set_location_assignment PIN_T7 -to switch_pio_export[13]
set_location_assignment PIN_P2 -to switch_pio_export[12]
set_location_assignment PIN_P1 -to switch_pio_export[11]
set_location_assignment PIN_N1 -to switch_pio_export[10]
set_location_assignment PIN_A13 -to switch_pio_export[9]
set_location_assignment PIN_B13 -to switch_pio_export[8]
set_location_assignment PIN_C13 -to switch_pio_export[7]
set_location_assignment PIN_AC13 -to switch_pio_export[6]
set_location_assignment PIN_AD13 -to switch_pio_export[5]
set_location_assignment PIN_AF14 -to switch_pio_export[4]
set_location_assignment PIN_AE14 -to switch_pio_export[3]
set_location_assignment PIN_P25 -to switch_pio_export[2]

```
set_location_assignment PIN_N26 -to switch_pio_export[1]
set_location_assignment PIN_N25 -to switch_pio_export[0]
set_location_assignment PIN_AF10 -to seg7_oSEG0[0]
set_location_assignment PIN_AB12 -to seg7_oSEG0[1]
set_location_assignment PIN_AC12 -to seg7_oSEG0[2]
set_location_assignment PIN_AD11 -to seg7_oSEG0[3]
set_location_assignment PIN_AE11 -to seg7_oSEG0[4]
set_location_assignment PIN_V14 -to seg7_oSEG0[5]
set_location_assignment PIN_V13 -to seg7_oSEG0[6]
set_location_assignment PIN_V20 -to seg7_oSEG1[0]
set_location_assignment PIN_V21 -to seg7_oSEG1[1]
set_location_assignment PIN_W21 -to seg7_oSEG1[2]
set_location_assignment PIN_Y22 -to seg7_oSEG1[3]
set_location_assignment PIN_AA24 -to seg7_oSEG1[4]
set_location_assignment PIN_AA23 -to seg7_oSEG1[5]
set_location_assignment PIN_AB24 -to seg7_oSEG1[6]
set_location_assignment PIN_AB23 -to seg7_oSEG2[0]
set_location_assignment PIN_V22 -to seg7_oSEG2[1]
set_location_assignment PIN_AC25 -to seg7_oSEG2[2]
set_location_assignment PIN_AC26 -to seg7_oSEG2[3]
set_location_assignment PIN_AB26 -to seg7_oSEG2[4]
set_location_assignment PIN_AB25 -to seg7_oSEG2[5]
set_location_assignment PIN_Y24 -to seg7_oSEG2[6]
set_location_assignment PIN_Y23 -to seg7_oSEG3[0]
set_location_assignment PIN_AA25 -to seg7_oSEG3[1]
set_location_assignment PIN_AA26 -to seg7_oSEG3[2]
set_location_assignment PIN_Y26 -to seg7_oSEG3[3]
set_location_assignment PIN_Y25 -to seg7_oSEG3[4]
set_location_assignment PIN_U22 -to seg7_oSEG3[5]
set_location_assignment PIN_W24 -to seg7_oSEG3[6]
set_location_assignment PIN_U9 -to seg7_oSEG4[0]
set_location_assignment PIN_U1 -to seg7_oSEG4[1]
set_location_assignment PIN_U2 -to seg7_oSEG4[2]
set_location_assignment PIN_T4 -to seg7_oSEG4[3]
set_location_assignment PIN_R7 -to seg7_oSEG4[4]
set_location_assignment PIN_R6 -to seg7_oSEG4[5]
set_location_assignment PIN_T3 -to seg7_oSEG4[6]
set_location_assignment PIN_T2 -to seg7_oSEG5[0]
set_location_assignment PIN_P6 -to seg7_oSEG5[1]
set_location_assignment PIN_P7 -to seg7_oSEG5[2]
set_location_assignment PIN_T9 -to seg7_oSEG5[3]
set_location_assignment PIN_R5 -to seg7_oSEG5[4]
set_location_assignment PIN_R4 -to seg7_oSEG5[5]
set_location_assignment PIN_R3 -to seg7_oSEG5[6]
set_location_assignment PIN_R2 -to seg7_oSEG6[0]
set_location_assignment PIN_P4 -to seg7_oSEG6[1]
set_location_assignment PIN_P3 -to seg7_oSEG6[2]
set_location_assignment PIN_M2 -to seg7_oSEG6[3]
set_location_assignment PIN_M3 -to seg7_oSEG6[4]
set_location_assignment PIN_M5 -to seg7_oSEG6[5]
```

```
set_location_assignment PIN_M4 -to seg7_oSEG6[6]
set_location_assignment PIN_L3 -to seg7_oSEG7[0]
set_location_assignment PIN_L2 -to seg7_oSEG7[1]
set_location_assignment PIN_L9 -to seg7_oSEG7[2]
set_location_assignment PIN_L6 -to seg7_oSEG7[3]
set_location_assignment PIN_L7 -to seg7_oSEG7[4]
set_location_assignment PIN_P9 -to seg7_oSEG7[5]
set_location_assignment PIN_N9 -to seg7_oSEG7[6]
```

完成引脚锁定后，重新编译一次，并执行下载命令，将设计文件下载到 DE2 开发板中，完成 Nios II 的硬件开发。

8.4.3 Nios II 嵌入式系统的软件调试

Nios II 嵌入式系统的软件调试为 EDS（Integrated Development Environment）方式。下面介绍基于 DE2 的 Nios II 软件的调试方法。

对于初学者，建立一个新的 Nios II 系统是困难而复杂的，但任何一个 Qsys 开发系统（如 DE2），都有自己的示例，每个示例均有相应的 Nios II 系统，因此读者没有必要自己新建 Nios II 系统，可以利用 Qsys 开发系统上建立的 Nios II 系统来完成嵌入式系统的开发或研究。下面以 DE2 开发板为例，介绍 Nios II 系统的 EDS 调试方法。

在 Quartus II 的主窗口，打开 DE2 的一个示例的工程，如 DE2_demonstrations_Qsys 文件夹下的 DE2_NIOS_HOST_MOUSE_VGA 工程。执行主窗口中的"Tools→Qsys"命令，进入该工程的 Qsys 开发环境。在 Nios II 环境下打开 DE2 的 Qsys 示例工程时，软件系统会提示是否对 DE2 的 Nios II 系统升级，读者应采用不升级方式，保留原来的 Nios II 系统，而且执行 Qsys 开发环境窗口下的 Generate 命令，重新生成 Nios II 环境下的 DE2 的 Nios II 系统。重新生成结束后，回到 Quartus II 的主窗口，为 DE2_NIOS_HOST_MOUSE_VGA 工程重新编译一次。

单击 Qsys 主窗口的"Tools→Nios II Software Build Tools for Eclipse"命令（或者单击 Quartus II 主窗口的"Tools→Nios II Software Build Tools for Eclipse"命令），进入 Nios II 的调试方式。在进入 Nios II 软件界面之前，一般先弹出如图 8.89 所示的 Workspace Launcher（工作间选择）对话框，在此对话框中选择用户工程目录（如 D:\DE2_demonstrations_Qsys\DE2_NIOS_HOST_MOUSE_VGA）。当工作间选择结束

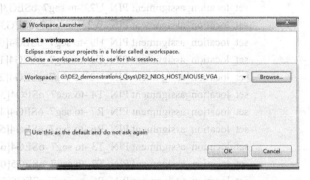

图 8.89 工作间选择对话框

后，单击 OK 按钮，弹出如图 8.90 所示的 Nios II EDS 主窗口界面（在 Nios II EDS 主窗口执行 "File→Switch Workspace"命令，也可以进行工作间选择）。

在 Nios II EDS 主窗口界面，上部是主菜单和工具栏，中下部是工作界面。每个工作界面都包括一个或多个窗口，如 C/C++工程浏览器窗口、编辑区窗口、提示信息浏览器窗口等。C/C++工程浏览器窗口向用户提供有关工程目录的信息。编辑区窗口用于编辑 C/C++程序，在此窗口中用户可以同时打开多个编辑器，但同一时刻只能有一个编辑器处于激活状态。在工作界面上的主菜单和工具条上的各种操作只对处于激活状态的编辑器起作用。在编辑区中的各个标签是当前被打开的文件名，带有"*"号的标签表示这个编辑器中的内容还没有被保存。提示信息浏

览器窗口为用户提供编译、调试和运行程序时的各种信息。

Nios II EDS 调试分为新建软件工程、编译工程、调试工程和运行工程等过程。

图 8.90　Nios IDE 主窗口界面

1. 新建软件工程

执行 Nios II EDS 软件的"File→New"命令，弹出如图 8.91 所示的新建工程快捷菜单，在菜单中选择"Nios II Application and BSP from Template"命令，进入如图 8.92 所示"Nios II Application and BSP from Template"对话框。

在图 8.92 中的"SOPC Information File name"栏中添加 SOPC 文件，如

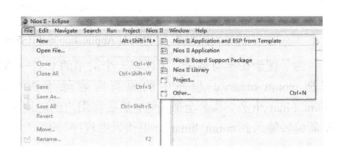

图 8.91　新建工程快捷菜单

D:\DE2_demonstrations_Qsys\DE2_NIOS_HOST_MOUSE_VGA\system_0.sopcinfo，在 CPU 栏中有用户建立的 Nios II 系统的 CPU 名称（即 cpu_0）。

在图 8.92 中的 Project Template（工程模板）栏中，是已经做好的软件工程设计模板，用户可以选择其中的某一个模板来创建自己的工程。也可以选择 Blank Project（空白工程），完全由用户来编写所有的代码。如果选择已经做好的软件工程（如 Hello LED、Hello world、Count Binary 等），用户可以根据自己的需要，在其基础上更改程序，完成 C/C++应用程序的编写。一般情况下，使用做好的软件工程比从空白工程做起来容易得多，也方便得多。

这里在 Templates 中选择 Count Binary 模板，在 Project name 中输入一个工程名，例如 count_binary_1，此新建的工程名称可以由用户更改。

单击图 8.92 中的 Finish 按钮，新建工程就会添加到工作区中，同时 Nios II EDS 会创建一个系统库项目 bsp（如 count_binary_1_bsp[system_0]）。在新建的 count_binary_1 工程中，count_binary.c 是该工程 C/C++主程序，用户可以根据需要对 count_binary.c 程序进行补充或修改。

count_binary.c 是一个 PIO 控制程序，在程序中使用一个 8 位的整型变量不断重复地从 0 计数到 ff，然后用 4 个按钮（SW0～SW3）来控制计数结果分别输出到发光二极管 LED、七段数码管和 LCD 上。Count Binary 模板提供的 count_binary.c 程序比较复杂，不适于初学者。

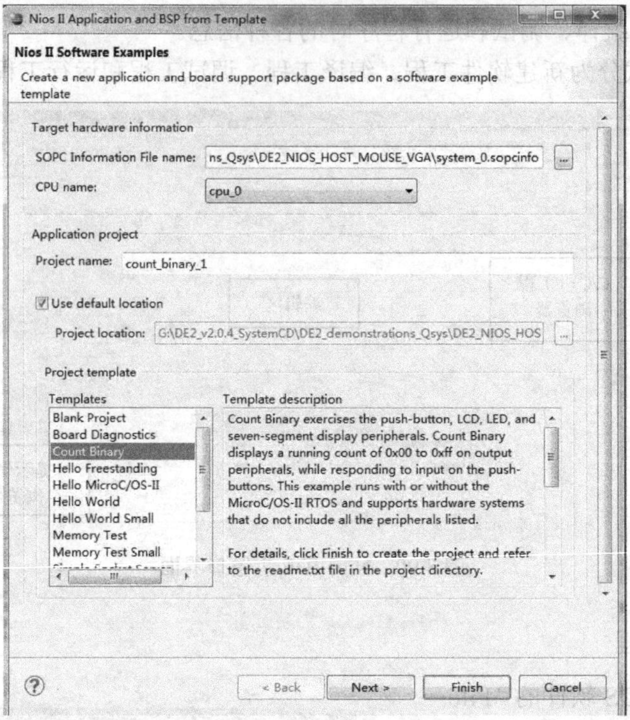

图 8.92 "Nios II Application and BSP from Template"对话框

为了便于初学与调试，下面以一个简单的 C/C++调试程序替换原来的 count_binary.c 程序。即把 count_binary.c 程序中的原有内容除了头文件 count_binary.h 外，其余全部清除，然后将用户的应用程序重新编辑输入到 count_binary.c 中作为主程序。简单 C/C++ 调试程序如下：

```c
#include "count_binary.h"
int alt_main (void)
{ int second;
   while (1)
   { usleep(100000); //延迟 0.1s
      second++;
      IOWR(SEG7_BASE,0,second);
      IOWR(LED_RED_BASE,0,second);
   }}
```

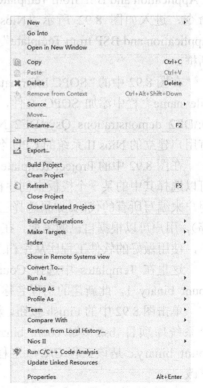

在上述调试程序中，用一个变量 second 记录 0.1s 的延迟次数，并用 DE2 开发板上的七段数码管和红色发光二极管显示 second 中的数据。

另外，如果主程序需要增加其他子程序或头文件（C/C++的.h 文件），可以右击 Nios II EDS 的工作界面 C/C++工程浏览器窗口中的 count_binary_1 工程名，在弹出的如图 8.93 所示的编辑工程快捷菜单中选择 New 项，然后在 New 的快捷菜单中选择增加的文件类型，如 Project...（工程）、C/C++ Project（C/C++工程）、Header File（头文件）等。

图 8.93 编辑工程快捷菜单

2. 编译工程

完成用户 C/C++应用程序的编写后，保存文件，右击选中的工程名（如 count_binary_1），在弹出的编辑工程快捷菜单（见图 8.93）中选择 Build Project 项，或执行"Project→Builder Project"命令，开始编译工程文件（也可以执行"Project→Builder All"命令，对全部已建工程进行编译）。编译开始后，Nios II EDS 会首先编译系统库工程及其他相关工程，然后再编译主工程，并把源代码编译到.elf 文件中。编译完成后，如果存在问题，会在 Problems 浏览器中显示警告和错误信息。

3. 调试工程

右击选中的工程名（如 count_binary_1），在弹出的如图 8.94 所示的快捷菜单中选择"Debug As"中的"Debug configurations.."项，进入仿真模式。

4. 运行工程

运行工程是通过 Nios II EDS 将 C/C++应用软件的机器代码文件(.elf)下载到用户 Nios II 系统的工作存储器 SDRAM 中，通过执行程序实现相应的功能的。

在运行工程之前，首先执行 Quartus 主窗口的"Tools→Programmer"命令，把顶层设计的编程下载文件（如 Qsys_DE2.sof）下载到 DE2 开发板的目标芯片中。然后执行"Run→Run Configurations…"命令（见图 8.94），弹出如图 8.95 所示的运行设置对话框，对运行工程进行设置。第一次运行时，单击 Nios II Hardware 会出现 New_configuration 运行设置对话框，在 Name 处可修改名称，运行设置对话框共有 Project、Target Connection、Debugger、Source 和 Common 5 个页面。在 Project 栏中输入或选择运行的工程名称，如 count_binary_1。

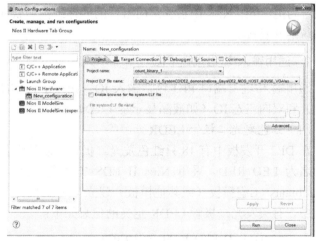

图 8.94　运行设置对话框（Main 页面）　　　图 8.95　运行设置对话框（Target Connection 页面）

单击 Target Connection 按钮，进入如图 8.96 所示的 Target Connection 第 2 个页面。如果通过 USB 接口（如 DE2 开发板）与计算机连接，设备会自动识别 USB-Blaster on localhost[USB-0]，在 Device 栏中显示工程下载的目标芯片类型。若设备没有自动识别可单击 Target Connection 页面中的 Refresh Connections 进行更新。

运行设置对话框中的其他页面可以按默认设置。运行设置结束后，单击对话框下方的 Run 按钮，开始程序下载、复位处理器和运行程序的过程。

在完成一次运行设置后，对于同一个工程没有必要每次运行前都设置，只要执行 Nios II 主窗口中的"Run As→Nios II Hardware"命令，就可以直接运行工程。

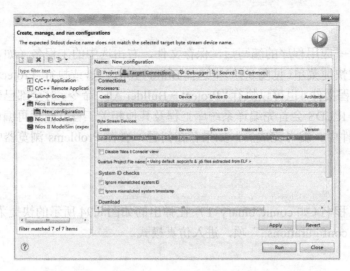

图 8.96　运行设置对话框（Target Connection 页面）

8.4.4　Nios II 的常用组件与编程

在一个基于 Nios II 的 Qsys 系统上，常用组件包括通用异步串口 UART、发光二极管 LED、七段数码管、按钮、LCD、存储器、定时器、鼠标、VGA 等。另外，Nios II 还允许用户创建自己的外围设备，并通过用户逻辑接口向导将其集成到 Nios II 处理器系统中。这种自动化工具能够检验 Verilog HDL 或 VHDL 源代码，识别顶层端口并将这些端口连接到合适的处理器总线信号上，整个过程用户介入很少，使电路与系统设计方便而快捷。下面以基于 DE2 开发板的 Nios II 系统为例，介绍 Nios II 系统常用组件的硬件结构和软件编程，让读者进一步掌握 Nios II 嵌入式系统的开发技能。

1. 通用输入/输出端口 PIO

通用输入/输出端口 PIO 包括输入 IO（如按钮）、输出 IO（如发光二极管 LED、七段数码管等）和双向三态 IO（如液晶显示屏 LCD）。

（1）红色发光二极管 LEDR

在 DE2 开发板中有 18 只红色发光二极管，硬件设备命名为 LEDR17～LEDR0，Nios II 系统命名为 LED_RED。采用 Nios II EDS 方式调试运行 C++应用程序，利用 Nios II EDS 的 count_binary 工程模板（或其他模板）建立 C++工程时，在系统为工程自动生成的 system.h 头文件中，有关发光二极管 LEDR 定义的信息如下：

```
#define LED_RED_BASE 0x1b02070                        //组件的偏移地址
#define LED_RED_BIT_CLEARING_EDGE_REGISTER 0          //组件清除有效边沿
#define LED_RED_BIT_MODIFYING_OUTPUT_REGISTER 0
#define LED_RED_CAPTURE 0                             //组件的捕获寄存器序号
#define LED_RED_DATA_WIDTH 18                         //组件的数据位宽
#define LED_RED_DO_TEST_BENCH_WIRING 0                //组件测试平台接线序号
#define LED_RED_DRIVEN_SIM_VALUE 0
#define LED_RED_EDGE_TYPE "NONE"                      //组件边缘类型
#define LED_RED_FREQ 50000000                         //组件的工作频率
#define LED_RED_HAS_TRI 0                             //组件的三态寄存器序号
#define LED_RED_HAS_OUT 1                             //组件的输出寄存器序号
#define LED_RED_HAS_IN 0                              //组件的输入寄存器序号
```

```
#define LED_RED_IRQ -1
#define LED_RED_IRQ_INTERRUPT_CONTROLLER_ID -1
#define LED_RED_IRQ_TYPE "NONE"              //组件中断类型
#define LED_RED_NAME "/dev/led_red"          //组件的名称
#define LED_RED_RESET_VALUE 0
#define LED_RED_SPAN 16
#define LED_RED_TYPE "altera_avalon_pio"     //组件的类型
```

在对红色发光二极管 LED_RED 的定义中，包括组件名称、类型、偏移地址、输入寄存器序号、输出寄存器序号、边缘捕获寄存器序号、边缘类型（上升沿或下降沿）、中断类型、工作频率等信息。在 Nios II EDS 方式下，根据定义可以完成对 LEDR 的相关操作。例如，在 LED_RED 上输出显示 data 数据的 C/C++语句格式为：

IOWR_Altera_AVALON_PIO_DATA(LED_RED_BASE, data);

其中，IOWR_Altera_AVALON_PIO_DATA 表示对 Altera_AVALON_PIO 类型的组件进行写（输出）数据操作；LED_RED_BASE 是用组件名称表示的偏移地址，此偏移地址也直接用"0x00681070"，因此在 LEDR 上输出显示 data 数据的 C/C++语句格式还可以为：

IOWR_Altera_AVALON_PIO_DATA(0x00681070, data);

不过直接用偏移地址的数据传送方式不灵活，一般不使用。另外，也可以用 IO 写函数 IOWR() 语句实现数据的输出，例如在 LED_RED 上输出显示 data 数据的函数语句格式为：

IOWR(LED_RED_BASE, 0,data);（或 IOWR(0x00681070, 0,data);）

语句中的"0"是 LEDR 的输入寄存器序号，该寄存器用于保存 data 数据。

例如，编写 C/C++程序，让 DE2 开发板上的 18 只红色发光二极管 LEDR17～LEDR0 依次向左移位发光，其 C/C++源程序 LEDR18.c 如下：

```c
#include "count_binary.h"
int alt_main (void)
{ int i,data;
    while (1)
    { data = 0x01;
        for (i=0; i<18; i++)
        { IOWR(LED_RED_BASE,0,data);
            data <<= 1;
    usleep(100000);           //延迟
}}}
```

如果使用 DE2_70 开发板，其 LEDR 的组件名称为"PIO_RED_LED"，则其输出语句格式为：

IOWR(PIO_RED_ LED_BASE, 0,data);

（2）绿色发光二极管 LEDG

在 DE2 开发板中有 9 只绿色发光二极管 LEDG8～LEDG0，Nios II 系统命名为 LED_GREEN。采用 Nios II EDS 方式调试运行 C++应用程序时，在 system.h 头文件中，有关发光二极管 LEDG 定义的信息如下：

```
#define LED_GREEN_BASE 0x1b02080
#define LED_GREEN_BIT_CLEARING_EDGE_REGISTER 0
#define LED_GREEN_BIT_MODIFYING_OUTPUT_REGISTER 0
#define LED_GREEN_CAPTURE 0
```

```
#define LED_GREEN_DATA_WIDTH 9
#define LED_GREEN_DO_TEST_BENCH_WIRING 0
#define LED_GREEN_DRIVEN_SIM_VALUE 0
#define LED_GREEN_EDGE_TYPE "NONE"
#define LED_GREEN_FREQ 50000000
#define LED_GREEN_HAS_IN 0
#define LED_GREEN_HAS_OUT 1
#define LED_GREEN_HAS_TRI 0
#define LED_GREEN_IRQ -1
#define LED_GREEN_IRQ_INTERRUPT_CONTROLLER_ID -1
#define LED_GREEN_IRQ_TYPE "NONE"
#define LED_GREEN_NAME "/dev/led_green"
#define LED_GREEN_RESET_VALUE 0
#define LED_GREEN_SPAN 16
#define LED_GREEN_TYPE "altera_avalon_pio"
```

根据对发光二极管 LEDG 的定义，在 Nios II EDS 方式下，在 LEDG 上输出显示 data 数据的 C/C++ 语句格式为：

　　IOWR_Altera_AVALON_PIO_DATA(LED_GREEN_BASE, data);

或　　IOWR(LED_GREEN_BASE,0,data);

例如，编写 C/C++ 程序，让 DE2 开发板上的 9 只绿色发光二极管 LEDG8～LEDG0 依次向右移位发光，其 C/C++ 源程序 LEDG9.c 如下：

```
#include "count_binary.h"
void main(void)
{ int i, data;
    while (1)
    { data = 0x01;
        for (i=0; i<8; i++)
        {IOWR(LED_GREEN_BASE,0,data);
            data <<= 1;
                usleep(100000);}}}
```

如果使用 DE2 70 开发板，其 LEDG 的组件名称为 PIO_GREEN_LED，则其输出语句格式为：

　　IOWR(PIO_ GREEN _ LED_BASE, 0,data);

（3）七段数码管

在 DE2 上有 8 只七段数码管 HEX7～HEX0，Nios II 系统命名为 SEG7_DISPLAY。采用 Nios II EDS 方式调试运行 C++ 应用程序时，在 system.h 头文件中，有关七段数码管 HEX 定义的信息如下：

```
#define SEG7_DISPLAY_NAME "/dev/SEG7_Display"
#define SEG7_DISPLAY_TYPE "seg7_lut_8"
#define SEG7_DISPLAY_BASE 0x00681100
#define SEG7_DISPLAY_SPAN 4
#define SEG7_DISPLAY_HDL_PARAMETERS ""
#define ALT_MODULE_CLASS_SEG7_Display seg7_lut_8
```

根据对七段数码管 HEX 的定义，在 Nios II EDS 方式下，七段数码管 HEX 上输出显示 data

数据的 C/C++语句格式为：

  IOWR_Altera_AVALON_PIO_DATA(SEG7_BASE, data);

或 IOWR(SEG7_BASE, 0,data);

例如，编写 C/C++程序，让 DE2 开发板上的 8 只七段数码管 HEX7～HEX0 以两屏显示 sum 数据，其 C/C++源程序 HEX7.c 如下：

```
#include "count_binary.h"
int alt_main (void)
{ int sum;
    while (1)
    { sum = 0x20170101;
    IOWR(SEG7_BASE, 0,sum);
    usleep(1000000);    //延迟
    sum = 0x00235959;
    IOWR(SEG7_BASE,0, sum);
    usleep(1000000);    //延迟
}}
```

（4）电平开关 SW

在 DE2 上有 18 只电平开关 SW17～SW0，Nios II 系统命名为 SWITCH_PIO。采用 Nios II EDS 方式调试运行 C/C++应用程序时，在 system.h 头文件中，有关电平开关 SW 定义的信息如下：

```
#define SWITCH_PIO_BASE 0x1b020a0
#define SWITCH_PIO_BIT_CLEARING_EDGE_REGISTER 0
#define SWITCH_PIO_BIT_MODIFYING_OUTPUT_REGISTER 0
#define SWITCH_PIO_CAPTURE 0
#define SWITCH_PIO_DATA_WIDTH 18
#define SWITCH_PIO_DO_TEST_BENCH_WIRING 1
#define SWITCH_PIO_DRIVEN_SIM_VALUE 0
#define SWITCH_PIO_EDGE_TYPE "NONE"
#define SWITCH_PIO_FREQ 50000000
#define SWITCH_PIO_HAS_IN 1
#define SWITCH_PIO_HAS_OUT 0
#define SWITCH_PIO_HAS_TRI 0
#define SWITCH_PIO_IRQ -1
#define SWITCH_PIO_IRQ_INTERRUPT_CONTROLLER_ID -1
#define SWITCH_PIO_IRQ_TYPE "NONE"
#define SWITCH_PIO_NAME "/dev/switch_pio"
#define SWITCH_PIO_RESET_VALUE 0
#define SWITCH_PIO_SPAN 16
#define SWITCH_PIO_TYPE "altera_avalon_pio"
```

根据对电平开关 SW 的定义，在 Nios II EDS 方式下，用变量 key 读取电平开关 SW 上的数据的 C/C++语句格式为：

  key = IORD_Altera_AVALON_PIO_DATA(SWITCH_PIO _BASE);

也可以用 IO 读函数 IORD()语句实现数据的输入，例如用变量 key 读取电平开关 SW 上的数据的语句格式为：

  key = IORD(SWITCH_PIO_BASE,0);

语句中的"0"是组件输出寄存器的序号。

例如，编写 C/C++程序，用 key 变量读取 DE2 开发板上 18 只电平开关 SW 上的数据，并用七段数码管显示读出的数据。C/C++源程序 SW18.c 如下：

```
#include "count_binary.h"
int alt_main (void)
{ int key;
    while (1)
    { key = IORD(SWITCH_PIO_BASE,0);
      IOWR(SEG7_BASE,0,key);}}
```

如果使用 DE2 70 开发板，其 SW 的组件名称为"PIO_SWITCH"，则其输入语句格式为：

```
key = IORD(PIO_SWITCH_BASE,0);
```

（5）按钮 BUTTON

在 DE2 开发板上有 4 只按钮 KEY3～KEY0，在 nios_0 系统中命名为 BUTTON_PIO。采用 Nios II EDS 方式调试运行 C++应用程序时，在 system.h 头文件中，有关按钮 BUTTON 定义的信息如下：

```
#define ALT_MODULE_CLASS_button_pio altera_avalon_pio
#define BUTTON_PIO_BASE 0x1b02090
#define BUTTON_PIO_BIT_CLEARING_EDGE_REGISTER 0
#define BUTTON_PIO_BIT_MODIFYING_OUTPUT_REGISTER 0
#define BUTTON_PIO_CAPTURE 1
#define BUTTON_PIO_DATA_WIDTH 4
#define BUTTON_PIO_DO_TEST_BENCH_WIRING 1
#define BUTTON_PIO_DRIVEN_SIM_VALUE 0
#define BUTTON_PIO_EDGE_TYPE "FALLING"
#define BUTTON_PIO_FREQ 50000000
#define BUTTON_PIO_HAS_IN 1
#define BUTTON_PIO_HAS_OUT 0
#define BUTTON_PIO_HAS_TRI 0
#define BUTTON_PIO_IRQ 5
#define BUTTON_PIO_IRQ_INTERRUPT_CONTROLLER_ID 0
#define BUTTON_PIO_IRQ_TYPE "EDGE"
#define BUTTON_PIO_NAME "/dev/button_pio"
#define BUTTON_PIO_RESET_VALUE 0
#define BUTTON_PIO_SPAN 16
#define BUTTON_PIO_TYPE "altera_avalon_pio"
```

根据对按钮 BUTTON 的定义，在 Nios II EDS 方式下，用变量 key 读取按钮 BUTTON 上的数据的 C/C++语句格式为：

```
key = IORD_Altera_AVALON_PIO_DATA(BUTTON_PIO_BASE);
```

或　　　　`key = IORD(BUTTON_PIO_BASE，0);`

例如，编写 C/C++程序，让 ED2 开发板上的 18 只红色发光二极管 LEDR17～LEDR0 依次向左移位或向右移位发光，用按钮 KEY1 来控制 LED 移位的方向，当 KEY1 不按时是左移，按下时是右移，其 C/C++源程序 button_1.c 如下：

```
#include "count_binary.h"
```

248

```
int alt_main (void)
{   int i, key, data;
    while (1)
    { key = IORD(BUTTON_PIO_BASE,0);
         if (key & 0x02)
    { data = 0x01;
       for (i=0; i<18; i++)
    {   IOWR(LED_RED_BASE,0,data);
                data <<= 1;
           usleep(100000);        //延迟
        }}
    else
       { data = 0x20000;
          for (i=0; i<18; i++)
        {IOWR(LED_RED_BASE,0,data);
              data >>= 1;
           usleep(100000);}}}}
```

本例仅把 KEY1（KEY0 是 DE2 的复位按钮）当作一个高低电平按钮来使用，当 KEY1 没有按下去时，其输出值为 0，使 18 只 LEDR 依次向左移位；当 KEY1 按下后，其输出值为 1，使 18 只 LEDR 依次向右移位。

在 nios_0 系统加入按钮组件 BUTTON_PIO 时，是把它设置为具有中断功能的按钮，因此在应用中要充分利用 BUTTON_PIO 的中断功能。BUTTON_PIO 有一个用于存储按钮值的边沿捕获寄存器 edge_capture_ptr，采用中断方式时，每当任何按钮按下时，其值就被边沿捕获寄存器捕获并保存在其中。用边沿捕获寄存器捕获按钮数据的语句格式为：

```
*edge_capture_ptr = IORD_Altera_AVALON_PIO_EDGE_CAP(BUTTON_PIO_BASE);
```

另外，采用中断方式时，还需要对按钮进行开放中断、复位边沿捕获寄存器和登记中断源的初始化处理过程。按钮初始化过程语句如下：

```
void* edge_capture_ptr = (void*) &edge_capture;
   /*  开放全部 4 个按钮的中断  */
   IOWR_Altera_AVALON_PIO_IRQ_MASK(BUTTON_PIO_BASE, 0xf);
   /*  复位边沿捕获寄存器  */
   IOWR_Altera_AVALON_PIO_EDGE_CAP(BUTTON_PIO_BASE, 0x0);
   /*  登记中断源 */
   alt_irq_register( BUTTON_PIO_IRQ, edge_capture_ptr, handle_button_interrupts );
```

例如，编写一个按钮控制程序，在 DE2 开发板用 3 个按钮（KEY3～KEY1）分别控制七段数码管显示不同的数据，其 C/C++源程序 button_2.c 如下：

```
#include "count_binary.h"
volatile int edge_capture;
static void handle_button_interrupts(void* context, alt_u32 id)
{
  volatile int* edge_capture_ptr = (volatile int*) context;
    /* 储存按钮的值到边沿捕获寄存器中. */
*edge_capture_ptr = IORD_ALTERA_AVALON_PIO_EDGE_CAP(BUTTON_PIO_BASE);
    /* 复位边沿捕获寄存器. */
   IOWR_ALTERA_AVALON_PIO_EDGE_CAP(BUTTON_PIO_BASE, 0);
}
```

```c
/* 初始化 button_pio. */
static void init_button_pio()
{ void* edge_capture_ptr = (void*) &edge_capture;
   /*  开放全部 4 个按钮的中断. */
   IOWR_ALTERA_AVALON_PIO_IRQ_MASK(BUTTON_PIO_BASE, 0xf);
   /*  复位边沿捕获寄存器. */
   IOWR_ALTERA_AVALON_PIO_EDGE_CAP(BUTTON_PIO_BASE, 0x0);
   /*   登记中断源.*/
   alt_irq_register( BUTTON_PIO_IRQ, edge_capture_ptr, handle_button_interrupts );}
int main(void)
{ init_button_pio();
 while (1)
 { switch(edge_capture)//检测按钮
     { case 0x08:
       IOWR(SEG7_BASE,0,0x00001234);
       break;
       case 0x04:
       IOWR(SEG7_BASE,0,0x00005678);
       break;
       case 0x02:
       IOWR(SEG7_BASE,0,0x12340000);
       break;}}}
```

2．定时器

Nios II 系统中的定时器是 Qsys 组件库中的一个组件模块，该定时器是一个 32 位的可控减法计数器，在 Nios II 软件开发中，主要通过对定时器中的几个寄存器进行读/写操作来实现定时。采用 Nios II EDS 方式调试运行 C++应用程序，利用 Nios II EDS 的 count_binary 工程模板建立 C++工程时，在系统为工程生成的 system.h 头文件中，有关定时器 timer_0 定义的信息如下：

```
#define ALT_MODULE_CLASS_timer_0 altera_avalon_timer
#define TIMER_0_ALWAYS_RUN 0
#define TIMER_0_BASE 0x1b02020
#define TIMER_0_COUNTER_SIZE 32
#define TIMER_0_FIXED_PERIOD 0
#define TIMER_0_FREQ 50000000
#define TIMER_0_IRQ 3
#define TIMER_0_IRQ_INTERRUPT_CONTROLLER_ID 0
#define TIMER_0_LOAD_VALUE 49999
#define TIMER_0_MULT 0.0010
#define TIMER_0_NAME "/dev/timer_0"
#define TIMER_0_PERIOD 1
#define TIMER_0_PERIOD_UNITS "ms"
#define TIMER_0_RESET_OUTPUT 0
#define TIMER_0_SNAPSHOT 1
#define TIMER_0_SPAN 32
#define TIMER_0_TICKS_PER_SEC 1000.0
#define TIMER_0_TIMEOUT_PULSE_OUTPUT 0
#define TIMER_0_TYPE "altera_avalon_timer"
```

采用 Nios II EDS 调试方式时，可以充分利用 Nios II 提供的标准函数编写 C++应用程序，使程序大大简化。例如，用定时器 timer_0 作为秒脉冲发生器，可以利用 usleep 函数来完成定时，usleep(1000000)函数语句可实现周期为 1 秒的定时。

例如，编写一个秒显示程序，利用 usleep()函数实现 1 秒定时，定时时间到后让秒计数器 second 加 1，然后在 DE2 开发板的七段数码管上显示秒计数的结果，其 C/C++应用程序 timer_1.c 如下：

```
#include "count_binary.h"
int main (void)
{ int second;
    while (1)
{ usleep(1000000);
    second++;
    IOWR(SEG7_BASE,0,second);}}
```

3．液晶显示器 LCD

当 Nios II 系统加入型号为 Optrex 16207 的 LCD 液晶显示器后，在 Nios II EDS 调试方式下，系统为工程生成的 system.h 头文件中，有关液晶显示器 LCD 定义的信息如下：

```
#define ALT_MODULE_CLASS_LCD altera_avalon_lcd_16207
#define LCD_BASE 0x1b02060
#define LCD_IRQ -1
#define LCD_IRQ_INTERRUPT_CONTROLLER_ID -1
#define LCD_NAME "/dev/LCD"
#define LCD_SPAN 16
#define LCD_TYPE "altera_avalon_lcd_16207"
```

对 LCD 的编程可以采用直接在底层开发应用程序、调用标准函数开发和使用标准函数控制 I/O 设备 3 种方式，其中使用标准函数控制 I/O 设备方式最简单，下面介绍这种方式。

使用标准输入（stdin）、标准输出（stdout）和标准错误（stderr）函数是最简单的控制 I/O 设备的方法。例如，将字符"hello world!"发送给任何一个与 stdout 相连的 C/C++源程序如下：

```
#include "stdio.h"
int main()
{ printf("hello world!");
    return 0;}
```

在编译此源程序之前，右击 Nios II EDS 的工作界面的 C/C++工程浏览器窗口中的软件工程名（如 count_binary_1），在弹出的如图 8.97 所示的编辑工程快捷菜单中选择"Nios II→BSP Editor.."项，在弹出的如图 8.98 所示的工程参数设置对话框（Properties for count_binary_0_syslib）中对 count_binary_1 进行设置。

如果在对话框中的 stdout（标准输出）、stderr（标准错误）和 stdin（标准输入）栏中都选择 LCD（DE2 开发板上的 LCD 命名）项，则应用程序的信息或变量变化的数据将在 LCD 上显示（如图 8.98（a）所示）；如果都选择 jtag_uart_0（DE2 开发板上的 JTAG 总线命名），则上述信息将在 Nios II EDS 软件界面的 Console（控制台）上显示（如图 8.98（b）所示）。若选择在 LCD 上显示，只需要勾选"enable_small_c_library"，而"enable_reduced_device_divers"无需勾选。当程序通过编译并执行后，如果选择 LCD 方式显示，则字符"hello world!"将出现在 LCD 显示器上。

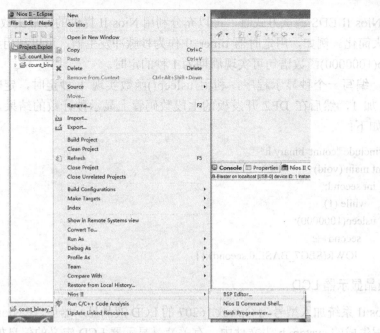

图 8.97 编辑工程快捷菜单

（a）LCD 显示选择

（b）控制台显示选择

图 8.98 工程参数设置对话框

8.4.5 基于 Nios II 的 Qsys 系统应用

Qsys 技术的应用是十分广泛的，在信息、通信、自动控制、航空航天、汽车电子、家用电器等领域都有广阔的天地。为了帮助读者初步掌握 Qsys 技术的应用，下面仅列举了几个不十分复杂的应用例子，供读者参考。这些例子均已通过软、硬件的验证，确保无误。

1. PIO 控制程序

count_binary.c 是 Nios II EDS 软件提供的一个 PIO 控制模板程序，在程序中使用一个 8 位的整型变量不断重复地从 0 计数到 ff，计数结果分别输出到发光二极管 LED、七段数码管和 LCD 上。用 4 个按钮（SW0～SW3）来控制这些显示设备，当 SW0（Button1）按下时，变量数据在发光二极管 LED 上显示；当 SW1（Button2）按下时，变量数据在七段数码管上显示；当 SW2（Button3）按下时，变量数据在 LCD 上显示；当 SW3（Button4）按下时，变量数据在以上 3

种设备上显示。

LCD 除了显示变量数据外，还承担其他信息的显示，在变量开始计数时首先显示"Hello from Nios II!"和"Counting from 00 to ff"信息，然后根据按钮的控制显示变量数据。另外，当某个按钮按下时，在 LCD 上显示相应按钮的信息。计数变量在完成一次计数循环后，有一个短暂的休息（延迟）时间。

为了让 PIO 控制程序可以直接在 DE2 开发板上运行，需要对源程序中的 PIO 组件的名称进行更改，使之与 DE2 开发板上的组件命名相符。在源程序中，按钮组件命名为 BUTTON_PIO_BASE，与 DE2 开发板上的组件命名相符不必更改。七段数码管组件原名称为 SEVEN_SEG_PIO_BASE，与 DE2 开发板上的组件命名不符，需要更改为 SEG7_BASE。发光二极管原名称为 LED_PIO_BASE，与 DE2 开发板上的组件命名不符，需要更改为 LED_RED_BASE。LCD 组件原名称为 LCD_DISPLAY_BASE，与 DE2 开发板上的组件命名不符，需要更改为 LCD_BASE。另外，由于 SW0（Button1）是 DE2 的复位键，因此将其复位功能消除。完成了组件名称修改的 PIO 控制的 C/C++应用程序 count_binary.c 如下：

```c
#include "count_binary.h"
/* 定义 count 是一个 8 位循环计数器变量 */
static alt_u8 count;
/*定义 edge_capture 是一个存放按钮 button_pio 的边沿捕获寄存器值的变量    */
volatile int edge_capture;
#ifdef BUTTON_PIO_BASE
#ifdef ALT_ENHANCED_INTERRUPT_API_PRESENT
static void handle_button_interrupts(void* context)
#else
static void handle_button_interrupts(void* context, alt_u32 id)
#endif
{ volatile int* edge_capture_ptr = (volatile int*) context;
    /*按钮 Button_pio 的中断响应函数*/
    *edge_capture_ptr = IORD_ALTERA_AVALON_PIO_EDGE_CAP(BUTTON_PIO_BASE);
    /*重置按钮的边缘捕获寄存器  */
    IOWR_ALTERA_AVALON_PIO_EDGE_CAP(BUTTON_PIO_BASE, 0);
    IORD_ALTERA_AVALON_PIO_EDGE_CAP(BUTTON_PIO_BASE); }
/*初始化 button_pio */
static void init_button_pio()
{
    /*重塑 edge_capture 指针指向匹配 alt_irq_register()函数    */
    void* edge_capture_ptr = (void*) &edge_capture;
    /*使所有 4 个按钮中断  */
    IOWR_ALTERA_AVALON_PIO_IRQ_MASK(BUTTON_PIO_BASE, 0xf);
    /*重置边缘捕获寄存器  */
    IOWR_ALTERA_AVALON_PIO_EDGE_CAP(BUTTON_PIO_BASE, 0x0);
    /*注册中断处理程序  */
#ifdef ALT_ENHANCED_INTERRUPT_API_PRESENT
    alt_ic_isr_register(BUTTON_PIO_IRQ_INTERRUPT_CONTROLLER_ID, BUTTON_PIO_IRQ,
        handle_button_interrupts, edge_capture_ptr, 0x0);
#else
    alt_irq_register( BUTTON_PIO_IRQ, edge_capture_ptr,
        handle_button_interrupts);
#endif
```

```c
}
#endif /* BUTTON_PIO_BASE */
/*七段显示 PIO 的功能实现一个十六进制数字计划。 */
#ifdef SEG7_BASE
static void sevenseg_set_hex(int hex)
{   static alt_u8 segments[16] = {
    0x81, 0xCF, 0x92, 0x86, 0xCC, 0xA4, 0xA0, 0x8F, 0x80, 0x84, /* 0-9 */
    0x88, 0xE0, 0xF2, 0xC2, 0xB0, 0xB8 };                        /* a-f */
    unsigned int data = segments[hex & 15] | (segments[(hex >> 4) & 15] << 8);
    IOWR_ALTERA_AVALON_PIO_DATA(SEG7_BASE, data);}
#endif
/*主循环中使用的函数 */
static void lcd_init( FILE *lcd )
{
    /*如果液晶显示器存在，第一行写一个简单的信息。 */
    LCD_PRINTF(lcd, "%c%s Counting will be displayed below...", ESC,
        ESC_TOP_LEFT);
}
static void initial_message()
{
    printf("\n\n*************************\n");
    printf("* Hello from Nios II!      *\n");
    printf("* Counting from 00 to ff *\n");
    printf("*************************\n");}
static void count_led()
{
#ifdef LED_RED_BASE
    IOWR_ALTERA_AVALON_PIO_DATA(
        LED_RED_BASE,
        count
    );
#endif
}
/*数值在七段数码管显示 */
static void count_sevenseg()
{
#ifdef SEG7_BASE
    sevenseg_set_hex(count);
#endif
}
/*数值在液晶显示器显示 */
static void count_lcd( void* arg )
{
    FILE *lcd = (FILE*) arg;
    LCD_PRINTF(lcd, "%c%s 0x%x\n", ESC, ESC_COL2_INDENT5, count);
}
/* count_all 所有三个外围设备显示计数值*/
static void count_all( void* arg )
{   count_led();
    count_sevenseg();
```

254

```c
        count_lcd( arg );
        printf("%02x,   ", count);}
static void handle_button_press(alt_u8 type, FILE *lcd)
{
    /*按钮按下计数时的方式  */
    if (type == 'c')
    { switch (edge_capture)
        {
            /*按钮 1:输出计数值到 led*/
        case 0x1:
            count_led();
            break;
            /*按钮 2:在七段数码管上显示计数值*/
        case 0x2:
            count_sevenseg();
            break;
            /*按钮 3: 等待，并在 lcd 上显示信息*/
        case 0x4:
            count_lcd( lcd );
            break;
            /*按钮 4: 输出计数值到所有设备（七段数码管、led、lcd */
        case 0x8:
            count_all( lcd );
            break;
            /*其余情况下输出计数值到所有设备。 */
        default:
            count_all( lcd );
            break;
        }
    }
    /*如果没有按钮按下，等待。*/
    else
    {
        switch (edge_capture)
        {
        case 0x1:
            printf( "Button 1\n");
            edge_capture = 0;
            break;
        case 0x2:
            printf( "Button 2\n");
            edge_capture = 0;
            break;
        case 0x4:
            printf( "Button 3\n");
            edge_capture = 0;
            break;
        case 0x8:
            printf( "Button 4\n");
            edge_capture = 0;
```

```c
                break;
            default:
                printf( "Button press UNKNOWN!!\n");
        } } }
int main(void)
{   int i;
    int wait_time;
    FILE * lcd;
    count = 0;
    /*初始化液晶        */
    lcd = LCD_OPEN();
    if(lcd != NULL) {lcd_init( lcd );}
    /*初始化按钮 pio */
#ifdef BUTTON_PIO_BASE
    init_button_pio();
#endif
/*最初的信息输出。  */
    initial_message();
/*继续 0-ff 计数循环。  */
    while( 1 )
    {   usleep(100000);
        if (edge_capture != 0)
        {
            /*在 DE2 上单击处理按钮。  */
            handle_button_press('c', lcd); }
        /*如果没有按钮按下,试图输出计数*/
        else
        { count_all( lcd ); }
        /*如果计算完成,等待 7 秒左右,检测按钮按下。*/
        if( count == 0xff )
        { LCD_PRINTF(lcd, "%c%s %c%s %c%s Waiting...\n", ESC, ESC_TOP_LEFT,
                ESC, ESC_CLEAR, ESC, ESC_COL1_INDENT5);
            printf("\nWaiting...");
            edge_capture = 0; /*在等待/暂停期间复位为 0。*/
            /*清除第二线的液晶屏*/
            LCD_PRINTF(lcd, "%c%s, %c%s", ESC, ESC_COL2_INDENT5, ESC,
                ESC_CLEAR);
            wait_time = 0;
            for (i = 0; i<70; ++i)
            {   printf(".");
                wait_time = i/10;
                LCD_PRINTF(lcd, "%c%s %ds\n", ESC, ESC_COL2_INDENT5,
                    wait_time+1);
                if (edge_capture != 0)
                {   printf( "\nYou pushed:   " );
                    handle_button_press('w', lcd); }
                usleep(100000); /*延迟 0.1 秒。*/
            }
            /*  再次输出"循环启动"消息  */
            initial_message();
```

```
                lcd_init( lcd );
            }
            count++;
        }
        LCD_CLOSE(lcd);
        return 0;
}
```

在上述 C/C++源程序中，删去了部分信息方面的注释，而关于功能与操作方面的中文信息是由作者加入的。

在 Nios II EDS 软件环境下调试运行 PIO 控制程序（count_binary_1）时，右击 EDS 软件界面工程浏览器中的工程项目名，在弹出的快捷菜单中执行"Nios II→BSP Editor.."命令，弹出工程参数设置对话框（见图 8.98）。在对话框中的 stdout（标准输出）、stderr（标准错误）和 stdin（标准输入）栏中都选择 LCD（DE2 开发板上的 LCD 命名）项，则应用程序的信息或变量变化的数据将在 LCD 上显示；如果都选择 jtag_uart_0（DE2 开发板上的 JTAG 总线命名），则上述信息将在 EDS 软件界面的 Console（控制台）上显示，显示的结果如图 8.99 所示。

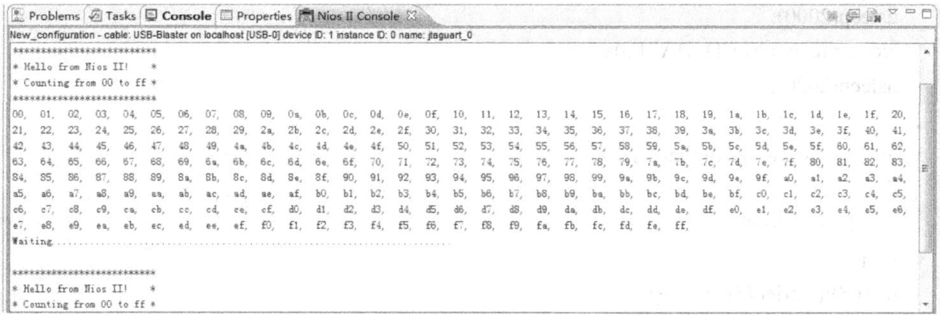

图 8.99 PIO 控制程序的运行结果

2. 万年历的设计

下面以万年历的设计为例，介绍基于 Nios II 的 Qsys 系统应用。

（1）设计要求

用 DE2 开发板的 LCD（或 8 个七段数码管）显示电子钟的日期和时间。LCD 分两行显示，第 1 行显示年、月和日（如显示：20090101）；第 2 行显示时、分和秒（如显示：00152545）。用拨动开关 SW 来控制 LCD 行修改，同时通过 DE2 开发板上的绿色发光二极管 LEDG3 的亮与灭来表示这个选择。当 SW 为全 0 时，LEDG3 亮，可以修改年、月和日的数字；当 SW 不为全 0（有任何一个开关为 1）时，LEDG3 灭，表示可以修改时、分和秒的数字。

另外，用输入按钮 BUTTON[3]来控制日期和时间的修改，当处于日期修改方式时，每按动一次 BUTTON[3]按钮，依次完成年、月和日的修改。当处于时间修改方式时，每按动一次 BUTTON[3]按钮，依次完成时、分和秒的修改。修改对象被选中后，按动 BUTTON[2]输入按钮可以增加显示的数字。

（2）应用程序

万年历设计的 C/C++应用程序如下：

```
//程序每秒钟检测一次按钮的状态，对日期和时间进行设置
#include "alt_types.h"
#include <stdio.h>
#include <string.h>
```

```c
#include <unistd.h>
#include "system.h"
#include "sys/alt_irq.h"
#include "altera_avalon_pio_regs.h"
#include "count_binary.h"
#include "lcd.h"
volatile int edge_capture;
void LCD_Init()
{
//LCD 初始化
    lcd_write_cmd(LCD_BASE,0x38);
    usleep(2000);
    lcd_write_cmd(LCD_BASE,0x0C);
    usleep(2000);
    lcd_write_cmd(LCD_BASE,0x01);
    usleep(2000);
    lcd_write_cmd(LCD_BASE,0x06);
    usleep(2000);
    lcd_write_cmd(LCD_BASE,0x80);
    usleep(2000);
}
void LCD_Show_Text(char* Text)
{
  //LCD 输出格式
  int i;
  for(i=0;i<strlen(Text);i++)
  { lcd_write_data(LCD_BASE,Text[i]);
      usleep(2000);   }}
void LCD_Line1()
{
  //向 LCD 写命令
  lcd_write_cmd(LCD_BASE,0x80);
  usleep(2000);}
void LCD_Line2()
{
  //向 LCD 写命令
  lcd_write_cmd(LCD_BASE,0xC0);
  usleep(2000);}
#ifdef BUTTON_PIO_BASE
#ifdef ALT_ENHANCED_INTERRUPT_API_PRESENT
static void handle_button_interrupts(void* context)
#else
static void handle_button_interrupts(void* context, alt_u32 id)
#endif
{   volatile int* edge_capture_ptr = (volatile int*) context;
    /* 存储按钮的值到边沿捕获寄存器. */
    *edge_capture_ptr = IORD_ALTERA_AVALON_PIO_EDGE_CAP(BUTTON_PIO_BASE);
    /* 复位边沿捕获寄存器. */
    IOWR_ALTERA_AVALON_PIO_EDGE_CAP(BUTTON_PIO_BASE, 0);
```

```c
        IORD_ALTERA_AVALON_PIO_EDGE_CAP(BUTTON_PIO_BASE);
}
/* 初始化 button_pio. */
static void init_button_pio()
{   void* edge_capture_ptr = (void*) &edge_capture;
      /*   开放全部 4 个按钮的中断. */
      IOWR_ALTERA_AVALON_PIO_IRQ_MASK(BUTTON_PIO_BASE, 0xf);
      /* 复位边沿捕获寄存器. */
      IOWR_ALTERA_AVALON_PIO_EDGE_CAP(BUTTON_PIO_BASE, 0x0);
      /*   登记中断源.*/
#ifdef ALT_ENHANCED_INTERRUPT_API_PRESENT
      alt_ic_isr_register(BUTTON_PIO_IRQ_INTERRUPT_CONTROLLER_ID, BUTTON_PIO_IRQ,
        handle_button_interrupts, edge_capture_ptr, 0x0);
#else
      alt_irq_register( BUTTON_PIO_IRQ, edge_capture_ptr,
         handle_button_interrupts);
#endif
}
#endif

void delay(unsigned int x)
{    while(x--);}
int check_month(int month)
{
    //如果是 1、3、5、7、8、10、12 月，则每月 31 天，程序返回 1
    if((month==1)||(month==3)||(month==5)||(month==7)||(month==8)||(month==10)||(month==12))return 1;
    //如果是 4、6、9、11 月，则每月是 30 天，程序返回 0
    if((month==4)||(month==6)||(month==9)||(month==11))return 0;
    //如果是 2 月，程序返回 2，具体多少天还要根据年的判断来决定
    if(month==2)return 2;
    else return 0;
}
      /*闰年的计算方法：公元纪年的年数可以被四整除，即为闰年；
        被 100 整除而不能被 400 整除为平年；被 100 整除也可被 400 整除的为闰年。
        如 2000 年是闰年，而 1900 年不是。*/
int check_year(int year)
{   if(((year%400)==0)||(((year%4)==0)&&((year%100)!=0)))return 1;
    //是闰年，返回 1
    else return 0;
    //不是闰年，返回 0
}
int main(void)
{
        int screen=0;//共有两行，一行显示年月日，一行显示时间
        int pos=0;//每行都有三个位置，第一行是年月日，第二行是时分秒
        int year,month,day,hour,minute,second;
        unsigned long sum;//sum 要设置为长整型变量，不然会溢出
        char date[16];
        char time[16];
```

```c
        int year1 = 9;
        int year2 = 0;
        int year3 = 0;
        int year4 = 2;
        int month1 = 1;
        int month2 = 0;
        int day1 = 1;
        int day2 = 0;
        int hour4,hour3,hour2,hour1,minute2,minute1,second2,second1,key;
        unsigned int screenflag;
        hour=0;minute=0;second=0; year=2009; month=1; day=1;
#ifdef BUTTON_PIO_BASE
        init_button_pio();
#endif
    LCD_Init();
    while (1)
      { if(pos>=3)pos=0;//共有三个位置 0、1、2, 超过了 2 要马上清 0
        if(screen>=2)screen=0;//共有两行 0、1, 超过了 1 要马上清 0
        //na_LED8->np_piodata=1<<pos;//用一个 LED 指示当前调整的位置
         key = IORD(SWITCH_PIO_BASE,0);
        if (key==0x00) screen=0;
        else screen=1;
        if(screen==0) screenflag = 8;
        else screenflag = 0;
        IOWR_ALTERA_AVALON_PIO_DATA(LED_GREEN_BASE, (1<<pos)|screenflag);
        usleep(1000000); //等待一秒的定时时间
        if(second<59)second++;
            else
            { second=0;
              if(minute<59)minute++;
              else
              { minute=0;
                if(hour<23)hour++;
                else
                { hour=0;
                  if(day<30)day++;
                  else
                  { day=1;
                    if(month<12)month++;
                    else
                    { month=1;
                      if(year<9999)year++;
                      else    year=2009; } } } } }
        switch(edge_capture)//检测按钮
        { case 0x08: pos=pos+1; break;//改变调整位置
        /*
            对数据进行加减操作的 CASE: case 0x02 和 case 0x04
            根据当前调整位置, 判断当前屏显示的是年月日还是时分秒,
            然后决定是对年月日进行加减还是对时分秒进行加减
        */
        case 0x02:    //对当前位置上的数据执行减操作
```

```c
            if(pos==0)
              { if(screen==0)
                { if(day>1)day--;
                  else
                  { if(check_month(month)==0)day=30;
                    if(check_month(month)==1)day=31;
                    if(check_month(month)==2)
                    { if(check_year(year))day=29;
                      else day=28; } } }
                if(screen==1)
                { if(second>0)second--; else second=59; } }
            if(pos==1)
              { if(screen==0)
                { if(month>1)month--; else month=12; }
                if(screen==1)
                { if(minute>0)minute--; else minute=59; } }
            if(pos==2)
              { if(screen==0)
                { if(year>0)year--; else year=2009; }
                if(screen==1)
                { if(hour>0)hour--; else hour=23;} }
            break;
        case 0x04://对当前位置上的数据执行加操作
            if(pos==0)
              { if(screen==0)
                { if(check_month(month)==0){ if(day<30)day++; else day=1; }
                  if(check_month(month)==1){ if(day<31)day++; else day=1; }
                  if(check_month(month)==2)
                  { if(check_year(year)){ if(day<29)day++; else day=1; }
                    else { if(day<28)day++; else day=1; } } }
                if(screen==1)
                { if(second<59)second++; else second=0; } }
            if(pos==1)
              {if(screen==0)
                { if(month<12)month++; else month=1; }
                if(screen==1)
                { if(minute<59)minute++; else minute=0; } }
            if(pos==2)
              { if(screen==0)
                { if(year<9999)year++; else year=2009; }
                if(screen==1)
                { if(hour<23)hour++; else hour=0; } }
            break;
        /*case 0x01: screen++; break;//换屏*/
        }
        edge_capture = 0;
    { year4=year/1000; year3=(year-year4*1000)/100;
      year2=(year-year4*1000-year3*100)/10; year1=year%10;
      month2=month/10; month1=month%10;
      day2=day/10; day1=day%10;
      LCD_Line1();
```

```
                date[0] = year4+0x30; date[1] = year3+0x30;
                date[2] = year2+0x30; date[3] = year1+0x30;
                date[4] = ' '; date[5] = ' ';
                date[6] = month2+0x30; date[7] = month1+0x30;
                date[8] = ' '; date[9] = ' ';
                date[10] = day2+0x30; date[11] = day1+0x30;
                date[12] = ' '; date[13] = ' ';
                date[14] = ' '; date[15] = ' ';
                LCD_Show_Text(date); }
            { hour4=0; hour3=0;
                hour2=hour/10; hour1=hour%10;
                minute2=minute/10; minute1=minute%10;
                second2=second/10; second1=second%10;
                time[0] = ' '; time[1] = ' ';
                time[2] = hour2+0x30; time[3] = hour1+0x30;
                time[4] = ' '; time[5] = ' ';
                time[6] = minute2+0x30; time[7] = minute1+0x30;
                time[8] = ' '; time[9] = ' ';
                time[10] = second2+0x30; time[11] = second1+0x30;
                time[12] = ' '; time[13] = ' ';
                time[14] = ' '; time[15] = ' ';
                LCD_Line2();
                LCD_Show_Text(time); }
        //将数据转换为显示器可以接收的格式
            if (screen==0)
            {sum=year4*0x10000000+year3*0x1000000+year2*0x100000+year1*0x10000;
            sum = sum+month2*0x1000+month1*0x100+day2*0x10+day1;}
            else
            {sum=year4*0x00000000+year3*0x0000000+hour2*0x100000+hour1*0x10000;
            sum = sum+minute2*0x1000+minute1*0x100+second2*0x10+second1;}
            IOWR_ALTERA_AVALON_PIO_DATA(SEG7_BASE, sum); }}
```

说明：本应用程序应在 Nios II EDS 软件平台上为万年历程序建立一个新的 count_binary 工程，并将上述程序作为主程序复制到 count_binary.c 文件中。另外，还需要新建一个 LCD.h 头文件。LCD.h 头文件如下：

```
        #ifndef   __LCD_H__
        #define   __LCD_H__
        //   LCD Module 16*2
        #define lcd_write_cmd(base, data)          IOWR(base, 0, data)
        #define lcd_read_cmd(base)                 IORD(base, 1)
        #define lcd_write_data(base, data)         IOWR(base, 2, data)
        #define lcd_read_data(base)                IORD(base, 3)
        //---------------------------------------------------------------
        void   LCD_Init();
        void   LCD_Show_Text(char* Text);
        void   LCD_Line2();
        void   LCD_Test();
        //---------------------------------------------------------------
        #endif
```

附录 A VHDL 的关键词

序号	关键词名	序号	关键词名	序号	关键词名
1	ABS	34	IF	67	REGISTER
2	ACCESS	35	IMPURE	68	REJECT
3	AFTER	36	IN	69	REM
4	ALIAS	37	INERTIAL	70	REPORT
5	ALL	38	INOUT	71	RETURN
6	AND	39	IS	72	ROL
7	ARCHITECTURE	40	LABEL	73	ROR
8	ARRAY	41	LIBRARY	74	SELECT
9	ASSERT	42	LINKAGE	75	SEVERITY
10	ATTRIBUTE	43	LITERAL	76	SIGNAL
11	BEGIN	44	LOOP	77	SHARED
12	BLOCK	45	MAP	78	SLA
13	BODY	46	MOD	79	SLL
14	BUFFER	47	NAND	80	SRA
15	BUS	48	NEW	81	SRL
16	CASE	49	NEXT	82	SUBTYPE
17	COMPONENT	50	NOR	83	THEN
18	CONFIGURATION	51	NOT	84	TO
19	CONSTANT	52	NULL	85	TRANSPORT
20	DISCONNECT	53	OF	86	TYPE
21	DOWNTO	54	ON	87	UNAFFECTED
22	ELSE	55	OPEN	88	UNITS
23	ELSIF	56	OR	89	UNTIL
24	END	57	OTHERS	90	USE
25	ENTITY	58	OUT	91	VARIABLE
26	EXIT	59	PACKAGE	92	WAIT
27	FILE	60	PORT	93	WHEN
28	FOR	61	POSTPONED	94	WHILE
29	FUNCTION	62	PROCEDURE	95	WITH
30	GENERATE	63	PROCESS	96	XNOR
31	GENERIC	64	PURE	97	XOR
32	GROUP	65	RANGE		
33	GUARDED	66	RECORD		

参 考 文 献

[1] 王诚,等. Altera FPGA/CPLD 设计（基础篇）（第 2 版）. 北京：人民邮电出版社，2011
[2] 杨春玲,朱敏. EDA 技术与实验. 哈尔滨：哈尔滨工业大学出版社，2009
[3] 潘松,王国栋. VHDL 实用教程. 成都：电子科技大学出版社，2000
[4] 潘松,黄继业. EDA 技术实用教程. 北京：科学出版社，2002
[5] 潘松,黄继业. EDA 技术与 VHDL. 北京：清华大学出版社，2007
[6] 王金明,杨吉斌. 数字系统设计与 Verilog HDL. 北京：电子工业出版社，2002
[7] 赵雅兴. FPGA 原理、设计与应用. 天津：天津大学出版社，1999
[8] 阎石. 数字电子技术基础. 北京：高等教育出版社，1998
[9] 杨晖,张凤言. 大规模可编程逻辑器件与数字系统设计. 北京：北京航天航空大学出版社，1998
[10] 赵曙光,郭万有,杨颂华. 可编程逻辑器件原理、开发与应用. 西安：西安电子科技大学出版社，2000
[11] 陈光梦. 可编程逻辑器件的原理与应用. 上海：复旦大学出版社，1998
[12] Stefan Sjoholm, Lennart Lindh. 用 VHDL 设计电子电路. 边计年,薛宏熙译. 北京：清华大学出版社，2000
[13] 江国强,覃琴. 数字逻辑电路基础（第 2 版）. 北京：电子工业出版社，2017
[14] 江国强,覃琴. EDA 技术与应用（第 5 版）. 北京：电子工业出版社，2017
[15] 江国强. 现代数字电路与系统设计. 北京：电子工业出版社，2017